グレアム・ウォーラスの思想世界

来たるべき共同体論の構想

平石 耕

未来社

ダイオキシンと「内・外」環境

その被曝史と科学史

川尻　要

九州大学出版会

はじめに

　地球上の生物はさまざまな刺激に的確に応答しながら生存しています．光や温度，酸素などは生物を取り巻く自然環境に由来する刺激ですが，文明の発達に伴い化学物質や薬物などの人工産物が刺激としての重要な役割を演じることになりました．化学物質の環境・生態系およびヒトへの影響を考えるうえで重要な政治的・社会的出来事，そして科学的発見は偶然にも1962年に重なりました．政治的な出来事としては，ベトナム戦争において米軍が「ランチハンド作戦」（以下，「枯葉作戦」）を正式に開始した年でした．「枯葉作戦」は世界の人々に強烈なインパクトと反戦運動をもたらしましたが，さらに除草剤とそれに混入したダイオキシンによるヒトへの影響が先天性異常・出産異常として作戦終了時ごろから報道され始めました（1, 2）．社会的な出来事としては「環境問題」を考えるバイブルとして今でも広く読み継がれているレイチェル・カーソンの『沈黙の春』が出版された年でもありました．カーソンは著書の中で，「放射能汚染と並んで化学薬品もそれにまさるともおとらぬ禍をもたらす」と述べ，特に農薬による環境破壊に警鐘を鳴らしています（3）．また，科学的発見としては薬物や異物として体内に取り込まれた無数の化学物質を代謝する働きを有するタンパク質である「チトクロームP450」が大阪大学蛋白質研究所の大村・佐藤により発見され，最初の論文が発表されました（4）．「枯葉剤」による史上最大の「環境戦争」の勃発，環境保護運動のバイブルの刊行，化学物質の毒性から生命を守るタンパク質であるP450発見の同時代性は，生物・環境と化学物質との共存と確執を模索する時代に入ったことの象徴となりました．

　生物にさまざまな刺激をもたらす「外」環境に対し，生体内には細胞内のシグナル伝達系，各種因子による細胞間のシグナル伝達，さらには内分泌調節系による組織間のシグナル伝達等によって「内」環境が構築されています．

「内」環境には「外」環境に対する応答機構が備わっており，種々の「外」環境からの刺激に応じた「内」環境の応答こそが生体反応の基本であると認識されます。これらの応答機構は極めて多岐にわたり，かつ複雑にネットワークをめぐらせていることから，その総合的な理解には十分な研究成果の蓄積が必要とされましたが，近年の分子生物学や細胞生物学，内分泌学の急速な進展により生物応答メカニズムの包括的理解が可能になってきました。特に，外来異物に対する P450 を中心とした「外」環境応答系や，「内」環境を構築する各種脂溶性ホルモンとその受容体（核内受容体）による遺伝子レベルでの調節メカニズムの理解は格段の進歩を遂げてきました。

　「エコサイド」とも呼ばれた「枯葉作戦」は，生態系破壊と多くのベトナム住民の健康被害を引き起こし，さらにはベトナム戦争に参加したアメリカ・韓国軍兵士やその家族にまでがんや世代を超えた先天性異常・生殖毒性をもたらしたことが報告されています。また，ダイオキシンはそれぞれの時代背景のもとに「カネミ油症」食品公害事件，「セベソ」農薬工場爆発事故，「ゴミ焼却」や「母乳汚染」問題としてクローズアップされ続けてきました。このような半世紀にもわたるダイオキシンの毒性による社会問題は，健康被害者やその支援者，環境問題を担う市民運動，フォトジャーナリストや数少ない研究者によって問題の本質が鋭く告発されてきた歴史があります。一方では，「人類が合成した最強の毒物ダイオキシン」についての研究が世界中で進展することになりました。ダイオキシン類の化学構造に依拠した分析化学的・疫学的な方向からの研究や (5)，動物の細胞内に存在してダイオキシン類と結合し，その毒性を仲介するダイオキシン受容体のメカニズム研究が進められました (6)。ダイオキシン受容体は，ベンゾピレンなどの芳香族炭化水素類（PAHs）とも結合することから，芳香族炭化水素受容体（AhR）とも呼ばれています。

　AhR は「外」環境と「内」環境の境界に位置し，「外」環境中に存在している芳香族炭化水素やダイオキシンなどの環境変異原物質と結合して，「内」環境にその情報を伝達する役割をはたしています。AhR はベンゾピレンなど

による発がんに関与し，ダイオキシン類の毒性発現を仲介することから，ヒトを含めた動物では生命にとり「影」の働きをする厄介者のタンパク質と思われる時代が長く続きました。しかしながら，AhR 遺伝子がマウスから単離されたのを契機に，AhR は生物進化の早い時期から存在し，動物の発生・形態形成・免疫・炎症などの生物機能の発現・維持に極めて重要な「光」としての役割が明らかになってきました。これらの本来的な生物機能が明らかにされたことにより，ダイオキシン類の示す多様な毒性がなぜ引き起こされるかについての理解も深まることになりました。

2011 年 3 月 11 日の東日本大震災による福島第一原発事故は，「政府，規制当局，東京電力の不作為による人災である」と「国会事故調」の報告書で述べられています (7)。「原発」事故によって，私は「科学の専門家」と「生活者」(市民) との間の距離がかつてなかったほどに広がっていることに気づきました。これは，「原発の安全神話」を科学の側面から支えてきた「科学者・技術者」の「原発への盲目的過信と追従による事故想定の欠落」及び「被災した多くの国民に対する社会的責任感のなさ」に直接的な原因があるにせよ，それ以外の理由もあるように思われました。鋭い感性を持ち，インターネットなどの情報で学習した人々により，戦後の「体制内化された科学」(国家・産業界・科学界との三位一体) (8) の持つ権力性が直感的に見抜かれたからだとも思うのです。そのような視点に立つと，「原子力ムラの専門家」が「市民」からその正当性・倫理性が厳しく問われると同じ次元において，「社会政策に深く組み込まれている多くの分野の専門家」も自らの立脚点が問われていると認識すべきでしょう (9)。科学は日進月歩で進歩しており，現代では以前に比べ「規模」と「スピード」及び必要とされる「研究費」は比較になりません。さらに，研究の効率性追求のために，科学の「細分化」と「専門化」が加速化しています。「情報量」が飛躍的に肥大化し続ける今日においては，筆者の専門分野である発がん研究に限ってもそのメカニズムの全貌を完全には把握しきれないのが実感です。恐らく，このような状況は他の分野でも同様でしょう。そうであるならば「専門家」とはどのような人を指し，複合的な原因で発生する社会的出来事に対して，責任を持って的確に対応で

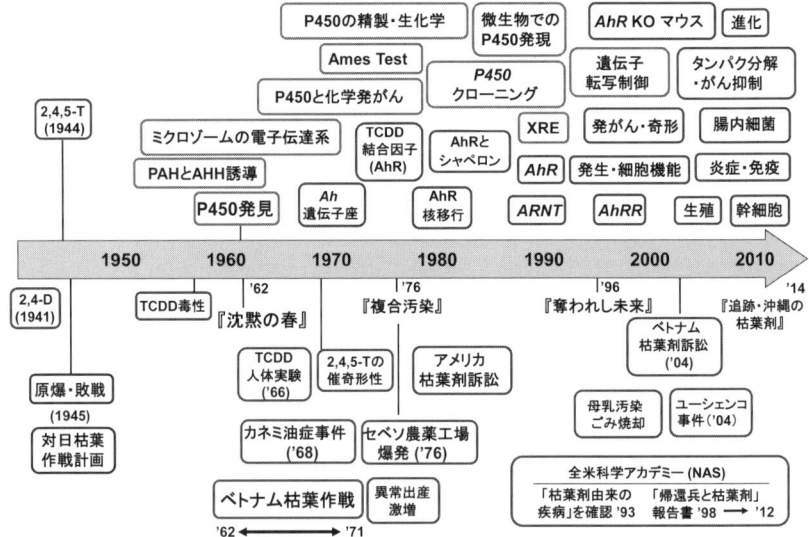

図　ダイオキシンをめぐる社会史・科学史
矢印で示した年代の上側にはダイオキシン受容体（AhR）の科学史を，下側にはダイオキシン類被曝の社会史を示す。

きるのでしょうか？　他方，現代社会では「原発」や「ダイオキシン」，「出生前遺伝子診断」や「生殖医療」などの政治・経済・社会を巻き込み，「専門家」だけで判断してはいけない領域の科学（トランス・サイエンス）が急激に増えてきており，多くの「市民」はこのような状況に戸惑いと不安を抱いていると思われます．恐らく，そのような問題を解決するためには当事者である「科学者・専門家」のほかに，当事者としての「非専門家・市民」の意見が保障され，十分な討論を踏まえての社会的な合意形成が必要です（10）．

　科学の「細分化」，「専門化」の進行と「トランス・サイエンス」の増加という現代社会が抱える困難な問題に対しての解決の方策は見当たらないのが現実ですが，少なくとも「市民」の不利益を最小限にすることは「科学者・専門家」の責任であり，その方法の1つは「研究生活で得られた科学的な知識・情報を体系的に整理し，広く社会に発信する」ことと思われます．カー

ソンが述べているように,「実験室で得られた科学的事実に関する情報は,一部の「専門家」が独占すべきではなく,多くの「市民」に共有されるべきである」という主張に私は共鳴しています。さまざまな分野での科学的知見が「社会」に共有され,人文・社会科学を含めた「異分野」の人々に批判的に議論されることにより,「社会の中の科学」がその倫理的正当性を持ちうることになるでしょうし,著者が懸念する「専門家」と「市民」との距離感が少しだけ埋まるのではないかという期待感を抱いています。

　本書では,第1部で「ダイオキシン被曝」の社会史を概説し,第2部ではなぜ「ダイオキシン被曝」でさまざまな疾患が発症するかについての科学的根拠をAhRについての新しい情報を含めて解説します。相互に考察することにより健康被害への本質的理解と対策が深まることが期待されます(図)。また,「原発」事故や「ダイオキシン被曝」で顕在化した「科学者・専門家」と「市民」(社会)との関係の問題点を歴史的に検証し,今後の在り方を考察したいと思います。本書が学生・大学院生,当該分野の「専門家」のみならず,ダイオキシン問題を考える「異分野」の「専門家」を含めて多くの人々に読まれることを願っています。

目　　次

はじめに ……………………………………………………………… i

第1部　ダイオキシン被曝の社会史

第1章　ベトナム「枯葉作戦」……………………………… 5
　ベトナム戦争での「枯葉作戦」　5
　「枯葉作戦」のもたらしたもの　11

第2章　「カネミ油症」食品公害事件 ……………………… 17
　「ダーク油」によるニワトリ大量死と農林省の怠慢　18
　「油症」の発生と患者切り捨て　19
　原因物質はPCBではなくダイオキシン類　20
　「ピンホール説」の誤り　21
　「ダイオキシン類の中毒」を認めたくない厚生（労）省　21
　「油症被害者」と「市民団体」との共同行動　22
　「人権救済」勧告から「救済の総合的な推進に関する法案」成立へ　22
　「油症患者」の示す全身病＝AhRの多機能性を反映　23

第3章　「セベソ」農薬工場爆発事故 ……………………… 27
　事故の発生　28
　多国籍企業の企業秘密と行政の無策　28
　ダイオキシン汚染の公表と強制疎開　29
　リー報告書　31
　土壌除染とバーゼル条約　32
　健康追跡調査　32
　事故による問題提起　35

第4章　『沈黙の春』から『奪われし未来』へ …………… 39
　『沈黙の春』　39
　『複合汚染』　40
　ウィングスプレッド宣言　41
　『奪われし未来』　42

外因性内分泌攪乱化学物質　43
　　日常の中のダイオキシン被曝　44

インターミッション──基礎知識の整理──　……………………………　47

第2部　ダイオキシン受容体研究の科学史

第5章　AhR 研究の前史　……………………………………………　63
　　薬物代謝は酸素を必要とする酵素反応である　63
　　「チトクローム P450」の発見　64
　　ミクロゾームの電子伝達系と薬物代謝活性　65
　　外来性化学物質による薬物代謝酵素の誘導　66

第6章　AhR は「内・外」環境を繋ぐ　……………………………　69
　　マウスでの AHH 誘導能の系統差を規定 = "*Ah* locus"　69
　　TCDD は強力な AHH 誘導能を持つ　71
　　非応答性マウスでの受容体変異　71
　　TCDD 結合因子（受容体）が細胞質に存在する　72
　　"誘導剤・AhR" は核へ移行する　73
　　AhR が制御する P_1-450 以外の薬物代謝酵素　74
　　P450 の可溶化・精製　75
　　化学発がん物質による発がん　76
　　化学発がん物質は体内で活性化されて発がん性を示す　77
　　エームス試験法の開発　79
　　ヒト異物代謝型 P450 による代謝的活性化　81
　　代謝的活性化の具体例　83
　　P450 遺伝子のクローニング　86
　　"誘導剤結合 AhR" と *P450* 遺伝子の接点：XRE の同定　87
　　ARNT クローニング　88
　　AhR の遺伝子クローニング　89
　　P450 遺伝子多型と発がん感受性──SNP の先駆け──　90

第7章　AhR による遺伝子転写調節　………………………………　93
　　AhR と ARNT のドメイン構造の解析　93
　　AhR のリガンドによる活性化　96
　　細胞質での AhR 複合体　108
　　核膜の通過（核内移行と核外輸送）　111

核内でのAhR転写誘導複合体形成　114
　　　遺伝子発現の抑制機構　119
　　　マウスAhRの多様性とヒトAhR　121
　　　*AhR*遺伝子欠損マウスでの毒性評価　123
　　　P450の超遺伝子族としての確立　125
　　　AhRの分子進化と生物進化　128
　　　核内受容体によるP450転写制御　131

第8章　AhRの本来的な生物機能と毒性発現　……………… 135
　　　無脊椎動物AhRの生理機能　136
　　　AhR・ARNTの発生過程での発現　138
　　　脊椎動物AhRの生理機能　140

考察　「科学者・専門家」と「市民」………………………… 177
　　　「原発」事故と「放射線医療専門家」　177
　　　「ダイオキシン類」被曝と「科学者」　180
　　　「体制内化された科学」　181
　　　「帝国主義的再編」に反対する戦い　184
　　　大学闘争後の大学の質的変遷　186
　　　大学院重点化政策　188
　　　「研究のプロジェクト化」と国家によるコントロール　190
　　　「科学行政」の「情報公開」を　191
　　　「安全性の哲学」　193
　　　「因果関係」と「蓋然性」　194
　　　これからの科学　195

参考資料・文献　199

『ダイオキシンと「内・外」環境―その被曝史と科学史―』について
　………………………………………………………… 大村恒雄　231

あとがき　235

索　引　239

第1部　ダイオキシン被曝の社会史

農薬工場での 2,4,5-トリクロロフェノール（TCP）に由来するクロルアクネ（塩素ニキビ）が 19 世紀後半のドイツで観察されていましたが，西ドイツの皮膚科医であった K. シュルツは TCP 中に不純物として微量に含まれている 2,3,7,8-テトラクロロジベンゾ-パラ-ダイオキシン（以下，TCDD）が原因物質であることを 1957 年に明らかにしました。これがダイオキシン類の毒性研究の最初の報告となりました (11)。TCDD はしばしば「人類が合成した最強の毒物」として紹介されていますが，それは TCDD に最も感受性が高いモルモットの半数致死性がごく微量であることからいわれているものです。感受性は動物の種類により大きく異なりますが，いずれの動物においても胎児や胚が最も影響を受けやすいことが知られています。ヒトの急性毒性による致死作用は比較的弱く，クロルアクネ，皮膚疾患，吐き気，肝障害，頭痛，神経過敏症，性欲減退などの中毒症状が見られます。それ以上に深刻な疾患として，発がん性，催奇形性，生殖異常，神経系の異常，免疫異常などが引き起こされることが指摘されています。

第 1 部では国家・企業により引き起こされたダイオキシン類の大量汚染の実態について，ベトナム戦争での「枯葉作戦」（第 1 章），「カネミ油症」食品公害事件（第 2 章），イタリア「セベソ」での農薬工場の爆発事故（第 3 章）を取り上げ，ダイオキシン類がどのような影響を人々に与えたかについて文献学的に概説します。また，第二次世界大戦後の農薬類を中心とした合成化学物質の大量拡散は「生態系の破壊と最終的にはヒトへの影響をもたらす」と警告した L. カーソンの『沈黙の春』から，「化学物質による内分泌攪乱作用」の問題提起をした S. コルボーンらによる『奪われし未来』(12) にいたるまでの経緯と，私たちの「日常におけるダイオキシン類の被曝」について概説します（第 4 章）。

これまでにダイオキシン類の被曝によりヒトにおいては「原爆」や「チェルノブイリ」原発事故で見られた放射能障害と類似した疾患（がん，先天性異常など）が発生していることが指摘されており，同時に，汚染された地域では長期にわたり立ち入り制限などの社会的，環境的破壊がもたらされて

ました。「福島」原発事故による低線量・長期間被曝が被災者の将来的な健康に影響を与えることについて危惧されていますが，ダイオキシン類もその安定性と体内での蓄積性によって同様な問題を抱えています。広島・長崎の「被爆者」に対してさえ国はその認定を忌避することがこれまでの歴史において見られています。ダイオキシン類などの低濃度・長期間被曝による疾患と原因との因果関係を特定することは非常に困難であり，健康に関する「安全性の考え方」を私たち及び社会として共有する必要があります (13)。

第1章
ベトナム「枯葉作戦」

　第二次世界大戦後の「共産主義の拡大を阻止することがアメリカの安全を守る」というアメリカの世界戦略のもとに開始された第二次インドシナ戦争（ベトナム戦争）は，1975年4月30日のズオン・ヴァン・ミン南ベトナム大統領の無条件降伏声明により終結しました。この戦争において，アメリカ軍はベトナム南部地域やラオス・カンボジア両国に対して通常兵器の使用のほかに何種類かの有毒化学物質である「枯葉剤」を空中散布しました。1961年にアメリカ大統領に着任したばかりのケネディにより承認された「ランチハンド作戦」の「ランチハンド」は"牧場の草刈人夫"を意味し，1962年から1971年までの10年間にわたって継続されました。この作戦は「枯葉作戦」，「エコサイド」（生態系総破壊）としても知られており，生態系を破壊することにより軍事的勝利を得ることを意図した人類史上最大の環境戦争ともいえるものでした (1, 14)。

ベトナム戦争での「枯葉作戦」

a. 植物成長促進物質オーキシン
　F. ケーグルらはヒトの尿中から植物の成長を促進する物質を分離してオーキシンと名づけ，これがインドール酢酸 (IAA) という化学物質であることを1934年に確認しました。その後，各種の植物からIAAが見つかり，これが植物の体内で成長促進物質として働いていることが明らかになりました。IAAは植物体内で合成されて体内を移動し，植物のさまざまな部位で働くことが

知られています．細胞の給水成長，茎葉部の成長，発芽，子房や果実の成長などの生理作用をもつと同時に，光や重力などの環境刺激に応答する代表的な植物ホルモンです．現在では植物体内で複数の合成経路で生成されることが知られています (15)．また，オーキシンによる成長促進作用では植物の部位によって異なる最適濃度が存在し，濃度が高すぎると成長が抑制されることが知られています．

植物成長ホルモン IAA の発見は，「植物の成長を抑制する作用をもつ植物ホルモン類」の研究開発へと結びつくことになりました．IAA と構造的に類似し，後に合成オーキシンと呼ばれるようになった 2,4-ジクロロフェノキシ酢酸 (2,4-D) は植物の成長を効果的に抑制する性質をもつ除草剤として 1941 年にシカゴ大学のクラウスらにより合成され，引き続き 1944 年には 2,4,5-トリクロロフェノキシ酢酸 (2,4,5-T) が開発されました．これらの化学物質は茎葉や根から吸収されて植物体内を移行し，植物の異常成長を引き起こして枯死に至らしめるわけです．開発当時は第二次世界大戦の最中であり，アメリカの「産官学軍」複合体により強力に推進されて「生物化学兵器」として誕生した歴史をもっています．日本との戦争においては食糧供給を断つ目的で，東京を含めた六大都市周辺の水田に空中散布するための試験飛行も行われ，終戦の 8 月には「対日枯葉作戦計画」も策定されていました (図)．歴史的には「原爆」投下と「枯葉作戦」が同時に計画され，除草剤の軍事利用は原子爆弾を生んだ「核」の技術開発に優先権を譲ったと指摘されています (16, 17)．

b. ベトナム戦争と「オレンジ剤」

ベトナム戦争が始まり，「化学兵器」としての「枯葉剤」は再び注目されることになりました．世界の人々の記憶には原爆投下による広島・長崎の悲惨な状況が焼き付いており，ベトナムでの核兵器の使用は国際世論を敵に回すことになりかねませんでした．そこで，日本との戦争では実現しなかった「枯葉作戦」が用意周到に準備され，1961 年にケネディ大統領の承認を受けた「ランチハンド作戦」が翌年から開始されました．使用された薬剤はそれが入っている容器ごとに着色した色コードで呼ばれ，パープル，ブルー，ホ

ワイト，オレンジなどその性質によって用途が区別されました．しかし，「枯葉剤」の高濃度原液を散布したためにその区別はさほど意味がなく，ベトナムを中心とした豊かな植生に大きなダメージを与えることになりました．「枯葉剤」による生態系破壊については参考図書に詳細に書かれています（1，14）．「枯葉作戦」では約 9 万 kl の薬剤が散布され，図 1 - 1 に示したように 2,4-D と 2,4,5-T を等量の割合で混合した「オレンジ剤」が全体の 60％ を超えていたことが報告されています（18, 19）．

1927 年に制定されたジュネーブ協定では化学兵器使用禁止が謳われていますが，アメリカはベトナムでの「枯葉作戦」を遂行するにあたりさまざまな偽装工作を行ったとされています．その最たるものは「使用する薬剤は人畜無害な対植物兵器であることを国際世論に強調したこと」であり，それがいかに欺瞞に満ちていたかについては散布された地域の人々やその後に生まれた子供，さらには無害を信じてその「作戦」に参加した自国や南ベトナム・韓国・オーストラリアなどの同盟軍の兵士や子供に皮膚疾患，先天性異常，がんなどの深刻な疾患が発症したことに端的に現れています．「オレンジ剤」は主にジャングルに散布されましたが 2,4,5-T にはダイオキシンの中でも毒性が最も強い TCDD が混入していました．これは 2,4,5-T 製造過程で不可避的に産生される副産物であることは第 7 章でも述べます．「オレンジ剤」の使用量から推定して合計で約 550kg の TCDD が散布され，散布面積は 240 万 ha，480 万人の人々が被曝したと指摘されています（18, 19）．

では，2,4,5-T の中に TCDD が混入していることやその毒性についていつごろからアメリカは認識していたのでしょうか？ フォトジャーナリストの中村梧郎は彼の著書の中で，①1966 年には化学薬品会社ダウ・ケミカルはホルムズバーグ刑務所で囚人の刑期短縮を条件にダイオキシンの人体実験をしたこと，②帰還兵による「枯葉剤訴訟」で，被告企業側から連邦地裁に提出された報告書の中に「60 年代半ばには毒性のことも全て政府に伝えてあり，それを知った上で使用したのは全て政府の責任」とあることから，「枯葉作戦」のかなり早い時期にはアメリカ政府・軍・企業・科学者は TCDD の混入と毒性を認識していたとしています（17, 19）．それにもかかわらず，散布された「枯葉剤」は増加し続け，1967~1969 年にかけて最大規模になりました（図 1 - 1）．

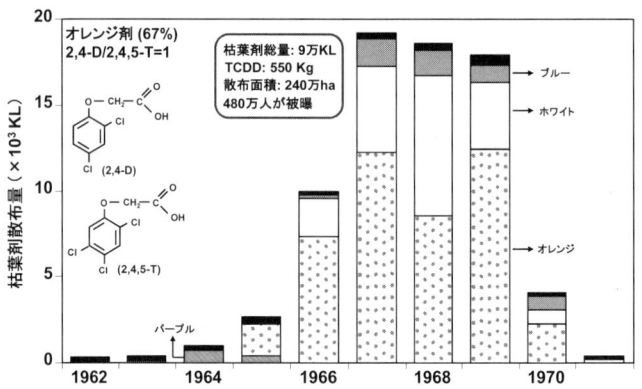

図1-1　枯葉剤散布量の推移　［文献（18）より引用，作成］

1962年から1971年までの枯葉剤投与量を示し，大半がオレンジ剤（2,4-Dと2,4,5-Tの等量混合物）であることが示されている。その他の薬剤も色コードで呼ばれた。

c.「エコサイド」のメカニズム

　古くからオーキシン（IAA）は知られていましたが，どのような作用メカニズムで働いているかについては不明のままでした。2005年にIAAと結合する受容体が植物から同定されましたが，それはTIR1と呼ばれるタンパク質でした（20）。IAAが存在しない時には，IAAに応答する遺伝子は抑制因子の存在により働きが抑えられています（図1-2）。IAAが存在するとTIR1にIAAが結合してタンパク質分解複合体を形成し，抑制因子は分解されます。その結果，IAA応答因子で誘導される遺伝子の転写（後述）が促進され，さまざまなオーキシンの働きが引き起こされることになります（21, 22）。すなわち，植物においてはTIR1にIAAが結合して植物成長ホルモン作用が引き起こされますが，合成オーキシン類である除草剤（2,4-Dなど）も同様にTIR1に結合して作用することが示されています（22）。動物でもIAAの存在は知られていましたが，それが機能的かどうかについては全く不明でした。IAAが動物では弱くAhRに結合することがわかったのは1990年代でした。2,4,5-Tに混入していたTCDDはAhRと非常に強く結合してヒトを含めた動物に毒性を示すことになりました。これが「枯葉剤」による「エコサイド」のメカニズムでした（図1-3）。

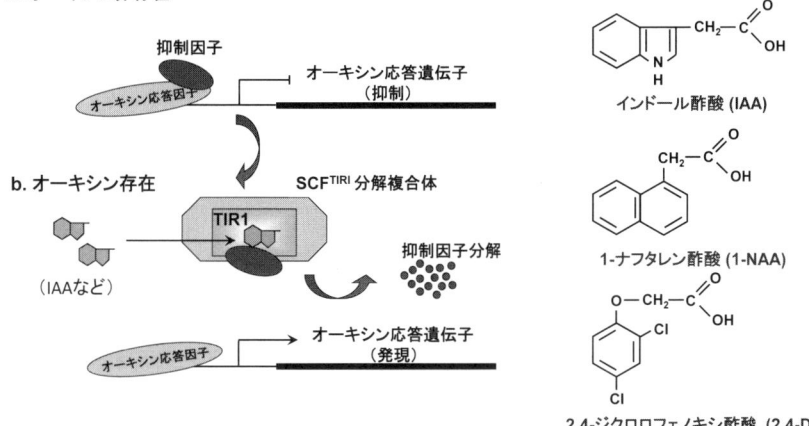

図1-2 オーキシンの作用メカニズム［文献（22）より引用，作成］

a. 天然植物成長ホルモン（IAA）がない時にはホルモン抑制因子によってホルモン作用は抑制されている。b. IAA は TIR1 と呼ばれる受容体と結合し，ホルモン抑制因子を分解してホルモン作用を示すようになる。2,4-D なども TIR1 に結合し，高濃度投与で枯葉作用をもたらす。

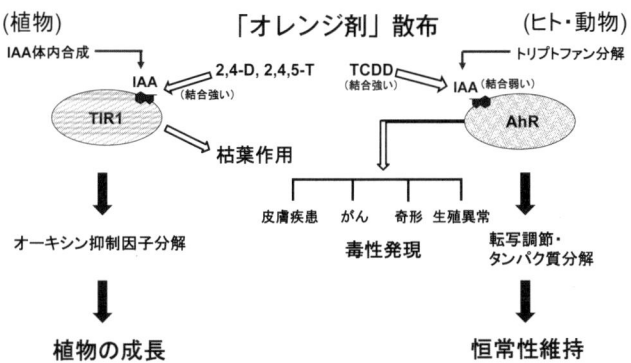

図1-3 エコサイドのメカニズム

動物ではアミノ酸の1種のトリプトファンが分解されるさいに腸内細菌などの働きで IAA が産生される。IAA は AhR の内在性リガンドとして転写調節やある種のタンパク質分解を促進して恒常性を維持する。オレンジ剤散布は植物に枯葉作用をもたらし，ヒトでは混入していた TCDD が AhR に強く結合してがん，奇形，生殖異常や皮膚疾患などをもたらす。

d. 研究者たちの闘い＝「枯葉作戦」の破綻

「枯葉剤」散布下でのベトナムについての情報が滞る中で，1964年には僅かの情報をもとに，日本の農学者が生態系破壊に対する抗議活動に世界でいち早く立ち上がったことは特筆すべきことでした。この経緯は参考図書にあげた『ベトナム戦争と生態系破壊』(1) の中で，訳者の1人である伊藤嘉昭が「覚えがき」として記述しています。日本生態学大会での「枯葉作戦」中止を求める声明文はアメリカ大統領にも送付され，その内容はアメリカの科学雑誌『サイエンス』に掲載されました (23)。

一方，1966年にはアメリカ科学振興協会 (AAAS) が「枯葉作戦」に抗議する声明をジョンソン大統領に送付し，翌67年にはノーベル賞受賞者17名を含めた5,000名の科学者が化学兵器使用禁止を訴えた声明を出しました。また，バートランド・ラッセル卿の呼びかけによる「アメリカの戦争犯罪を裁く国際法廷」(ラッセル法廷) が1967年5月にストックホルムで開催され，「有罪」の判決が下されたことは国際的にも大きな反響を呼びました。68年には「生物化学兵器に関するロンドン会議」が開催され，「枯葉作戦」の実態が報告されました (24)。1969年のサイゴンの夕刊紙『ティンサン』は「枯葉作戦により南ベトナムの住民に出産異常が激増した」ことの連載を始めましたが直ちに発禁処分が下されました。アメリカ国立環境健康研究所 (NIEHS) の K. コートニーらが「2,4,5-T はマウスに口蓋裂などの奇形や死産を引き起こす」ことを明らかにして同年に『サイエンス』に発表し，2,4,5-T 中には約 30 ppm の TCDD が混入していたことを報告しています (25)。さらに，AAAS はベトナムでの「枯葉剤」使用即時中止を決議し，全米科学アカデミーは1970年に「ベトナムにおける枯葉剤の影響に関する委員会」を設立しました。その後，ベトナムに調査団が派遣されて自然破壊の恐るべき実態が世界の人々の前に明らかにされていきました。同年にはフランスのオルセイで「ベトナムにおけるアメリカ化学兵器に関する世界科学者会議」が開催され，ベトナムの医学者が「枯葉剤が散布されている農村地域で先天性異常や胎児死が増えている」と告発しました (26)。国際世論により追い込まれたニクソン政権は散布回数を減らし，1971年にアメリカ軍による「枯葉作戦」は中止されましたが，南ベトナム軍はサイゴン政権陥落の直前まで散布し続

けたことが明らかになっています。

「枯葉作戦」のもたらしたもの

「枯葉作戦」により 10 年以上も TCDD が混入した除草剤を撒かれ続けたベトナム住民にどのような障害が発生したか，また，「作戦」に参加したアメリカや同盟軍の退役軍人・家族にどのような影響が見られるかについてすでに多くの報告がなされています。

a. ベトナム住民への影響

戦争中にベトナム南部で従事していた退役軍人及び「枯葉剤」散布地域での住民に対する「枯葉作戦」の長期的な影響に対する調査研究がなされ，1990 年の国家レベル報告書にまとめられました。「ベトナムにおける化学戦争の被害調査国内委員会（略称 10-80 委員会）」の代表であったレ・カオ・ダイによる原著の英語訳をさらに邦訳したものが参考図書です (14)。

i) 生殖異常

サイゴン（現ホーチミン）市内の多くの病院において，ベトナム南部地域と北部地域の状況をまとめたものが報告されており，散布地域住民と南部で戦った退役軍人の家族に生殖異常の発生数が多いことが指摘されています。生殖異常としては自然流産と未熟児，胎児死亡，胞状奇胎と絨毛がん，先天

表 1-1　ベトナムにおける異常出産［文献（14）より引用，作成］

	1933〜1963 年に誕生 (A)	1964〜1979 年に誕生 (B)	(B) / (A)
先天性奇形	5/2,281 (0.22%)	9/394 (2.28%)	10.36
知的障害	3/2,281 (0.13%)	8/394 (2.03%)	15.62
胞状奇胎・絨毛がん	1/2,281 (0.04%)	4/394 (1.02%)	25.50
胎内死亡	7/2,281 (0.30%)	21/394 (5.33%)	17.77
自然流産	120/2,281 (5.26%)	20/394 (5.07%)	0.96
死産	8/2,281 (0.35%)	12/394 (3.04%)	8.69

ミンハイ省ウミン地区では，化学戦争中に生まれた母親 (B) からは，戦争前に生まれた母親 (A) よりも高い頻度で異常出産が観察されたことを示している。

性奇形が含まれます．それによると，化学戦争以前の1933年から1963年の間に生まれた母親のグループでは胞状奇胎と絨毛がんの発生は1/2,281（0.04%）であり，1964年から1979年にかけて生まれたグループでは4/394（1.02%）で著しく増加していること（約26倍）が示されています．また先天性奇形，知的障害，胎内死亡，死産もそれぞれ，約10, 16, 18, 9倍増加していることが示されています（表1-1）．

ⅱ）先天性異常

1969年に「オレンジ剤散布地域に出産異常が激増した」とサイゴンの新聞は報道しましたが，これらの報道は正しかったことが一連の調査により支持されています．ある地区のすべての退役軍人を，南部で従軍して枯葉剤に暴露されたグループと後方従事で暴露されなかったグループの2つに分け，前者はその従事期間の長さで暴露の程度をさらにサブグループに分類して比較したものが表1-2です．戦線で従事した期間が長いほど化学物質に暴露されており，その子供は先天性奇形の発生率が高率であることをこの調査結果は示しています．父親の枯葉剤暴露の程度と子供の先天性奇形発生の関連性が観察されたことは，母親が妊娠中に化学物質に暴露されたときの奇形発生との関連性が受け入れられていた当時の科学界には新しい提起でした．このことはベトナム住民に限られたことではなく，後にアメリカ退役軍人の子供にも発症していることが報告されています．構造的異常としては，無脳症，小

表1-2　ベトナム退役軍人家族に見られた先天性奇形［文献（14）より引用，作成］

	非暴露群	軽度	中等度	重度	暴露群計
退役軍人数	293	814	27	176	1,017
子供の数	1,289	3,217	2,584	706	6,507
先天性奇形を有する子供	14	60	66	36	162
発生率（%）	1.1	1.9	2.2	5.1	2.32
Relative Risk		1.7	2.0	4.8	
χ^2		3.4	5.5	28.3	
P値		0.05	0.05	0.001	
95% 信頼区間		0.6-47.3	0.9-52.6	12.4-958	

レ・カオ・ダイらによる退役軍人に生まれた子供たちに見られた先天性奇形の調査結果を示す．従軍において枯葉剤暴露が重度なほどその頻度が高いことがわかる．

脳症，水頭症，脊椎変形，眼球欠損，口蓋裂，唇裂，四肢萎縮などがあり，機能的異常としては記憶障害，精神遅滞，視力障害，難聴，発語障害がしばしば観察されたことが報告されています。また，特筆に値する奇形として結合体双生児があり，これは世界では2,000万の出生に1例（この割合でいけばベトナム全土では10年に1例）という極めてまれなものであるにもかかわらずベトナムでは1980年から1985年の6年間で南部の4病院だけで30例が報告されています。同様なことがサイゴン政権下での大学病院産婦人科医師の統計調査においても明らかにされており，奇形発生の増加と「枯葉作戦」の推移がほぼ軌を一にしていることが轡田の著作によっても指摘されています（2）。また，中村や石川によって先天的に障害をもった子供たちの姿が写真報道されており，「枯葉作戦」の悲惨さに胸を打たれます（17, 27）。『サイエンス』では「枯葉剤」をまかれた地域での先天性奇形は2.95％であり，非暴露地域の0.74％に比べ約4倍高いことが報告されています（28）。さらに，「オレンジ剤」に被曝したベトナム人の血液中のTCDDは101 pptであり，プールされたベトナム人血液中の2.2 pptに比べて約50倍も高いとされています（29）。

iii）ベトナム「オレンジ剤被害者救援協会」による「枯葉剤訴訟」

「枯葉作戦」が中止されてから30年後のベトナムでは先天性異常や生殖異常などの発生率が高いレベルのまま推移しており，ダイオキシンの「継世代影響」が今後も深刻であるとの懸念が高まっていました。さらに，化学兵器製造企業はアメリカ帰還兵による「枯葉剤訴訟」では和解金を支払ったことから（後述），ベトナムの人々は2004年に化学兵器製造企業をニューヨーク州連邦裁判所に提訴し，訴訟は受理されました。しかしながら，裁判所はベトナム側の訴えを①原告側の「健康被害」と被告側の製造した「化学物質」との因果関係の証明は不十分，②被告側の製造した製品は国際法違反・戦争犯罪には当たらない，③被告企業に違法性はないとして棄却しました。この決定はアメリカ帰還兵による「枯葉剤訴訟」裁判で和解仲裁を指揮した同一裁判官により下され，被害者の国籍により判決が異なる不当性が明らかになっています（26, 27）。

b. アメリカ退役軍人とその家族への影響

i)「ベトナム・シンドローム」と「枯葉剤訴訟」

1970年代中ごろからアメリカでは多くの科学者や退役軍人の間で「オレンジ剤」を使用したことの影響について関心が持たれ始めました。ベトナム復員兵の間で各種のがん、皮膚疾患、神経障害、肝疾患などのさまざまな疾病症状が見られることは戦争の最中においても指摘されていましたが、同時に、復員兵の妻たちの間で死産、流産などの異常出産、障害児出産が激増してきたからです。「病気と枯葉剤との因果関係を認めてはならない」というレーガン政権の方針が出されていたことは後に明らかになりましたが、政府の援助を受けている行政や科学者団体は「枯葉剤」が人体に悪影響を及ぼすことを否定していました。78年に帰還兵による「枯葉剤訴訟」が開始されダウ・ケミカル、モンサントなどの化学薬品企業が被告として訴えられましたが、これは戦場での被害について直接的に政府を訴えることがアメリカの法の下ではできないからです。しかしながら、この訴訟は裁判開始の当日（1984年）僅かな和解金で切り崩され、兵士がTCDDで汚染されることを知

表1-3 ベトナム帰還兵のTCDDレベル ［文献（30）より引用、作成］

	重度に被曝した退役軍人	被曝なしの退役軍人	ベトナム以外の退役軍人	被曝なしの合計
\multicolumn{5}{c}{脂肪組織でのレベル (ppt)}
対象数	10	10	7	17
平均値	41.7	5.1	3.2	4.3*
標準誤差	16.8	1.4	0.5	0.9
中央値	15.4	5.4	4.5	

* $P<0.001$

	重度に被曝した退役軍人	被曝なしの退役軍人	ベトナム以外の退役軍人	被曝なしの合計
\multicolumn{5}{c}{血漿でのレベル (ppt)}
対象数	9	10	7	17
平均値	46.3	6.6	4.3	5.7**
標準誤差	19.1	0.9	0.9	0.7
中央値	25.1	5.3	3.9	4.6

** $P<0.01$

ベトナムで枯葉剤に重度に被曝した、もしくは被曝していない退役軍人、ベトナム以外の退役軍人の脂肪組織、血漿中のTCDDレベルを示す。

りながら「枯葉作戦」を遂行したことに対する国家責任を法廷で明らかにされることから免れることになりました (17, 26)。実際, 帰還兵の脂肪組織中のTCDDは41.7ppt, 血漿では46.3pptであり, 一般アメリカ人の4.3ppt, 5.7pptと比べるとほぼ10〜8倍も高いものでした (表1-3) (30)。

「枯葉剤」散布を命じたアメリカ海軍総司令官の長男は69年にベトナムに1年間従軍しただけでしたが, 77年に生まれたこの長男の子供は先天的な感覚統合機能障害を持っていました。さらに長男は82年に「枯葉剤」被曝との関連が明白な疾病として後に認定された非ホジキン・リンパ腫, ホジキン病という2種類のがんの同時進行という稀な病状に見舞われ, 88年に他界しました。1990年のアメリカ下院公聴会において, 元司令官は「公」の研究結果に手が加えられて操作されてきた事実を糾弾し,「オレンジ剤は幅広い疾病と先天性異常を引き起こしている」ことを証言しました。これを受けて下院小委員会は, 偽装された研究が支持されてきたことを「汚い科学」と「政治的コントロール」の結果であることを認めざるを得ませんでした (17, 19)。

ii) 全米科学アカデミーによる「枯葉剤」由来の疾病認定

1993年, 全米科学アカデミーはダイオキシンの人体への影響について多くの研究論文をチェックし, その中で重要なものを調査特別委員会で精査して

表1-4　枯葉剤由来の疾患 ［文献 (31) より引用, 作成］

十分な証拠のある疾患	限定的・示唆的証拠のある疾患
慢性リンパ性白血病	喉頭がん
軟部組織肉腫（心臓を含む）	肺・気管支・気管のがん
非ホジキン・リンパ腫	前立腺がん
ホジキン病	多発性骨髄腫
クロルアクネ	原発性アミロイドーシス
	早期発症末梢神経障害
	晩発性皮膚ポルフィリン症
	第II型糖尿病
	帰還兵の子供の脊椎二分症
	高血圧
	パーキンソン病
	虚血性心疾患
	卒中

全米科学アカデミー (2012年版) によって枯葉剤由来の疾患として認定されているものを示す。卒中が新たに追加された。

見解を出しました。表1-4には2012年版の結論を示してあります。「枯葉剤」が慢性リンパ性白血病，軟部組織肉腫，非ホジキン・リンパ腫，ホジキン病の4種のがんと，皮膚障害のクロルアクネの発症原因であることを認定しています。同時に，喉頭・呼吸器（肺，気管支，気管）・前立腺がん，多発性骨髄腫，末梢神経障害，先天性脊椎二分症などが「枯葉剤」との関連性を否定できない疾患として挙げられています(31)。注目すべきは帰還兵の子供の先天性障害である脊椎二分症も対象としたことですが，そのほかの先天性奇形については証拠不十分とされています。

第2章
「カネミ油症」食品公害事件

　「カネミ油症」食品公害事件は1968年に西日本一帯，特に北九州地方でカネミ倉庫（本社・北九州市）が製造・販売した食用油（米ぬか油）を食べた約1万4,000人が健康被害を訴えた国内最大級の食品公害事件です。「油症」被害者には，全身の吹き出物・クロルアクネ・色素沈着などの皮膚疾患，食欲減退，脱力感，手足のしびれ，心臓疾患，胃がん，肝臓がん，肝臓・腎臓障害，高血圧，頭痛，糖尿病，自律神経失調症，リューマチ，子宮内膜症などの全身にわたる症状が見られ，「病気のデパート」ともいえるような様相を示しました。また，「米ぬか油」を食べた被害者からは「黒い赤ちゃん」が生まれて社会に強い衝撃を与えると同時に，その被害は親から子供に引き継がれる生殖毒性にも及ぶことが明らかになりました。当初，原因はカネミ倉庫が米ぬか油の脱臭のために熱媒体として使用していたポリ塩化ビフェニール（PCB）がステンレス製パイプのピンホールから漏れ出し，食用油に混入したものと見られていました。しかし事件が発生してから12年後に，「工事ミスによりPCBの循環する蛇管を破損し，PCBが多量に米ぬか油に混入した」ことや，「汚染を知りながら出荷・販売した」こと，「事故に関する証拠を隠ぺい・改ざんした」事実が次々に明らかにされました。さらにPCBが加熱されることにより毒性がはるかに強いダイオキシン類のポリ塩化ジベンゾフラン（PCDF）やコプラナーPCB（Co-PCB）（図2-1）が原因物質として生じたことが明らかにされ，「カネミ油症」事件は，カネミ倉庫による工事ミスにより引き起こされ，汚染した「米ぬか油」を販売したことによる大規模で悪質な「ダイオキシン類の中毒事件」として認識されることになりました (5, 32)。

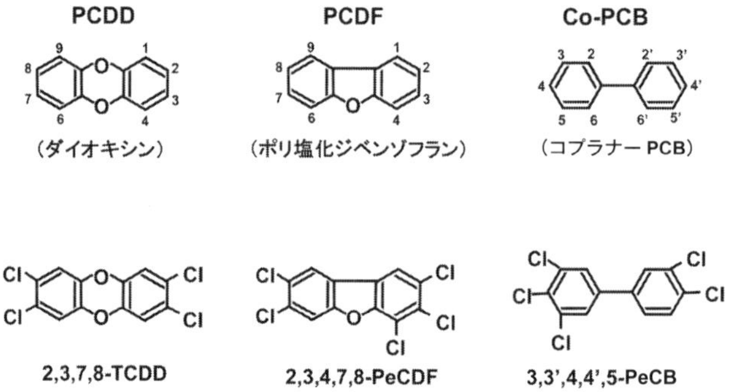

図2-1 代表的なダイオキシン類の構造

ダイオキシン類はダイオキシン（PCDD），ポリ塩化ジベンゾフラン（PCDF），コプラナーPCB（Co-PCB）に含まれる化合物をさし，それぞれの代表的な化合物を下段に示してある。本書では2,3,7,8-TCDDのことをTCDDと記載する。

「ダーク油」によるニワトリ大量死と農林省の怠慢

　この事件の数か月前の1968年の2~3月にかけて，カネミ倉庫が製造した「ダーク油」を添加した配合飼料を与えられたニワトリ49万羽が大量死した事件が起こりました。ダーク油は米ぬか油を製造する過程で生じる副産物であり，「ダーク油」に問題があればその主産物の「米ぬか油」の汚染状態を厳しくチェックし，早急に検査結果を公表することが必要でした。しかしながら，①3月に工場に立ち入った農林省の係官はカネミ倉庫とのなれ合いの対応に終始したこと，②問題の「ダーク油」は立ち入り調査の3日後に農林省家畜衛生試験場（茨城県）に送られたにもかかわらず，その鑑定結果が公表されるまでには8か月もの時間を費やしたこと，などが問題点として指摘されています。農林省の対応の遅れと，厚生省との情報交換がなされていなかったことから，汚染したニワトリの卵や鶏肉の一部は出荷され，市場に出回ったといわれています。従って，「カネミ油症」事件の被害拡大はニワトリの大量死という前兆を見逃した「行政の対応のまずさ」がその一因であり，大規模な「ダイオキシン類の中毒事件」に発展する前の段階で防げなかった国の責任も大きなものでした (32)。

「油症」の発生と患者切り捨て

　1968年4月ごろから九州大学附属病院の皮膚科の患者の中に，重度の目やに，ニキビ状の吹き出物（クロルアクネ），皮膚の黒変，手足のしびれ，爪の変形と変色，視力減退など多様な症状を訴える患者が増加していました。10月10日付朝日新聞夕刊に「大牟田市の数家族40人に奇病が発生しており，その原因は米ぬか油の摂取が原因である可能性が強い」ことが報じられました。これが「カネミ油症」事件の顕在化の始まりで，「米ぬか油」を食べた人々に不安が広がりました。被害を訴える住民の保健所への届け出は締切日には1万4,000人を超え，被害は西日本各地に及ぶ大規模な食品中毒事件の様相を帯びていました。また，「米ぬか油」を食べた妊婦から「黒い赤ちゃん」が生まれたことや，「早産・死産」したという届け出が報道されたことにより，「米ぬか油」に混入している毒物には次世代にまで影響を受け継がせる生殖毒性作用があることが示唆され，社会に大きな驚きと動揺をもたらしました（32）。

　このような状況の中で，10月14日には九州大学に「油症研究班」が設置され，発生原因や原因物質の解明，診断や治療に向けた検討が始まりました。厚生省も大規模な食品中毒事件として「油症」に取り組むために，10月18日に「全国油症研究班」を設置し，全国規模での検診と追跡調査を実施する「追跡調査班」と，「油症」の治療法などについて研究する「全国油症治療研究班」の2つの班を設置しました。後者は基本的には九大に設置されている「油症研究班」が中心でした。しかし，驚くべきことに「全国油症研究班」は設置後から僅か5日後に「油症患者診断基準」を発表しました。「油症」患者には最初は皮膚疾患が現れ，次いで内臓，末梢神経系などの全身にわたる症状が現れているにもかかわらず，診断の所見基準は「皮膚」症状にのみ重点を置いたものでした。内臓疾患や女性特有の生殖毒性は「油症」の判断基準に含めなかったために，「油症」患者の大幅な切り捨てにつながりました（32）。その後に改定がいくつかの点でなされたにせよ，この最初の恣意的とも受け取れる狭義の認定基準のために，「油症」認定患者は被害を訴えた人々の約15％（2,256人：2014年3月末時点）にとどまっています。

原因物質は PCB ではなくダイオキシン類

　「油症研究班」は「油症」発生の原因物質の解明についても「大きな役割」をはたすことになります。汚染された「米ぬか油」にPCBが混入していることをかなり早い時期（11月2日）につきとめ，同9日には「油症」患者の皮下脂肪からPCBが検出されたことも明らかにしました。また，死産した「黒い赤ちゃん」の皮下脂肪と，「黒い赤ちゃん」を生んだ母親の胎盤からもPCBが検出され，「油症研究班」は11月23日に「PCBが母親の胎盤を通じて胎児に移行した」ことを発表しました。「PCBは安定な化学物質であり熱媒体に使用しても変化は生じないはず」との当時の認識から「油症の原因物質はPCB」と結論したことは慎重さを欠いた判断でした。「厚生省」も「カネミ油症」事件の原因物質としてPCBを認定し，「PCB中毒」の観点からの対応に固執することになりました（32）。

　オランダのJ.フォスらはPCBをヒヨコに投与すると死亡率に大きな差があり，死亡率の高いPCB製品中には微量のPCDFが含まれていることを見出していました。九州大学の長山・倉恒らは「カネミ油症」の本質的原因物質はPCBではなく，PCDFではないかという仮説に立ち研究を進めました。その結果，「油症」患者の食べた「米ぬか油」からPCB標品に比べて250倍も高い濃度のPCDFが検出され，さらに「カネミ油症」と診断されすでに死亡した患者の臓器からも高濃度PCDFが同定されるに至って，「油症」を引き起こした本当の原因物質はダイオキシン類のPCDFであることが示唆されました（33）。これは「カネミ油症」事件の認識を変える重要な発見でした。

　また，摂南大学の宮田らはPCDFの他に2分子のPCBが縮合した高濃度のポリ塩化クワッターフェニル（PCQ）がPCB製品よりも「米ぬか油」中に高濃度に存在していることを1978年に発見して，PCQがその後の「油症」認定マーカーに追加されました（5）。1986年には愛媛大学の立川らがPCB製品中にダイオキシン類のCo-PCBも混入していることを確認し，宮田らも翌年に「カネミ油症」患者の保存組織からCo-PCBを検出しました。さらに宮田らはニワトリ胚の薬物代謝酵素誘導能を毒性指標として解析を行い，「カネミ油症の原因物質としてPCDFが85%，Co-PCBが15%の割合で関与してい

る」と 1988 年の「全国油症治療研究班総会」で報告しています。「油症研究班」が PCB を検出してから 20 年の歳月がたち，「カネミ油症」は PCB とダイオキシン類の複合汚染であり，その「主原因は PCB ではなく PCDF による食品公害事件」として確認されるに至りました (5, 32)。

「ピンホール説」の誤り

　PCB が「米ぬか油」に混入した原因を解明するために，九州大学の機械化学工学を中心とする調査団により工場設備の点検がなされました（1968 年 11 月 16 日）。その調査において PCB が循環しているパイプに 3 か所のピンホールが発見され，それを基に「油症研究班」の「鑑定書」が作成されました。これがいわゆる「ピンホール説」です。しかしながら，「ピンホール説」では「短期間に，粘性の高い 550 kg もの多量の PCB が小さな穴から漏出するのは無理である」と鑑定結果を疑問視する見解も当初から出されていました。12 年後の「全国統一民事訴訟第 1 陣」の控訴審を前にした 1980 年 6 月 20 日，工場関係者が ① 1968 年 1 月 29 日に PCB の入った伝熱管を傷つけ，管に孔が開いて PCB が米ぬか油に混入したこと，② カネミ倉庫は PCB の混入した「米ぬか油」を再脱臭し，きれいな米ぬか油と混ぜて出荷したことを担当弁護士に明らかにし，「油症」事件は悪質な「ダイオキシン類の中毒事件」として認識されるようになりました (32)。

「ダイオキシン類の中毒」を認めたくない厚生（労）省

　すでに第 1 章で述べましたが，全米科学アカデミーは 1993 年にベトナムで使用した「オレンジ剤」由来のダイオキシン関連疾病を確認しました。また，韓国・オーストラリアでも枯葉剤被害兵士の認定と救済が大きな問題となっていました。このように 1990 年代は国際的には「枯葉剤」によるダイオキシン由来の疾病認定とその救済がクローズアップされており，日本でも「ゴミ焼却炉」から発生するダイオキシン汚染が多くの人々の関心事になっていました。厚生（労）省は「油症研究班」には原因物質の解明を要請しながら，ダ

イオキシン類が真の原因物質であることが明らかになった時点で「PCB」に固執するようになったと想像されます。「枯葉剤」や「ゴミ焼却」で問題になっている毒性の強いTCDDと同じダイオキシンの仲間のPCDFが「カネミ油症」の原因物質であることを隠したいことと，過ちを「公」に認めないという官僚的発想が支配したものと思われます。

「油症被害者」と「市民団体」との共同行動

　「カネミ油症」食品公害事件がダイオキシン類による健康被害であるにもかかわらず認定診断基準の変更や患者救済もなされない状況が長く続きました。患者団体とその支援をする「市民団体」の度重なる要望を受けて，当時の坂口厚労大臣（公明党）は「油症被害者の診断基準をダイオキシンの観点から見直す必要がある」と判断し，2001年12月11日の参議院決算委員会において「ダイオキシン類が主原因である以上，即刻見直したい」と答弁するに至りました (32)。ここに，「油症」事件の発生から33年間にわたって「PCBによる診断基準」で認定されなかった被害者に救済の道が開けることになりました。「坂口」答弁をうけて2002年2月に「油症判断基準再評価委員会」が設置され，検査を承諾した認定患者の血液中のPCDFが測定されました。その結果，一般の人の約13倍も高い濃度のPCDFが事件から35年も経過した患者の血液中から検出され，残留性の強さと共に「健康被害」が現在でも進行中であることが如実に裏付けられました。このような経緯を経て，PCDFの血中濃度を診断基準の一項目に加えた油症診断基準（2004年9月29日補遺）が公表されました。この新しい診断基準は以前に比べると一歩前進ですが，PCDFの血中濃度だけでは「油症」の全身病という疾患状態を診断することには限界があります (34)。

「人権救済」勧告から「救済の総合的な推進に関する法案」成立へ

　国・カネミ倉庫・鐘淵化学工業（現：カネカ）を相手どり，健康損害賠償を求めた被害者による「全国統一民事訴訟」が1970年から5次にわたって起こ

されました。第1陣（高裁）及び第3陣（地裁）の裁判で国に勝訴した原告患者（829人）は約27億円の損害賠償仮払金を受け取りました。しかしながら，最高裁での逆転敗訴の可能性が強まったことから，「原告団」は和解に転じて裁判を取り下げたため仮払金の返還義務が生じました。弁護団がこの返還問題を未解決のまま放置したことによって，原告は国からの仮払金の返還を請求される事態になりました。健康被害者は経済的にも追い詰められていました（32, 34）。

2004年4月，「油症」患者147名は「発生源企業と国から見放され，医療面・経済面でどうにもならない苦しい立場に立ち至っている」として，日本弁護士連合会（以下，日弁連）に人権救済を申し入れ，2006年4月17日に日弁連は「カネミ油症の被害者は重大な人権侵害を受けている。国が主体となり全被害者を救済すべきだ」と勧告しました。それを受けて，2007年6月には仮払金返還を免除する特例法が制定され，さらに2012年8月29日，「カネミ油症」の被害者に対して1人当たり年間24万円を支給するなどの救済策を講じる「カネミ油症患者に関する施策の総合的な推進に関する法律案」が参議院本会議で可決，成立しました（32）。また，この法案には患者認定のための診断基準を見直し，認定患者や受診可能な医療機関を拡大することが含まれています。しかしながら，2012年12月3日に追補された診断基準においても，ダイオキシン類が「油症」事件の主原因物質であることが明確にされていません（厚生労働科学研究油症研究班『カネミ油症の手引き』, pp.6-7, 2014）。

「油症患者」の示す全身病＝AhRの多機能性を反映

AhRは最近の研究から細胞増殖，免疫，生殖，炎症，がん抑制などに働く多機能調節因子として広く生体の恒常性維持に働くことが明らかになってきました。このような多様な生物機能に対し，ダイオキシン類やPCBは強い親和性をもつ外来性AhRリガンドとして多くの細胞内の作用点に介入し，正常な恒常性維持機能から逸脱させることが考えられます。この中でも，AhRは免疫機能の中枢的な役割を果たすことが明らかになり，ヒトの生体防御機構において重要な因子であることの認識が高まっています。すなわち，生活環

境中のダイオキシン類は免疫に関与するT細胞分化の方向性に影響を与え，免疫・炎症抑制の方向に免疫能を変化させて病気発症の引き金になる可能性もあります。これに従来からいわれているダイオキシン類の発がん促進，生殖毒性，催奇形性などの毒性が加わり，「病気のデパート」と表現されるようなダイオキシン類の幅広い毒性として観察されるようになります。表2-1にはダイオキシン類とPCBがヒトに及ぼす臨床的徴候例を示しています (35)。ダイオキシン類の健康被害が多様なことは国際的にも確立した評価であり，患者認定の基準もこのような科学的基準で改善することが求められます。表2-2には「油症」患者の第2世代に現れた症状の個別例を示しています。これは「油症」患者を支える市民団体である「油症サポートセンター」の諸氏が患者からの情報をまとめ，第27回ダイオキシン国際会議で発表したもので，生殖毒性も多様な症状があることが示されています (36)。また，図2-2にも示したように，「胎児性油症」の発症にもPCDFの関与が非常に大きいことが報告されています (37)。

表2-1 ダイオキシン類とPCBによる臨床的徴候 ［文献 (35) より引用，作成］

がん	頭痛
がん死亡率	疲労
免疫欠損	嘔吐
生殖異常	吐き気
発生異常	多毛症
糖尿病	瞼の疾患
肝臓障害	食欲低下
甲状腺疾患	心因性掻痒症
心臓血管障害	歯茎色素形成症
虚血性心疾患	結膜での色素沈着過多
クロルアクネ	マイボーム腺分泌過多症
皮膚の吹き出物	男性ホルモンの変化
心臓・気管支機能低下	コレステロール・中性脂肪増加
中枢神経・末梢神経症	

表2-2　第2世代「油症」患者の示す臨床的症状［文献（36）より引用，作成］

誕生年	年齢	性	暴露	診断名・症候
1968	dead	M	◎	コーラベイビー，喘息
1968	dead	M	◎	コーラベイビー，高熱
1968	39	M	◎	コーラベイビー
1968	39	F	◎	コーラベイビー，脊髄奇形
1968	39	F	◎	メニエール症，左耳難聴
1968	39	F	◎	コーラベイビー，クロルアクネ
1968	39	F	◎	コーラベイビー，未熟児
1968	39	F	◎	コーラベイビー，黒爪
1970	37	M	◎	高尿酸，緑内障，肋間神経痛
1970	37	M	◎	胃炎，神経症
1971	36	M	◎	永久歯未発達
1972	35	F	◎	未熟児，低身長
1972	35	F	○	月経痛，中耳炎，アトピー
1973	34	F	○	アトピー，生理不順，月経痛
1974	33	F	●	未熟児，出生時より歯が生えている
1980	27	F	●	右指欠損，アトピー
1980	27	F	○	子宮内膜症，パニック症候群
1981	26	M	○	未熟児，肝機能障害，膀胱がん
1982	25	F	○	未熟児，腎疾患，アレルギー
1983	24	F	○	性染色体異常，低身長，心疾患
1986	21	M	○	川崎病，弱視
1989	18	F	○	低身長，褐色の顔
1990	17	M	○	乳がん
1990	17	M	●	心室中隔欠損
1990	17	M	○	アレルギー，喘息，低身長
1990	17	F	●	腎盂炎，過呼吸
1991	16	M	●	心臓障害
1992	15	F	○	川崎病，不正出血，肥満
1993	14	F	○	角膜腫瘍
1994	11	M	○	集中力不足，眼疾患

◎父母共に摂取，○母摂取，●父摂取

汚染された「米ぬか油」を摂取したことにより，第2世代にもその影響が伝わっていることを示す。

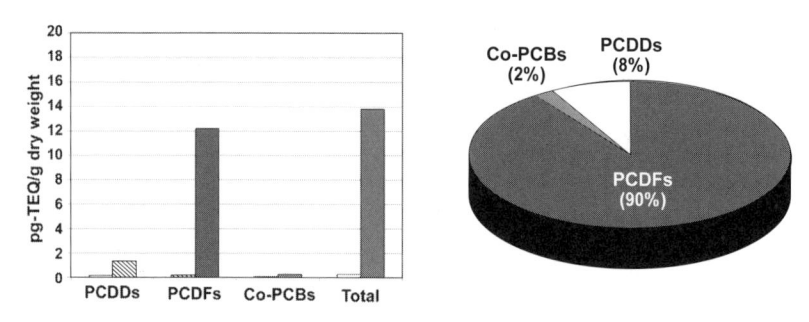

図2-2 胎児性油症の主原因も PCDF ［文献（37）より引用，作成］

棒グラフの左側は健常者幼児，右側は胎児性油症患者の保存されていた臍帯に含まれているダイオキシン類の量を示し，円グラフはそれぞれのダイオキシン類の割合。TEQ とはダイオキシン類の毒性を足し合わせた値であり，毒性等量（Toxic equivalent）のこと。最強毒性を示す TCDD を 1.0 として，他のダイオキシン類の強さを換算した TEF（Toxic equivalency factor）値の合計で表現する。TEF 値は表 7-1 を参照。

第3章
「セベソ」農薬工場爆発事故

　1976年7月10日にイタリアのミラノ近郊にあるメダ市で農薬工場が爆発事故を起こしました。事故を起こしたのはジボダン社（親会社はスイスの多国籍企業ホフマン・ラ・ロシュ）のイクメサ工場で，TCP製造プラントが暴走し，TCDDを高濃度に含む反応物が住宅地区を含む周辺に飛散してセベソを中心とする11の町村を汚染しました。飛散したTCDD量は30~130 kgと見られており，ダイオキシン類の暴露事故としては最大規模のものです。汚染レベルが高い地区では「原発」の事故時に等しい居住禁止・強制疎開・土壌などの除染作業といった措置が取られ，汚染地区で飼育されていた家畜は屠殺処分されて食用が禁止されました。事故直後においては子供を中心としたクロルアクネの発症が確認されており，汚染による先天性異常の増加や出生児の性比の変化が報告されています。同時に，地域住民に対する25年にわたる健康追跡調査の結果，リンパ系・造血器系のがんの発生が有意に増加していること，さらに循環器系疾患，慢性閉塞性肺疾患，女性の糖尿病による死亡の増加が見られることなどが報告されています。この事故を教訓として，欧州委員会（EC）は大規模産業災害のリスク軽減のために周辺市民への情報公開を強化したセベソ指令を打ち出しました。カーソンの『沈黙の春』は化学物質というフィルターを通した未来社会の「寓話」ですが，14年後のセベソで「現実に起こった」ことのドキュメントがJ. フラーによる『死の夏』として記録されています (38)。

事故の発生

イクメサ工場の爆発事故によって,多量の TCDD を含んだ約 3,000 kg の有機塩素化合物が霧状のエアロガスになって高度 1,500 m まで立ち昇り,南風にのって隣接するセベソなどの町に降り注ぎました。セベソの住民は「息苦しい」ことを感じながらもイクメサ工場で爆発事故があったことしか情報を与えられませんでした。事故から 3 日後の 13 日には植物が枯れ始め,猫,ウサギ,ニワトリなどの動物が死んでいく自然界の異常に住民は直面することになりました。このころから,子供たちには皮膚障害,食欲不振,吐き気などの症状が見られ始め,住民の不安は情報提供がなされないことも重なりピークに達したことが報告されています (39)。

多国籍企業の企業秘密と行政の無策

イクメサ工場はジュネーブに本社のあるジボダン社のイタリア工場として 1950 年代の初めにメダ市に進出しました。親会社は薬品企業ホフマン・ラ・ロシュ社であり,製造された TCP はホフマン・ラ・ロシュ社や本社に全て輸出されていました。TCP からは消毒剤であるヘキサクロロフェンや除草剤 2,4,5-T が加工製造されました。危険性を伴う素材部門の生産は現地進出工場で行い,加工製品の製造とその販売による多額の利益は本国で獲得するという典型的な多国籍企業の下請け工場としてイクメサ工場は操業されていました。ベトナムでの「枯葉作戦」最盛期にはイクメサ工場での TCP の生産も増大し,2,4,5-T の生産にも関与していたといわれています。「枯葉作戦」の終了に伴って TCP の製造も停止されましたが,爆発事故の起こる数か月前から生産が再開されていました (39)。軍事産業と密接な関係にある多国籍企業の下請け工場で,しかも微妙な時期に発生した事故であったがゆえに,地域住民への情報公開などは眼中になかったのでしょう。それを裏付ける出来事として,ホフマン・ラ・ロシュ社は事故直後に NATO と接触を持ったと伝えられており,NATO 軍事専門家による汚染サンプリングと並行してイクメサ工場内の多くの関連資料は処分されたといわれています (40)。これにより事故

を解明するための重要な証拠物件についても秘匿され，追及が困難になったことが示唆されています。一連のホフマン・ラ・ロシュ社による作業はセベソの行政当局が爆発事故の全貌の把握はもとよりその対策も取れない混乱の最中の行動であったとされており，事前にイタリア政府にも通告されていなかったということです。

　農薬工場の爆発事故に関して情報公開を拒む企業に対し，セベソ地区を中心とする被曝した住民の健康を守るべき行政側の対応はどうだったのでしょうか？ TCP などの有機塩素系農薬工場での爆発事故においては，ダイオキシン汚染の可能性を考慮することは当時の化学工業界においては常識的なことでした。すでに 1953 年には西ドイツの BASF 社，1963 年のオランダのフィリップス・デュファー社，1968年のイギリスのコーライト・アンド・ケミカル・プロダクト社でも同様な事故が発生し，死者を含めたダイオキシン被曝による労働災害が報告されていました (41)。また，ベトナム「枯葉作戦」でのダイオキシンの毒性についても皮膚疾患や生殖異常などについての報告がなされており，国際世論をかき立てたのも 70 年代初頭のことでした。従って，たとえ企業側の情報公開が厳しく管理されていたとしても，行政としては「最悪の場合の危険性」を住民に伝え，それに備えた対策を具体的に指示すべきでしたが何もなされませんでした。事故後の疫学調査ではクロルアクネの発生が子供に集中的に見られ，その理由として事故後も普段と変わらない外遊びをさせたために TCDD と接触する機会が多かったことが指摘されています (42)。

ダイオキシン汚染の公表と強制疎開

　ホフマン・ラ・ロシュ社の研究所では事故から 5 日目の 7 月 15 日にはすでに汚染物サンプルの中に高濃度 TCDD を検出していましたが，行政当局への公表はされませんでした。10 日目の 7 月 20 日になって爆発による汚染物質はダイオキシンであることが行政側に連絡されました。しかしながら，この情報公開までに NATO などとの裏工作があったことは周知の事実であり，公表が遅れたことによって住民の健康被害を拡大させることになりました。21

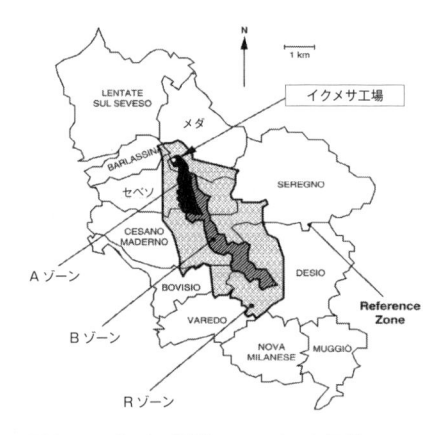

	面積（ha）	居住者（人）
Aゾーン	87	723
Bゾーン	270	4,821
Rゾーン	1,430	31,643

	TCDD	
	土壌中 $\mu g/m^2$	血清中 pg/g（人）
Aゾーン	15.5～580.4	447.0 (296)
Bゾーン	1.7～4.3	94.0 (80)
Rゾーン	0.9～1.4	48.0 (48)

図3-1 セベソ地域でのTCDD汚染 ［文献（43）より引用，作成］

爆発事故を起こした農薬工場とその周辺部の地図を示し，TCDDの汚染の程度からA，B，Rゾーンに区分された。それぞれの地域の面積，居住者数及びTCDD汚染状況を示す。

日の工場責任者2名の逮捕をきっかけに23日には企業側から「汚染状況は極めて憂慮すべき状態にあり，セベソの汚染地区の住民は即刻，全員移転させてほしい」という行政当局への要望を受けて，翌日には強制疎開の行政措置に踏み切ることになりました（39）。図3-1にはイクメサ工場とその周辺部の地図とTCDD汚染状況を示しています（43）。汚染地域はその程度によりA，B，Rゾーンに区別され，該当する汚染面積や居住民数，土壌及び住民の血清中に含まれるTCDDの濃度についても記述してあります。しかしながら，汚染面積はこれよりも広いという見方もあり，セベソを中心に22万人以上の人々が影響を受けたといわれています。25日にはAゾーンの内でも最強汚染地区（15 ha）が鉄条網で囲まれて隔離され，毒ガス用の防護服で身を包んだ兵士により監視されていた様子は日本でも報道されました。27日にはこの地域の居住者43世帯，179人の最初の集団移転が始まったことが報道され，8月末までには2,400人を超える住民が強制疎開したそうです。

リー報告書

　工場側からの事故時の正確な情報が少ない中で，一般紙などではかなり早期から TCDD の飛散量が見積もられて報道され始めましたが，それは世論操作のために意図的に過小評価した推定量でした。『ネイチャー』においても約 2 kg の TCDD が TCP の微粒子とともに飛散したと論じられています (41)。しかしながら，これらの推定値に疑問を示す報告書がイギリスの植物学者である D. リーから提出されました。リー報告書は博士がイタリア行政当局の依頼で現地調査，対策委員会などに参加した際の討論などをまとめて報告したもので，その要約が綿貫の著作に記載されています (40)。その中で，①反応容器中の TCP は 650 kg と見なされ，容器内温度が 300℃ まで上昇すると TCP の 5~20% がダイオキシンに移行すること（図 3-2），従って 30~130 kg までのダイオキシン生成は可能であること，②検出されている汚染地区のおおよその計算値でも優に 2 kg 以上になっていること，③汚染領域はもっと広範な可能性があることなどが指摘されています。さらに今後の問題点が，被災した住民の立場になって勧告として書かれています。『ネイチャー』ではこの

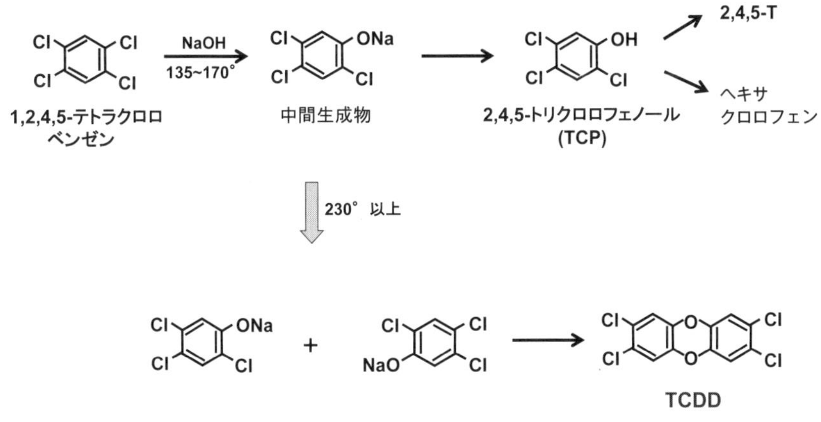

図 3-2　事故による TCDD の生成

イクメサ工場では TCP を産生しており，さらに加工されて薬用石鹸，化粧品などに使われる。この方法では 200℃ 以下なら問題ないが，230℃ 以上では TCDD が発生するとされていた。アルカリ加水分解で TCP のナトリウム塩を製造するプロセスで暴走反応が起こったとされている。

リー報告書を重くみて続報を掲載し，①汚染地域の住民の生涯にわたる健康調査と地区のモニタリングの重要性，②汚染地区の無毒化の方策として森林を作るべきだ，との勧告を引用しています (44)。

土壌除染とバーゼル条約

　汚染された土壌は 1,800 ha 以上にも及び，表面を削り取って撤去して新たな表土に置き換えられました。汚染土は掘られた 15 万 m^3 の穴に入れられ，ポリエチレンシートで囲った上に汚染されていない土で覆い，さらに厚いコンクリートで被覆して閉じ込められました。また，ドラム缶につめられた汚染土は工場内に保管されていましたが，1982 年 9 月に行方不明となり，翌年 5 月に北フランスで発見されるという事件が起こりました。フランス政府はイタリア政府に引き取りを要請しましたが，イタリアはこれを拒否し事態は紛糾しました。最終的には親会社であるホフマン・ラ・ロシュ社のあるスイスが引き取って処理を行い，廃棄物の処理自体は完結することとなりましたが，この事件が契機となって有害廃棄物の国境移動がヨーロッパにおける政治問題へと発展しました。経済協力開発機構や国連環境計画で検討が行われ，1984 年には「有害廃棄物の越境移動に関する原則」がまとめられました。これは，後のバーゼル条約の基本的骨格となるものでした。1988 年には「有害廃棄物の定義」が決定されました。このような事態の推移のもとで，「有害廃棄物の国境を越える移動及びその処分の規制に関するバーゼル条約」がまとめられました。条約は 1989 年に採択され，1992 年に発効しました。日本でも同年 12 月 16 日から効力を発し，2012 年 12 月現在の締結国は 178 か国 1 機関です (45)。

健康追跡調査

a. 事故直後の症状

　ヒトへの影響が最も早く観察されたのは事故発生から 6 日目で，その症状は霧状の化学物質が服から出ている肌の部分についたことによる 19 人の子

供の皮膚疾患でした。1977年4月の段階で187人の患者がクロルアクネと診断され，そのうちの164人（88%）が子供でした。クロルアクネの発症状況はTCDD汚染地図とよく一致しています。それぞれの地域に住んでいる子供たち（3~14歳）に対する割合で比較すると，Aゾーンの最も汚染がひどい地域では48%（26/42），Aゾーン全体では20%（42/214），Bゾーンでは0.5%（8/1,468），Rゾーンでは0.7%（63/8,686），その他の地域では0.1%（51/48,263）であることが報告され，外遊びの折にTCDDに接触したことに由来すると指摘されています（42）。また，クロルアクネや肝機能の酵素誘導が見られる人（12/55; 22%）は，そうでない場合（13/168; 8%）に比べて末梢神経疾患の症状を訴える割合が高いことが観察されています（46）。

b. 先天性異常・生殖異常

セベソ問題委員会が1978年2月に議会に提出した報告書によると，事故から1977年末までの1年半の間に生まれた先天性異常児は38名に及ぶことが報告されています（47-49）。事故以前には同一地域での先天性異常児は4名であったことを考えると極めて高い増加率であることがわかります。異常の内訳は下肢奇形10名，先天性心臓疾患8名，合指症3名，尿道下裂，腹部奇形，ダウン症，悪性腫瘍がそれぞれ2名生まれたことが報告されています（表3-1）。38名の中で，9名が低レベルのRゾーン，残りの29名は汚染地区として認識されている地域外に住んでいた女性から生まれており，汚染レベルが高いA及びBゾーンに住んでいた女性からは生まれていません。その理由として，汚染物質がTCDDと判明した時点で，①堕胎が認められないイタリアにおいて特例法による堕胎の許可，②「TCDD汚染環境下では子供をつくらない」というベトナムでの実情を踏まえた医師グループによる警告，③1977年4~9月にかけてのBゾーンに居住していた婦人の流産の異常な増加（48）が影響を与えたものと考えられます。

P. モカレーリらはTCDD汚染状態と生まれてくる子供の男女比について調査を進めています。2000年の『ランセット』誌では①TCDD被曝地域の男性239人，女性296人から男児328人，女児346人が誕生し，血清中のTCDD濃度と生まれた子供の性比の関係では父親のTCDD濃度が高いと男児の出生

表3-1　セベソでの先天性異常児のタイプ［文献（47,48）より引用，作成］

奇　形	1976	1977
下肢奇形	0	10
先天性心臓疾患	0	8
合指症	0	3
尿道下裂	2	2
腹部奇形	0	2
ダウン症	2	2
悪性腫瘍	0	2
肺発育不良	0	1
眼球不同斜位	0	1
耳道閉鎖	0	1
膀胱外反症	0	1
胃壁破裂	0	1
水頭症	0	1
肛門奇形	0	1
髄膜瘤	0	1
骨形成不全	0	1
合計	4	38

これらの奇形が直接的にTCDDによるかを特定することは困難であるが，事故前の発生状況からみると大幅に増加しており，TCDD汚染と関連していると見られる。

率が低下すること，②受胎時の父親のTCDD濃度が体重1 kg あたり15 ng 未満でその効果を示し始め，特に19歳以下でTCDDに被曝した男性からは男児の出生率の低下が顕著であること，③女性のTCDD被曝によって男児の出生率低下は見られないことなどを報告しています（表3-2）(49)。恐らく，若いころの男性の生殖システムにおいてはTCDDに対する感受性が高く，その時期にTCDDに曝されるとその影響が長期にわたって続くことが示唆されて

表3-2　TCDD被曝と出生時の性比との関係［文献（49）より引用，作成］

父親の TCDD (ppt)	母親の TCDD (ppt)	男児	女児	合計	性比 (95%CI)
暴露なし	暴露なし	31	20	51	0.608 (0.47-0.74)
> 15	> 15	96	121	217	0.442 (0.38-0.51)
> 15	暴露なし	81	105	186	0.436 (0.36-0.51)
暴露なし	> 15	120	100	220	0.545 (0.48-0.61)

父親の被曝が出生時の子供の性比に影響することを示唆している。

c. がん

　事故発生時点でA，B，Rゾーンとその周囲の地域に住む約22万人と，事故後に住み始めた約6万人の合計28万人に関する住民健康追跡調査がミラノ大学のP. ベルタージを中心としたグループにより行われ，事故後25年までをまとめた研究報告がなされています（43, 46）。死因などは確実に調査されており，リンパ系・造血系組織のがん死亡率がAゾーンでは周囲の非汚染地域に比べ2.23倍，Bゾーンでは1.59倍高いことが示されています。具体的にはAゾーンでの非ホジキン・リンパ腫が3.35倍，多発性骨髄腫が4.34倍，骨髄性白血病が2.12倍，Bゾーンでのホジキン病が2.15倍，非ホジキン・リンパ腫が1.23倍，多発性骨髄腫が1.68倍，白血病が2.38倍，骨髄性白血病が1.97倍と死亡率が高いことが観察されています。

d. その他の疾患

　Aゾーンでの慢性リューマチ性心疾患は5.74倍，高血圧で2.18倍，慢性閉塞性肺疾患で2.53倍，Bゾーンでの糖尿病で1.32倍と死亡率が高いことが見られています。

事故による問題提起

　「セベソ」農薬工場事故をめぐって今から40年近く前に書かれた綿貫礼子の論文は極めて現代的な問題を当時から予測していたものとして私たちに次のように問いかけ続けています。「イクメサの爆発事故は対岸の工場災害として聞き流されるものではなく，汚染物質の種類こそ異なるが近い将来に頻発するであろう原発事故に匹敵する種類のものであり，これらの汚染物質は地域住民の安全性を子々孫々まで奪う危険性を持ち，ひとたび事故に見舞われると地域ぐるみの全破壊を招くことになる」（39）。

　「セベソ」事故から3年後の1979年にスリーマイル島（アメリカ）で，1986年にはチェルノブイリ（旧ソ連，現ウクライナ）で，そして2011年の福島第一

原発で相次いで発生した原子力発電所の重大事故と，その後に遭遇することになった人々の現実は綿貫の主張と完全に重なっています。この項では「セベソ」事故から提起された問題点を挙げたいと思います。

a. 企業の情報公開・セベソ指令

「住民と密接している工場でこんな危険なものを作っているとは何たることか！安全弁1つの故障で生命をおびやかす物質が飛び散るとはどういうことか？」というセベソ市民の言葉にこの事故で問われている本質があります。「セベソ」事故を教訓として欧州委員会（EC）は，1982年に特定産業活動による大規模事故災害に関する理事会指令（セベソ指令）を出し，この指令は1996年（セベソ指令II），2012年（改正セベソ指令，セベソ指令III）と連続的に改正されました。改正セベソ指令では市民に対し①近隣の産業施設の活動による危険や事故時の対応方法に関する情報入手の改善，②セベソ指令対象施設の建設計画において影響を受ける人々の参加に関する効果的な規則，③情報や参加が十分に保証されていない市民の司法へのアクセス，④安全を効果的に実行するため，施設所有者による点検に関する厳格な基準という4点の改善策を提案しています。さらに，施設所有者は緊急警報の作動や大規模災害の際の住民の行動について情報提供すること，所轄官庁にも災害発生時に影響を受け得る全ての住民に対し最重要対策を提示すること，また，土地利用計画に関する法律を変更することにより新規施設やインフラストラクチャーの計画時には近隣施設との適切な距離をとることが求められています。同時に，所轄官庁と施設所有者は大規模災害の可能性を評価し，その対策を採用する際は施設近辺の施設に対する潜在的なリスクについても考慮することが求められています（50）。日本においても開発援助と，経済活動のグローバリゼーションによって企業の海外進出が盛んになっています。世界を取り巻く経済状況の不安定さから，ともすれば企業活動の正の部分が強調され，現地の人々や環境に及ぼす負の側面が見落とされがちな時代になっています。「セベソ」と「原発」事故の経験を踏まえて，「人として健康に生きるための正当な権利」が最も重要視されても良いような社会が必要なのではないでしょうか。

第3章 「セベソ」農薬工場爆発事故

b.「ダイオキシンは無害」を信じたい心理

　汚染物質がダイオキシンとわかった時点で地域住民の間では「ダイオキシンは無害だ」と信じたい心理が働いたことが報告されています。それはさまざまな理由から行き着いたことで，住民心理の複雑さを物語っています。例えば，①経済的側面：「セベソ」周辺は家具の産地であり，毒性を内心では理解しているが生活の糧を守るために害がないように装う，②社会的差別：強制疎開時などでのホテルへの宿泊の拒否や，結婚時の差別が現実に生じた。「福島」原発事故でも被災者が経済的・社会的，さらには基本的人権の侵害を受けていることが報道されています。③政治的・宗教的問題：奇形の発生の可能性から堕胎が特例によって合法化されたのを契機に生じた，その拡大への運動に対する保守的政治家・カトリック教会による危機意識のあらわれ，④専門家の安全宣言：保守的政治家・企業と癒着したミラノ大学教授の「セベソは安全」という新聞記事に影響されてＡゾーン住民が鉄条網を乗り越えて自宅に戻る事件が起こった，などが指摘されています（47）。

c.「社会的病気」は過小評価される

　第1部においては典型的なダイオキシン類の被曝実態について述べてきましたが，ヒトに及ぼす毒性は次世代への影響（奇形），がん，生殖毒性，免疫毒性，皮膚疾患など多様であることが明らかになってきました。人々が被ったこれらの疾患は「原爆」や「原発」事故と同様に国家や企業などにより引き起こされた「社会的病気」であり（51），個人の責任ではまったくありません。このような「社会的病気」が発生した段階で，私たちは次のような光景をしばしば目にすることになります。国家，企業は，被害者がごく少数のときは個人の特殊例として無視しますが，無視できなくなると本質的な事実は隠ぺいし，都合の良い「科学者・専門家」の意見を取り込んで「過小評価」するための情報操作をすることになります。「枯葉作戦」をめぐってのアメリカ「公的機関」の研究者や「セベソは安全」と発言した大学教授の対応からは「事実を知りながら事態の過小評価をした」ことが明らかにされています。「チェルノブイリ」（52）や「福島」（53, 54）原発事故において，住民に事故の「過小評価」を積極的に説き続けていたのは「放射線医学の専門家」でした。

また，被害者が多いときには国家や企業は，①狭義の認定基準を導入し，②「科学的に根拠があるといわれる数値」で患者間の線引きをして，被害者を可能な限り少なくするようです。「社会的病気」に対して国家，企業の責任が裁判で認められることはまれですが，その理由として国家，企業は裁判での「科学論争」において圧倒的に有利な武器になる「科学者・専門家」を抱えているからです。これは国家・企業が「科学者・専門家」の生命線となる人事・予算・施設の権限を握っていることから裏付けられており，このような構造を私たちが変えることが必要です。

第4章
『沈黙の春』から『奪われし未来』へ

　DDTなどの農薬散布によって1950年代のアメリカ五大湖周辺ではさまざまな野生生物の異常が観察されており，L.カーソンがこれらの事実から「農薬による生物の繁殖能力の変化によって生態系が破壊され，それがヒトにも影響を与える可能性がある」という警告を発したものが1962年に出版された『沈黙の春』でした (3)。これは，以前から問題にされていた化学物質による発がんや奇形とは位相が異なり，生物の恒常性の維持，生殖，発達，行動を制御しているホルモンの生成，分泌，結合，輸送，作用，分解などの諸過程に介入する外因性内分泌攪乱化学物質（環境ホルモン）の存在への問題提起ともなりました。1991年には動物の生殖問題に取り組んでいる研究者が中心となって「ウィングスプレッド宣言」が出され，これを契機に環境ホルモンの研究が促進されることになりました。『沈黙の春』から34年の年月が流れ，1996年にS.コルボーンらにより『奪われし未来』が刊行されました (12)。多くの科学的データの検証から，「野生動物の減少は環境ホルモンによって生殖機能障害を引き起こした結果であるという仮説」が提唱されました。また，環境ホルモンはヒトにおいても男性の精子数の減少などの生殖機能障害をもたらす可能性があることが言及され，大きな話題と論争を引き起こしました。

『沈黙の春』

　20世紀は2度の世界大戦と，その前後に誕生した社会主義・共産主義国家

と自由主義国家間の絶え間のない戦争の世紀でした。同時に科学・技術の進展により世界の経済が大きく成長した世紀でもありました。経済成長のための大量生産・大量消費・大量輸送の社会は化学物質の存在なしには成立しないことから，現代は「化学物質の時代」とも呼ばれています。その一方で，経済の飛躍的発展は，「公害」や環境破壊を前提にしてきたとも指摘されています。化学物質による汚染は人の食を扱う農業においても例外ではなく，第二次世界大戦後に化学合成された殺虫剤・除草剤・殺菌剤などの農薬の使用は生産性の向上と安定のために必要不可欠な存在とされ，特に，即効性（強毒性）と持続性（長期残留性）を保つ化学農薬が便利なものとして使用されてきました。

　そのような状況のもとで1962年に出版された『沈黙の春』は合成殺虫剤を中心とする農薬の危険性と人類の思い上がりを告発し，今日の環境保護運動の原点ともいうべき位置を占めていることから，「世界を変えた本」の1冊に取り上げられ，その刊行によって「環境の時代」に入ったとされています。また，L. カーソンは「20世紀にもっとも影響のあった100人」の科学者・思想家の分野に女性ではただ1人選ばれています（55）。『沈黙の春』で農薬の生物・生態系に対する悪影響が取り上げられたことによりその安全性が社会的にも注目され，1970年以降のアメリカや先進諸国ではDDTなどの多くの農薬の製造や使用が禁止されることになりました。しかしながら，日本では1965年に農薬登録され水田用除草剤の60%を占めた有機塩素系農薬である除草剤クロロニトロフェン（CNP）の使用自粛通達が厚生省から出されたのは，その発がん性やダイオキシンの混入がかなり以前から指摘されていたにもかかわらず，1994年3月のことでした（19）。化学農薬の過度の使用による生態系の攪乱や残留農薬の食品安全性への危惧から，低毒性・低蓄積性の農薬や，天敵などの利用による生態学的方法や生物的防除（生物農薬）などヒトを含めた生物や自然環境に穏やかな農法が現在では推奨されています。

『複合汚染』

　『沈黙の春』の日本版とも例えられる有吉佐和子の長編小説『複合汚染』は

第 4 章 『沈黙の春』から『奪われし未来』へ

1974 年 10 月 14 日から 1975 年 6 月 30 日まで朝日新聞に連載されました。日本では高度経済成長期，特に 1950 年代後半から 1970 年代にかけて未曾有の環境汚染に伴う水俣病（熊本県水俣湾の有機水銀で汚染された魚介類を摂取した住民に発症したおもに中枢神経疾患を伴う中毒事件），新潟水俣病（新潟県阿賀野川流域での有機水銀汚染による中毒事件），四日市ぜんそく（四日市市の石油コンビナートに由来する亜硫酸ガスによる大気汚染），イタイイタイ病（富山県神通川流域でカドミウム汚染された水や米を摂取した住民に発症した骨軟化症などを伴う鉱毒事件）などの公害が発生していました (56-58)。また，「枯葉作戦」や「カネミ油症」食品公害事件におけるダイオキシン類や PCB の毒性が報道され，社会的に環境問題がクローズアップされていた時代でした。多くの「科学者・専門家」が科学・技術と人間，社会，公害，環境との関係を巨視的な視点から論じる責任を放棄する中で，『複合汚染』という小説を通して政府，企業，専門家の政策決定に対し「疑いの目」を持ち続けることがいかに重要であるかを文学者の立場から訴えたものでした。『複合汚染』は，農薬，工場廃液，合成洗剤，食品添加物などによる複数の汚染物質が混合することによって，個々の物質の単独汚染に比べて相乗的な汚染結果が現れることを平易な表現で国民に広く伝えることになりました (59)。「有吉佐和子は工業生産中心の科学技術が自然を，農業を，生活を，健康を，精神を，そして人間を手ひどく汚染し破壊し滅亡の淵まで追いやっている現実に，文学者として人間として黙って見過ごしていられない危機を感じ，心の底から憂いかつ怒り，そして叫ばずにはいられなかったのである」(60)。

ウィングスプレッド宣言

「人類が環境にまき散らしたある種の合成化学物質には魚類，野生生物，ヒトの内分泌系を攪乱する作用があり，これらの物質で誘発された環境汚染は今や地球上に蔓延している」という認識のもとに，世界自然保護基金の S. コルボーンの呼びかけで 1991 年 7 月 26~28 日にアメリカ・ウィスコンシン州のウィングスプレッドにおいて会議が開催されました。会議では，①環境に

蔓延している内分泌攪乱化学物質の危険性を学際的な視点で評価すること，②既存の科学的データから確固とした結論を導くこと，③未解決の問題については研究計画を練り上げるとの趣旨のもとに討論がなされました。討論の結果，①化学物質は生体内に入って女性ホルモンと類似の作用あるいは抗男性ホルモン作用を示し，ホルモン系（内分泌系）を攪乱させる作用をもつ，②多くの野生動物種は，すでにこれらの化合物の影響を受けている，③これらの化学物質は人体にも蓄積されているという3点で合意され，ウィングスプレッド宣言として公表されました。また，近い将来にその影響がヒトにも現れる可能性があるのでヒトへの影響に関する研究を優先的に行う必要があるとし（予防原則），内分泌攪乱化学物質の具体的評価，問題点，今後の課題などが提起されました（61）。

『奪われし未来』

「体内に蓄積された汚染物質が人間の健康にどう作用するのか？」というカーソンの問いかけから30年以上が過ぎ，コルボーンらは『奪われし未来』を刊行して世界に問いかけました（12）。1990年代は各種の合成化学物質がホルモン作用を攪乱する，いわゆる「内分泌攪乱作用」が多くの科学者の間で取りざたされるようになり，この問題の解明が急務となっていました。従来の合成化学物質の研究や規制はもっぱら遺伝子突然変異やがん，それに形態的な先天性異常が中心でしたが，内分泌攪乱作用を検証する研究者は，正常な生体プロセスを混乱させ，健康な体をむしばむ合成化学物質の全く新しいメカニズムに注目していました。合成化学物質で引き起こされていると考えられる多くの野生生物の異常を紹介しながら，人々の日常生活で身近になった化学物質が子孫の学習能力，免疫力，生殖能力（精子数の減少など）にどのような影響を及ぼすかについての警告として『奪われし未来』は書かれています。すなわち，合成化学物質が体内のホルモンメッセージを攪乱することの意味を広く社会が知り，それに的確に対応することが人類の未来につながることを訴えています。また，元アメリカ副大統領であるA. ゴアが序文を書いていることも大きな話題となりました。

外因性内分泌攪乱化学物質

　環境ホルモン作用が疑われるものとして，環境庁は「内分泌攪乱化学物質への環境庁の対応方針について――環境ホルモン戦略計画 SPEED'98――」を 1998 年に発表しました。その中で，優先研究をする対象として 67 種類の有機化合物と鉛，水銀，カドミウムの計 70 種類の物質がリストアップされています。内訳は有機塩素系化合物，農薬，プラスティック添加剤，合成洗剤，金属などに分類されます。2000 年には新しい知見などを追加，対象を 65 物質に修正し，2000 年 11 月版として改定されました (62)。また，SPEED'98 に沿って取り組んだ結果を踏まえ，2005 年には「化学物質の内分泌攪乱作用に関する環境省の今後の対応方針について――ExTEND2005――」を策定しています (63)。

　ダイオキシン類は内分泌攪乱物質として作用するとも考えられ，TCDD 暴露による出生時の性比の変化などもその影響であると指摘されています。ホルモンレベルを変化させるメカニズムについては第 8 章でくわしく述べますが，①生殖腺に発現している AhR にダイオキシン類が結合し，ステロイドホルモン合成を制御している転写因子と協調的に作用して女性ホルモン産生を高めること，② AhR とダイオキシン類が結合してステロイドホルモン受容体との相互作用を介してステロイドホルモンによる遺伝子制御に介入し，さらにはホルモン受容体レベルを分解することなどが示唆されています。人々の社会生活を快適に便利にするために化学物質が使用され，私たちはこれらの恩恵を無意識に享受しています。P450 を中心とする薬物代謝酵素の働きで化学物質のもつ毒性から生体が防御されていることについては後述しますが，TCDD はヒト P450 で非常に代謝されにくい物質であることが明らかにされています (64)。ダイオキシン類は①代謝されず半減期が長いこと (~7 年)，②分子の化学的安定性が高いこと，③脂溶性であることから，「ベトナム」住民やアメリカ・韓国などの帰還兵，「カネミ油症」患者，さらに「セベソ」住民に取り込まれて体内に蓄積し，遺伝子発現，ホルモンレベルの変化などに影響をあたえることによって長期にわたる自身の疾患と次世代にわたる毒性を引き起こしていると考えられます。しかしながら，多くの内分泌作用が疑

われている化学物質についてはメカニズム的に不明の点が多く，発生学と関連させながらさらなる基礎的研究の蓄積が必要と考えられます。

日常の中のダイオキシン被曝

　第1~3章においてはベトナム「枯葉作戦」，「カネミ油症」食品公害事件，「セベソ」農薬工場爆発事故を取り上げ，人々が経験した異なったケースでの大規模なダイオキシン類の被曝実態について論じました。環境省の報告によると，わが国のダイオキシン総排出量の約66%がゴミや廃棄物の焼却，残りの34%が製鉄工場，紙・パルプ工場，塩化ビニール製造業，化学工業などの産業界の製造工場から排出されているとされています。以前の日本では，水田除草剤としてPCP（ペンタクロロフェノール）やCNPが主に使用され，それらの農薬に含まれていたダイオキシン類が汚染の大きな比重を占めていました。PCPは1960年代に使用され，魚介類に対する強い毒性とダイオキシン類が含まれていることから74年に使用禁止となりました。また，CNPは発がん性及びTCDDの混入が指摘されて82年以降は使用されなくなりました。60年代から70年代にかけて林野庁が国有林に2,4,5-Tやその生成副産物である塩素酸ソーダなどを多量に散布し，ニホンザルに奇形が発生したことや植生に多大な影響を与えたこと，さらに散布中止後は多くが水源地でもある国有林にそれらの薬品を遺棄し，現在でも放置されていることが報告されています (65)。

　日常的に平穏と思われる私たちの社会においてもダイオキシン類による汚染はゴミ焼却に伴う環境汚染や母乳汚染問題として存在しており，多くの人々は高い関心を持ち続けています。ゴミ焼却によるダイオキシン類の総排出量は厚生（労）省による規制が遅れ，急増することになりました。全国各地に点在するゴミ焼却炉から排出されるダイオキシンによる汚染と『奪われし未来』の出版の衝撃が重なったことから，ダイオキシンをめぐる健康被害論争が一気に広がりました。厚生（労）省もその対策に迫られ，1999年に「ダイオキシン対策推進基本方針」，2000年に「ダイオキシン類対策特別措置法」（ダイオキシン法）が施行されました。前者では2003年までに約90%の

ダイオキシン類の削減が目標にされました。後者ではダイオキシン類の「許容1日摂取量」を体重1kgあたり4pg以下と規定し，実際の摂取量をそれ以下にするための大気・水質・土壌の環境基準が設定され，ゴミ焼却炉や工場の排出ガス，排水中のダイオキシン類の基準が設けられました。政府が発行した『ダイオキシン類』という冊子には2010年時点での全国のダイオキシン類の総排出量は1997年と比べて約98％削減され，汚染状況も環境基準が達成されるレベルまで改善されていると記載されています（66）。図4-1には全国のダイオキシン類の排出総量と大気・水質中の濃度の推移，図4-2にはダイオキシン類の1日摂取量の経年変化，図4-3には母乳中のダイオキシン類の濃度推移を示しています。これらのグラフからは，「ダイオキシン法」の制定はダイオキシンの総排出量の減少と環境汚染の改善に効果的だったと思われます。実際，世界各国の環境政策を評価している経済協力開発機構（OECD）のレポートでも「ダイオキシン法」によるダイオキシン削減政策を高く評価しています。しかしながら，ダイオキシンの持つ危険性は原発事故などの放射能被害と同様に深刻で長期にわたることから，その監視体制は厳密に管理されねばなりません。政府により公表された数値の信頼性を確かなものにするためには恒常的モニタリングの実施と関連施設でのモニタリング義務を課すことが必要です。

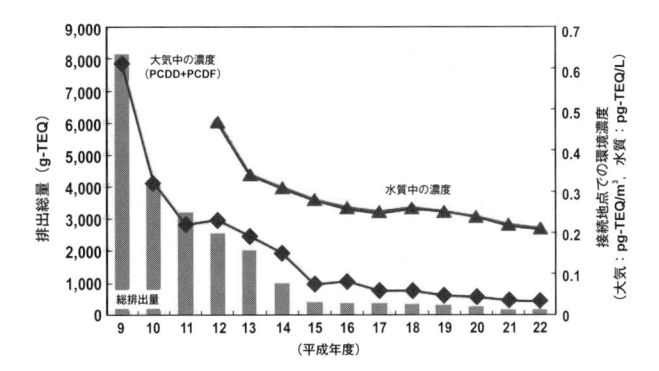

図4-1 ダイオキシン類の排出総量と大気・水質中の濃度の推移［文献（66）より引用］

ダイオキシン類の量や濃度のデータはTEQで示す。TEQについては図2-2の脚注を参照。

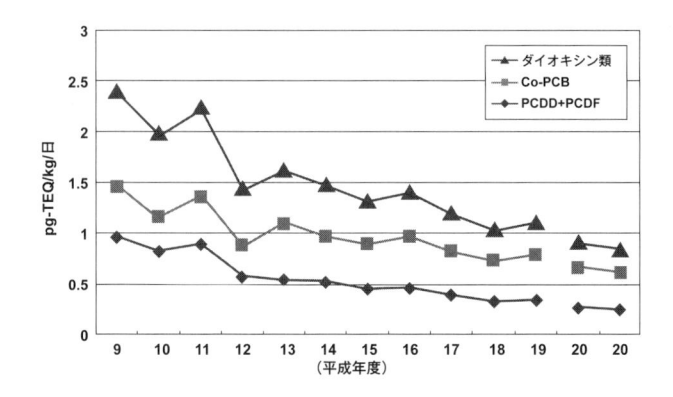

図 4-2 ダイオキシン類の 1 日摂取量の推移 ［文献 (66) より引用］

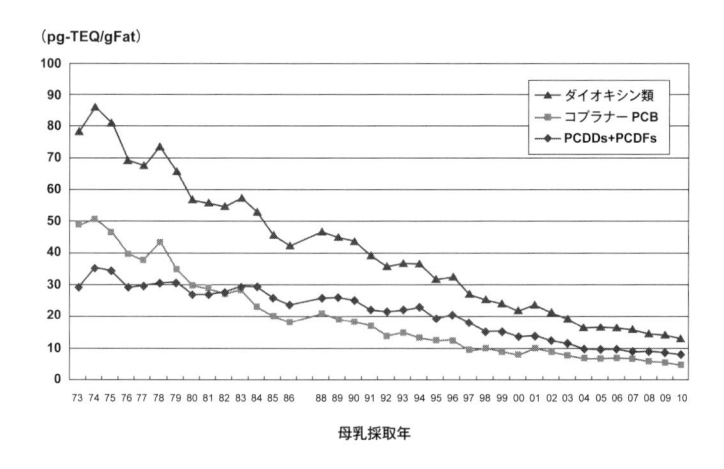

図 4-3 母乳中のダイオキシン類の濃度の推移 ［文献 (66) より引用］

インターミッション
──基礎知識の整理──

　本書は「当該分野の専門家」のみを対象にしたものではなく，幅広い読者層を対象としており，その目的は「ダイオキシン」でもたらされた健康被害のメカニズムを科学的知見から説明することにあります。そこで，第2部の理解を助けると思われるいくつかの生物学の基礎的な知識を整理したインターミッションの項を設けることにします (67, 68)。

①生命の進化の概略

　地球は約46億年前に生じ，その後の約8億年の化学進化の期間をへて約38億年前に最初の生命が誕生したといわれています。約27億年前には光合成をおこなう藍色細菌（シアノバクテリア）が誕生し，光合成により酸素を発生させました。現在の大気中の酸素濃度はこの時代に誕生した藍色細菌による光合成の賜物と考えられています（約24億年前の大酸化事変）。さらに約21億年前には真核生物が出現しました。これは，酸素呼吸ができる紅色細菌を起源とするミトコンドリアや，藍色細菌を祖先とする葉緑体が原始真核生物の細胞内で共生しながら（細胞内共生説）生まれたとされており (69)，約10億年前に多細胞生物へと進化したと考えられています。地球誕生から5.4億年前までを先カンブリア時代といいます。先カンブリア時代の原生代（25億年前~5.4億年前）末期の生物群はエディアカラ生物群として発見され，多くの多細胞生物の化石がその中に含まれています。5.4億年前から2.5億年前を古生代と呼びます。古生代はカンブリア紀（5.4億年前~4.9億年前），オルドビス紀（4.9億年前~4.4億年前），シルル紀（4.4億年前~4.2億年前），デボン紀（4.2億年前~3.6億年前），石炭紀（3.6億年前~3.0億年前），ペルム紀（3.0億年前~2.5億年前）で構成されています。カンブリア紀には「カンブリア爆発」（約5.3億年前）と呼ばれる爆発的な生物放散が知られており，カンブリア紀初期のカナダのバージェス頁岩には現生の動物の系統に繋がる多く

の動物の化石が含まれ，すでにカンブリア紀に極めて多様な生物が存在していたことを証明する動物群となっています。脊椎動物としては約 4.5 億年前に魚類，約 3.8 億年前に両生類，約 3 億年前に爬虫類が出現しています。鳥類や哺乳類はこの時代には出現していないと考えられています。その後の 2.5 億年前から 6,500 万年前までの時代を中生代と呼び三畳紀（2.5 億年前~2.0 億年前），ジュラ紀（2.0 億年前~1.45 億年前），白亜紀（1.45 億年前~0.66 億年前）で構成されています。哺乳類は約 2 億年前に出現したといわれています。中生代から新生代に引き継がれ，人類の祖先（ホモ・ハビレス）は約 230 万年前，今のヒトの祖先（ホモ・サピエンス）の出現は約 20 万年前といわれています（68, 69）。

②細胞の構造と機能

細胞は 1665 年 R. フックにより発見され，その後，1838 年に M. シュライデンが植物で，翌年に T. シュワンが動物について，「生物の体はすべて細胞からできており，細胞は生物の構造と機能の単位である」という細胞説を提唱しました。標準的な動物細胞の構造を図 S‑1 に示してあります。細胞の最も外側にはタンパク質と脂質の二重膜で構成される細胞膜があり，細胞への物質の出入りを調節しています。細胞の内部は細胞内小器官と呼ばれる構造体で成り立っています。代表的な小器官の働きとして，核は核膜という二重

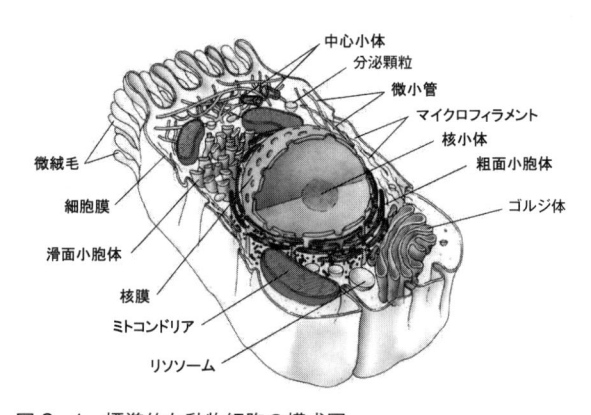

図 S‑1　標準的な動物細胞の模式図

膜に包まれ，遺伝子であるDNAを含み，遺伝情報から細胞の働きや形態を決める働きがあります。ミトコンドリアは二重膜構造で内膜はクリステと呼ばれるひだを作っており，主に呼吸でエネルギーを作る働きをしています。ミトコンドリアは核とは異なる固有なmtDNAを有しています。ゴルジ体は一重膜の扁平な袋が数層に重なり，細胞の分泌活動を担います。小胞体は細胞質に普遍的に存在する細胞内膜系で，小胞状，管状などの多様な構造をとります。リボソームがついている粗面小胞体とついていない滑面小胞体があり，前者はタンパク質生合成という固有な働きを持ち，共通した機能として脂質合成，代謝及び小胞体電子伝達系による様々な内因性物質や薬物・異物の代謝に関与しています。なお，細胞を破壊した細胞抽出物から小胞体はミクロゾームとして回収されることになります。中心小体は鞭毛の形成や細胞分裂に関与し，細胞質はタンパク質などを含む細胞液で満たされ，さまざまな化学反応の場となることが知られています。

③遺伝子の本体はDNA

遺伝子の本体であるDNAは核の中に存在し，その遺伝情報にもとづいてタンパク質が合成され，それぞれの生物に特有な形質が発現されます。DNAはデオキシリボースと呼ばれる糖，リン酸および塩基で構成されるヌクレオチドが多数つながってできています。塩基にはアデニン（A），グアニン（G），シトシン（C），チミン（T）の4種類があり，従って4種類のヌクレオチドが存在することになります。シャルガフらによるDNA塩基組成の解析により，アデニンの数はチミンと，グアニンはシトシンとほぼ等しいことが発見されました。またウィルキンスによるDNAのX線解析の研究からDNAは規則的ならせん構造を繰り返す高分子化合物であることが見出され，それらを合理的に説明するものとして，ワトソンとクリックは1953年に「二重らせん構造」モデルを提起しました。その特徴は3つあり，1) 2本の鎖が逆向きに並び，向かい合ってらせん構造をとる，2) リン酸と糖の繰り返しの鎖の内側に塩基が突き出ている，3) 2本の鎖の塩基は，アデニンはチミンと，グアニンはシトシンと水素結合で相補的に結合しているというもので，DNAの一方の塩基の並び方が決まれば他方が自動的に決められるわけです。図S-2

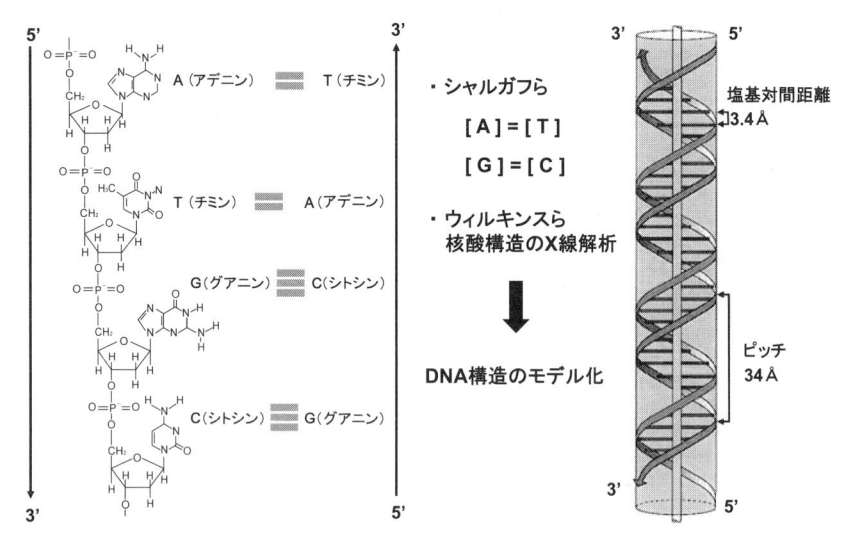

図S-2　DNAの二重らせん構造［鈴木理『分子生物学の誕生 上』，細胞工学別冊，p.15，秀潤社（2006）より引用，作成］

左：DNAは4種の塩基（A, T, G, C），リン酸基，デオキシリボース（糖）から成る。
右：ワトソンとクリックにより提案されたDNAの立体構造。左に示す鎖2本が逆平行（2本の鎖の5′→3′方向の流れが互いに反対）に塩基対（横棒）を介して結合している。ピッチはらせんが1回転する間に進む距離。

にはDNAの基本構造を示してあります。

④遺伝情報とその発現

　近年のゲノムプロジェクトによりさまざまな生物のゲノム（DNA）配列が決定されました。ヒトにおいてはタンパク質をコードしているのは全32億塩基対の2％以下，全遺伝子数としては2万4,000個にすぎないことが明らかになりました。ヒトの全タンパク質は約10万個あると見積もられているので，ヒトのタンパク質の多様性は転写後に生じると考えることができます。図S-3に遺伝情報の伝達の流れを大まかに示してあります。DNAからの流れは2つの経路があります。1つは細胞が分裂するときなどのDNAが増幅されるときの流れで「DNAの複製」と呼び，それは半保存的な複製機構でなされます。すなわち，DNAの二本鎖がほどけ，それぞれに対応する相補的な鎖

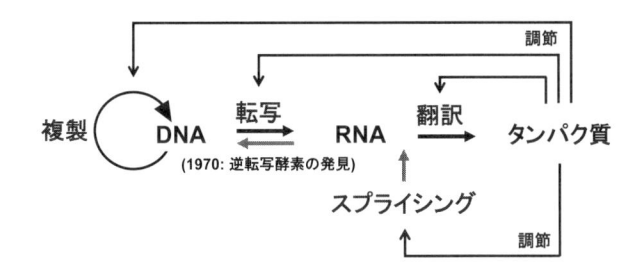

図 S-3 遺伝情報の流れ

多くの生物において遺伝情報は塩基配列という形で DNA の中に刻み込まれており，それが子孫に伝えられるときは DNA 自身の複製によって伝達される。一方，形質を発現するには，DNA から RNA，RNA からタンパク質へ順に伝達される。従来このセントラルドグマが支持されてきたが，RNA から DNA を合成する逆転写酵素や mRNA が形成されるときには一連のプロセッシングの過程（スプライシング）が存在することが発見され，セントラルドグマの一部が修正された。

が合成されてもとの DNA と同じ分子が複製されることになります。もう1つは DNA の情報をタンパク質に伝えて特定のタンパク質を作るための流れです（図 S-4）。DNA に RNA 合成酵素が結合することにより塩基対が切れて1本ずつのヌクレオチド鎖になり，そのうちの一方のヌクレオチド鎖を鋳型として RNA 分子が合成されます。RNA からタンパク質のコードとは無関係なイントロン部分が切断されて（スプライシング）メッセンジャー RNA（mRNA）となり，タンパク質に情報が伝えられます。DNA から RNA には塩基配列という基本的には同じ種類の情報が伝達されるわけで，書き換えるという意味で「転写」と呼びます。また，mRNA からタンパク質への情報は塩基配列からアミノ酸へという異なった種類の情報伝達ですので「翻訳」と呼ばれます。塩基は4種類あり，タンパク質を構成するアミノ酸は20種類存在しています。3つの連続した塩基の並びかたによって特定のアミノ酸が対応する遺伝子コドンと呼ばれる対応関係でタンパク質の配列が自動的に規定されることになりますが，この過程ではトランスファー RNA（tRNA）が重要な役割を演じています。tRNA は分子の中に mRNA 上のコドンと対を作るような塩基の配列を持つ部分（アンチコドン）と，そのコドンに指定されたアミノ酸を結合する部位を持っています。タンパク質は細胞質にあるリボソーム

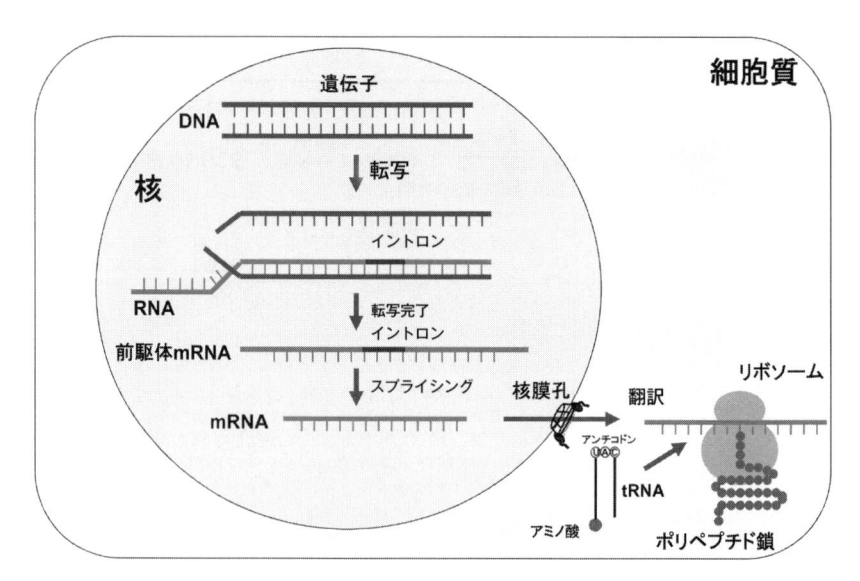

図S-4　真核生物のタンパク質合成のしくみ　[D.サダヴァ他（著），石崎泰樹，丸山敬（訳）『大学生物学の教科書』第2巻 分子遺伝学，p.353，講談社（2010）より引用，作成]

①遺伝情報の転写とスプライシングによるmRNAの合成，②mRNAは核膜孔を通過して細胞質へと移動し，タンパク質合成の場であるリボソームに結合，③細胞質中のtRNAはそれぞれ特定のアミノ酸と結合してこれをリボソーム上のmRNAに運ぶ，④tRNAはリボソーム上でmRNAのコドンと2個ずつ相補的に結合して，運ばれてきたアミノ酸がそれぞれ結合し，リボソームがmRNA上を移動するにつれてペプチド鎖は長くなり，遺伝情報に従ったタンパク質が合成される。詳細は本文参照。

でmRNAの配列が順番に読まれてアミノ酸が次々につながれて（ペプチド結合）合成されます。また，全てのタンパク質はメチオニンというアミノ酸を指定するAUGという開始コドンで始まり（N端），タンパク質の終わり（C端）の直後には終止コドンがついています。合成されたタンパク分子の中には細胞内の「どこに行け」ということを示したバーコードのようなシグナルがついており，このような制御のもとに細胞は正常な構造と機能が保たれています。

⑤タンパク質の機能

④において遺伝子のDNA配列の情報が正確にアミノ酸配列に伝達される

ことを説明しました。生命の設計図は遺伝子に書かれていますが，実際の細胞で機能するのはタンパク質です。タンパク質のもつ機能は，筋肉で観察されるように体を支える構造・骨格，収縮・弛緩，さまざまな生体内反応を触媒する酵素作用，シグナル伝達に従事する因子群，生体内での物質の輸送や生体防御，ホルモン受容体など多岐にわたり，生命を支える最も重要なものです。また，個別タンパク質の一生はペプチド結合でつながったアミノ酸配列（タンパク質の一次構造）で基本的には決められています（図 S-5）(70)。一次構造からタンパク質分子内の二次構造（α-ヘリックスなど）が形成され，それが分子全体として折りたたまれて三次構造が形成され，単一分子で働くタンパク質ではその機能が発現されることになります。さらに，同種または異種の分子と会合して複合体を形成し機能を発揮するタンパク質は高次の四次構造を作ることが明らかにされています。本書で頻繁にでてくる P450 タンパク質では代謝される基質となる薬物や異物などの化学物質が，AhR タンパク質ではリガンドと呼ばれるダイオキシンや芳香族炭化水素など一群の化学物質が結合できる部位がその立体構造内に形成されています。

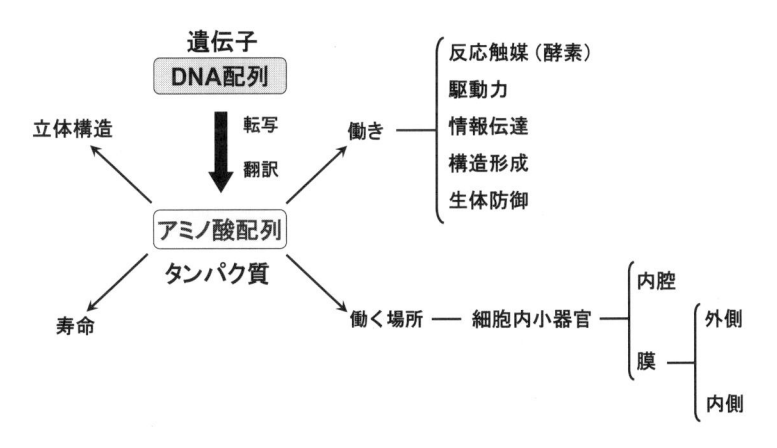

図 S-5 アミノ酸配列がタンパク質を規定する［文献 (70)，p.138 より引用，改変］

タンパク質の一生は，遺伝子 DNA の配列により定められているアミノ酸配列（一次構造）によって運命づけられている。すなわち，その立体構造，機能，働く細胞内の場所，寿命などが規定されている。

⑥環境と遺伝子の相互作用

「はじめに」でも述べましたが，生物は「内・外」環境の刺激に的確に応答して生存しています。最もよく知られている例としてステロイドホルモンによる遺伝子応答があります。さまざまなステロイドホルモンが細胞内に入ると，細胞質に存在していたホルモンに特異的に結合する受容体タンパク質（核内受容体と呼ばれる）はホルモンと結合して活性化され，核の中に輸送されます。活性化された受容体は転写を促進させる働き（転写因子としての作用）があり，DNA の特定の配列（ホルモン応答配列）に結合してホルモンによって応答するさまざまな遺伝子の転写（DNA から RNA への情報伝達）を開始させます。最終的には遺伝子産物であるタンパク質の産生が増大して特有な生物応答につながるわけです。このようなホルモン作用は組織特異的，時期特異的に厳密に制御されており，その異常はがんや性分化異常などのさまざまな疾患に結びつくことが知られています。メカニズムの概略を図S-6に示してあり，ステロイドホルモンによって遺伝子発現のスイッチがオンになったことがわかります。

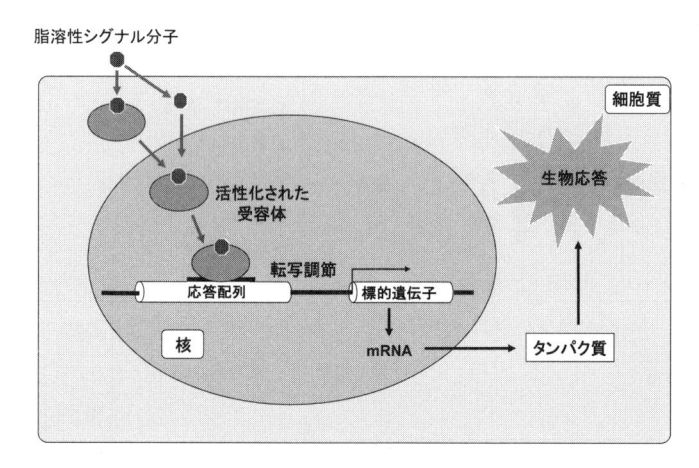

図S-6 「内・外」環境の相互作用（概念図）

ステロイド・甲状腺ホルモン，ビタミンA，Dなどの脂溶性シグナル分子受容体の多数は核内に局在しており，シグナル分子の結合により転写制御因子として働き，特定のタンパク質を制御して，シグナル分子に応じた応答が生じる。また，ある種の化学物質はオーファン核内受容体やダイオキシン受容体（AhR）に結合して同様に生物応答を引き起こす。

⑦がんと奇形

　ヒトの健康と関連して最も問題となる化合物は発がん物質や環境変異原物質です。高齢化社会を迎えた日本では「2人に1人はがんにかかり，3人に1人はがんで死亡する」といわれています。がんは体細胞（胃や肺など）に存在するがん関連遺伝子［がん抑制遺伝子，がん原遺伝子，DNA修復遺伝子の3種類があり，それぞれ，細胞増殖抑制，細胞増殖促進，細胞の恒常性維持の機能を持つ］のDNAに傷（変異）が蓄積することにより発生すると考えられています。細胞接着関連遺伝子の変異もがんの浸潤・転移に関係するといわれています（図S-7）。1つの細胞のがん関連遺伝子に変異が生じて細胞分裂に異常が起き，がん組織として認められるまでには通常10~30年と長期間を要するとされています（71）。一方，奇形の原因としては，親の生殖細胞（卵子，精子）の遺伝子DNAに突然変異があることにより発生する遺伝的要因と，環境に存在する催奇形因子（ダイオキシンなど）が母体を通してその影響を次世代に及ぼす環境的要因が考えられます。奇形の起こる器官・部位には，催

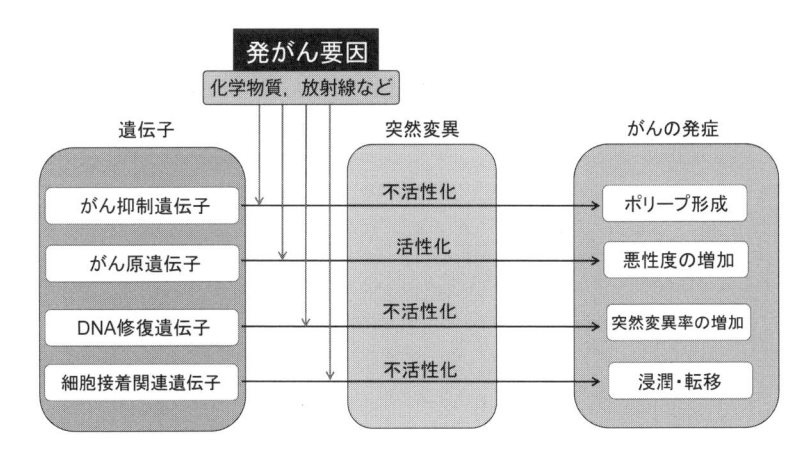

図S-7　がんは遺伝子の病気である［文献（67）の生物Ⅱ，p.48より引用，作成］

ヒトには細胞増殖の制御に関係する多くの遺伝子が存在する。これらの遺伝子はヒトが生きていくうえで必要なものであり，その中にはがんを生じさせるもとになるがん原遺伝子がある。がん原遺伝子は化学物質や放射線などによって変異をおこし，がん遺伝子に変化して増殖促進性タンパク質を合成して細胞分裂を促進する。一方，がん抑制遺伝子は過剰な細胞分裂を抑制するはたらきがあるが，これらの遺伝子に変異がはいるとその抑制作用が消失してしまう。この両方の遺伝子に異常が起こると，細胞は盛んに分裂を繰り返してがんを生じることになる。

奇形因子に対する感受性が高い期間が存在し，異なる遺伝的要因，あるいは環境的要因がしばしば同じ形態異常をもたらす傾向があります。

第2部　ダイオキシン受容体研究の科学史

第 1 部ではダイオキシン類によりもたらされた健康被害について述べましたが,「TCDD は人類が作った史上最強の毒性物質」と認識されたことからその毒性についての研究も世界中で加速されました。ダイオキシン類の化学構造に依拠した毒性の分析化学的・疫学的な研究や,「外」環境中に存在しているダイオキシン類や芳香族炭化水素などの環境変異原物質と結合して「内」環境にその情報を伝え,毒性発現を仲介しているタンパク質であるダイオキシン受容体（AhR）によるメカニズム研究が進展しました。第 2 部においては,AhR 研究の前史（第 5 章），AhR は「内・外」環境を繋ぐ（第 6 章），AhR による遺伝子転写調節（第 7 章），AhR の本来的な生物機能と毒性発現（第 8 章）についてを概説します。半世紀に及ぶこれらの科学的情報の蓄積によって，「なぜダイオキシンがさまざまな毒性を示すか」についての理解が深まることになりました。すなわち，AhR は動物の発生，形態形成，免疫，炎症などの生物機能の発現・維持に極めて重要な役割を持ち，その多くの作用点にダイオキシン類が介入することによって異常が引き起こされることが明らかになってきました。

P450 とは還元型で一酸化炭素が結合すると 450 nm 付近に吸収極大を示すタンパク質（図 II-1）の総称で，450 nm に吸収極大をもつ色素（Pigment）という意味で P450 と命名されました (4)。現在ではこのタンパク質は微生物から植物，動物に至るまで広く自然界に存在していることが知られています。動物においては肝，副腎，肺，腎，腸など広範な組織に存在しています。細胞内の小胞体およびミトコンドリアと呼ばれる細胞内小器官に局在しています（図 S-1）。高等動物の P450 は薬物の代謝やステロイドホルモン，胆汁酸，アラキドン酸など生体構成物質の合成・代謝に関与しており，生体の「内」環境の調節と恒常性の維持に重要な役割を果たしています。また，植物では植物ホルモンや近年「青いバラ」が話題になりましたが，花の色素を含む多くの二次代謝産物の合成などに関与し，昆虫では変態制御ホルモンの合成や殺虫剤の代謝などの働きも知られており，P450 は生物学，医学，薬学，農学などの広い分野で重要な研究対象となっています。

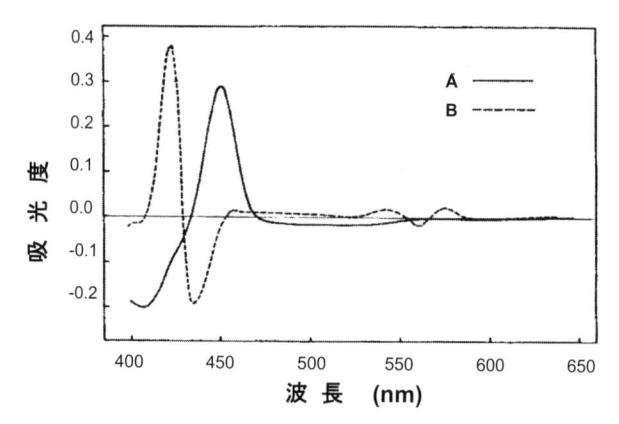

図Ⅱ-1 P450 (A) と P420 (B) の一酸化炭素結合物の光吸収差スペクトル［文献 (84) より引用, 作成］

Aはウサギ肝ミクロゾーム, Bは界面活性剤で可溶化したミクロゾームで, 還元型のCO差スペクトルが示されている。

　このような多くの機能を有するP450はその遺伝子構造の比較により単一の祖先型遺伝子から進化したもので, 生物界では20,000を超える遺伝子から構成されていることが明らかにされました (72)。ヒトでも57種類の遺伝子が存在しており、後藤によってその系統樹が作成されています (図Ⅱ-2) (73)。真核細胞は約21億年前に, 酸素呼吸ができる紅色細菌を起源とするミトコンドリアや, 藍色細菌を祖先とする葉緑体が「原始」真核細胞に共生することにより出現したと考えられますが (インターミッション①を参照), その誕生には細胞膜の必須成分（ステロール）の生合成を酸素の存在下で触媒するP450の存在が必要であったことが指摘されています (74)。この祖先型P450遺伝子は生物界全般にわたって保存されている唯一のP450であることから, 生物進化とP450の分子多様性を議論するうえで重要な分子です (75)。P450遺伝子の増幅と変異, 淘汰という分子進化によって遺伝子多様性が構築され, 様々な代謝活性を持つP450が派生することにより, 環境に適応するようになったと考えられています。動物の持っている自然界に存在しない人工産物である化合物（異物）に対する代謝能は, 植物に存在している化学物質に適応するための動物の重要な生存戦略として, 分子進化を重ねてきた末

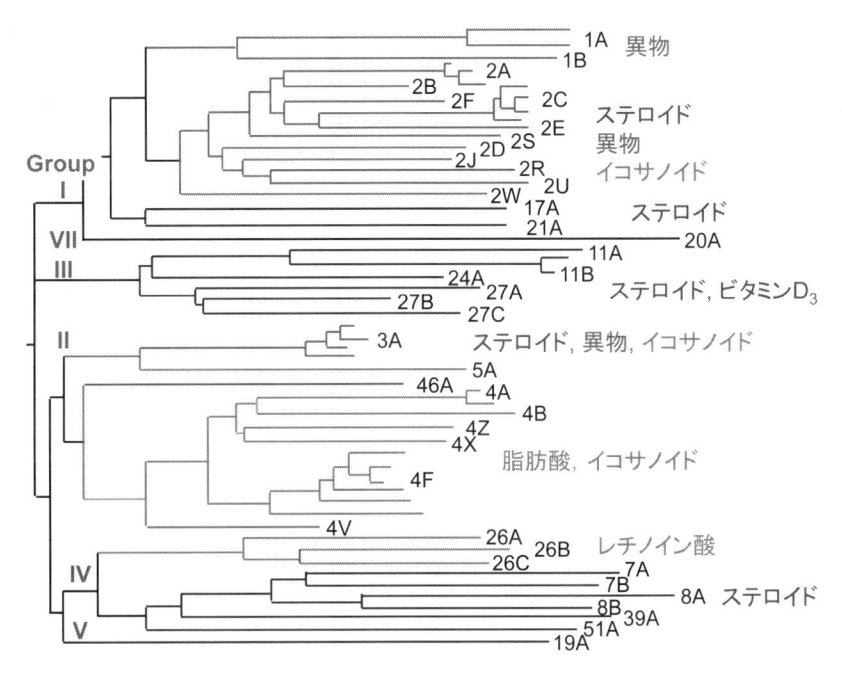

第2部　ダイオキシン受容体研究の科学史

図II-2　ヒトP450の系統樹［文献（73）より引用，作成］

ローマ数字はグループへの分類を，右端は大まかな基質特異性を示す。P450データベースに関して，http://drnelson.uthcc.edu/CytochromeP450.html（72）及び，大村恒雄，石村巽，藤井義明（編）：『P450の分子生物学』（第2版），pp.275-289，講談社（2009）を参照されたい。

に新たに獲得されたものと考えられます。すなわち，内在性基質を代謝する活性を有しながら異物代謝能への効率性を次第に高め，異物代謝型P450と呼ばれるグループへと定着して低分子化合物に対する一種の生体防御の役割を獲得したと考えられています（76）。

　化学物質の代謝は主に4種類のグループに属する異物代謝型P450で行われることが明らかになってきました。「外」環境に存在するさまざまな化合物は細胞に入るとその構造に依拠した特有な受容体に結合し，その情報が「内」環境の応答システムである異物型*P450*遺伝子に伝達されます（77）。転写・翻訳を経て誘導されたP450タンパク質はその分子に備わっている特有の酵素活性の働きで化合物の代謝を促進し，最終的には親水性の性格を獲得して

体外に排出されることになります。本書の対象であるダイオキシンやベンゾピレンなどの芳香族炭化水素（PAHs）が細胞内にとりこまれた際には，異物代謝型 P450 のうちでもグループ 1 に属する P450 分子種が誘導されることが知られています。その誘導を仲介する受容体が AhR と呼ばれる転写因子です。なお，グループ 2~4 に属する P450 により代謝される化学物質は AhR とは異なる核内受容体と呼ばれる数種類の受容体で，その情報が「内」環境に伝達されます。ダイオキシンは P450 の誘導のほかに発がん促進，口蓋裂などの奇形，水腎症，クロルアクネ，免疫機能異常，体重減少・消耗性疾患などさまざまな疾患をひきおこすことが知られています。*AhR* 遺伝子欠損マウスでは毒性が発現しないことから，ダイオキシンは AhR と結合し，核移行とその後の多くの反応を経て疾患を発症させると考えられています。近年になり AhR は毒性学的・薬理学的な機能発現のほかに，免疫・炎症・がん抑制・生殖などにも働く多機能調節因子として，広く生体の恒常性維持に働く本来的な生物機能を持つことも明らかになってきました。AhR が多機能性の調節因子であるがゆえに，ダイオキシンが AhR に結合することによりさまざまな疾患を引き起こすと考えられます。AhR と P450 の関係を簡略化して図Ⅱ-3 に示してあります。

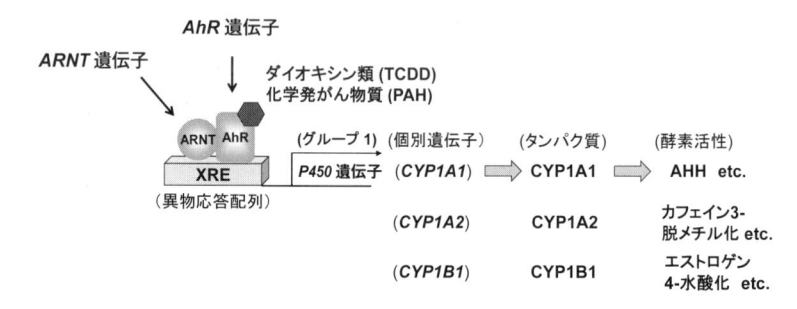

図Ⅱ-3　AhR と P450 の関係

AhR は主にグループ 1 に属する *P450* 遺伝子を転写誘導し，タンパク質レベルを増加させて薬物代謝活性を高める。遺伝子名はイタリックで，それに対応するタンパク質名は立体で表現し，それぞれの P450 分子種の代表的な酵素活性を同時に示す。従来，P450 1A1 は P_1-450（マウス），P450c（ラット），1A2 は P_3-450，P450d など多彩な標品名でよばれた。

第 5 章
AhR 研究の前史

　AhR の研究の歴史は 50 年以上も前にさかのぼることができます。現在では低分子化学物質である AhR リガンドを介して「異物代謝」と「免疫応答」の生体防御機構という重要な生存戦略の中枢的な働きを担い，「環境因子モニタリングシステム」を構築していることが明らかになりつつあります。AhR は，その研究の初期においては P450 の持つ薬物代謝酵素の一種である芳香族炭化水素水酸化活性（AHH）の誘導に必要な因子としてその存在が「概念」として想定されたものでした。本章においては AhR 研究の前史を述べることにします。

薬物代謝は酸素を必要とする酵素反応である

　薬物代謝は薬学においては重要な研究分野であり，古くから研究が行われてきました。P450 の発見より 10 年も前に H. リチャードソンらは肝に腫瘍を発生させる化学発がん物質 3'-メチル-4-ジメチルアミノアゾベンゼン（3'-Metyl-DAB）を多環芳香族炭化水素（PAHs）の一種である 3-メチルコラントレン（MC）と同時にラットに投与すると肝腫瘍の発生が阻害されることを見出しました (78)。また，多くの化学物質の薬物代謝活性は主に肝ミクロゾーム（肝臓をすりつぶした抽出物から分画遠心で核，ミトコンドリア，リソゾームを沈降させたのちの上清を超遠心分離にかけて沈殿物として得られる画分の名称であり，多くは細胞内小器官である小胞体に対応します）に局在し，酸素（O_2）を必要とする酵素反応であることも P450 の発見以前から知

られていました（79）。A. カニーらは MC 以外の PAHs でも 3'-Metyl-DAB の代謝を促進して発がん性のない物質に転換させる代謝酵素が誘導されること（解毒反応），この酵素活性は主に肝ミクロゾームに存在し，NADPH（補酵素の一種）と O_2 が必要であることを報告しました（80）。また，肝ミクロゾームでの 3'-Metyl-DAB の代謝が一酸化炭素（CO）で阻害されること（81）や，副腎のミクロゾームのステロイドを代謝する酵素反応も CO で阻害され，その阻害が光照射で回復することも報告されていました（82）。

「チトクローム P450」の発見

1950 年代の生化学分野ではミトコンドリアの電子伝達系と酸化的リン酸化の研究が活発に進展していました。ミクロゾームにもミトコンドリアとは異なった数種類の電子伝達系成分が存在していることがすでに明らかにされていましたが，その生理的な役割については全く分かっていませんでした。ペンシルバニア大の B. チャンスの研究室でラット肝ミクロゾームでの酸化・還元反応について研究を進めていた M. クリンゲンベルクは還元型処理したミクロゾームに CO を通気すると 450 nm に吸収極大をもつ特徴的な酸化還元差スペクトルが示されることを観察しました。彼はこれを"ミクロゾーム CO 結合性色素"として 1958 年に発表しましたがその本体は不明のままでした（83）。同時期にクリンゲンベルクらと一緒に研究に励んでいた佐藤は，1959 年に大阪大学蛋白質研究所に着任し，大村と共に"ミクロゾーム CO 結合性色素"の本体の研究を開始しました。

1962 年に大村と佐藤はこの"ミクロゾーム CO 結合性色素"がヘムタンパク質であることを証明し（4），界面活性剤でミクロゾーム膜から可溶化すると CO 結合物の吸収スペクトルのピークが 420 nm に移ることを見出して，ミクロゾーム結合型を"P450"，可溶化型を"P420"と命名しました（84, 85）（図 II - 1）。同時に，CO 結合物の吸収スペクトルからミクロゾーム中の P450 を定量する方法も確立し，可溶化された P420 は *b* 型チトクロームの吸収スペクトルを示したので，細胞内のヘム鉄タンパク質という意味で「チトクローム P450」（現在ではシトクロームが正式名称）という名称を与えました。

P450 の発見から肝ミクロゾームの薬物代謝反応を中心とする研究の歴史については大村による回想風の総説に興味深く述べられています (86)。

しかしながら，薬物代謝活性と P450 との関係はすぐには結びつきませんでした。大村らの最初の論文から 3 年後，D. クーパーと R. エスタブロックらは副腎ミクロゾームにおいても P450 が存在していることを確認し，すでに報告されていたステロイド水酸化反応に対する CO 阻害の光回復を再検討しました。光化学作用スペクトルを測定して分析したところ，活性の回復は 450 nm で極大となり，スペクトルの形は P450 の CO 結合物の吸収スペクトルとよく一致することを見出しました。同様の結論は肝ミクロゾーム薬物代謝活性でも観察されました。CO による阻害効果は O_2 との分圧比に依存することを明らかにして，P450 が薬物の酸素添加反応において酸素活性化に働いていることが示されました (87)。光照射は P450 に結合した CO を解離させるので，CO による阻害と光照射による酵素活性回復は，少数の例外を除いて P450 依存的な反応として現在では認められています。副腎におけるステロイドホルモンの生合成や肝における薬物の酸化的代謝がともに P450 により仲介されていることが明らかになったことから，P450 の薬物代謝酵素としての生理的役割がクローズアップされることになりました。

ミクロゾームの電子伝達系と薬物代謝活性

肝ミクロゾームにおいては図 5-1 に示すように電子供与体として NADH 及び NADPH を必要とする 2 つの電子伝達系が膜に結合して存在し，NADH

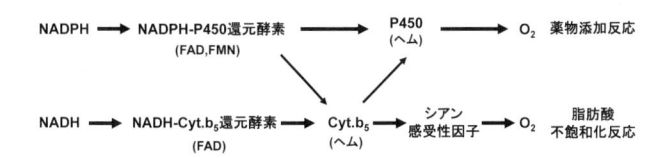

図 5-1　肝ミクロゾームの電子伝達系

NADH, NADPH は還元型ピリジンヌクレオチド補酵素で酸化還元反応に関与して NAD(P) ⇔ NAD(P)H の反応を行う。NADPH 経路で薬物代謝反応は進行するが，一部は $cyt.b_5$ を介することが知られている。

系は NADH-Cyt.b_5 還元酵素と Cyt.b_5 と呼ばれるタンパク質因子が，NADPH 系は NADPH-P450 還元酵素と P450 成分から構成されています。各因子についての生化学的な研究は P450 を除いて 1970 年代の初めごろまでにミクロゾーム膜からタンパク質分解酵素で可溶化・精製された活性断片標品を用いて進められました (88)。電子伝達系の生理機能として NADH 経路は脂肪酸の不飽和化反応に，NADPH 経路は薬物代謝反応にそれぞれ関与すると考えられましたが，ある種の薬物代謝活性は NADH 添加により増強されることが報告され (89)，2つの電子伝達系は相互に関連して薬物代謝反応を触媒していることが明らかにされました (90)。これらの結果は，1980 年前後までに界面活性剤を用いて P450 を含めた電子伝達系成分をタンパク質として完全な状態で膜から単離・精製する方法が確立され，単離された各成分を用いて試験管内で再構成することにより薬物代謝活性のメカニズムの解析が可能となったことからも裏付けられました (91, 92)。

外来性化学物質による薬物代謝酵素の誘導

動物にある種の薬物を投与すると，肝ミクロゾームでの薬物代謝活性が誘導されることは 1950 年代から知られていました。化学発がん物質である MC や B[*a*]P（ベンゾピレン）などを動物に投与すると，B[*a*]P-3-水酸化酵素活性が誘導され (93)，他の芳香族炭化水素の基質においても同様であることから，芳香族炭化水素水酸化酵素（AHH）と呼ばれるようになりました (94)。一方，催眠作用を有する古典的な抗てんかん薬であるフェノバルビタール (PB) によりアミノピリンの脱メチル化活性が誘導されることが観察されていました (95)。また，L. エルンスターと S. オレニウスは PB 処理した肝ミクロゾームでの電子伝達系成分と薬物代謝活性との関係を調べ，NADPH-P450 還元酵素と P450 含量が特異的に増加し，この変化がアミノピリンの脱メチル化活性の増加と並行関係にあることから，還元酵素と P450 がアミノピリン脱メチル化反応を触媒するユニットとして働くことが想定されました (96)。これは，精製された各々の電子伝達系成分の試験管内での再構成による研究の10年以上も前のことでした。化学物質投与による薬物代謝酵素活性

の誘導は，イソサフロール，エタノール，クロフィブレートなど非常に多くの薬物でも観察され，誘導される酵素活性のパターンには特異性が見られました。このような薬物による薬物代謝酵素の選択的な誘導現象はP450の分子多様性とその誘導メカニズムの研究への基礎となりました。外来異物の投与によって特異性を有するP450の誘導は，抗原による多様な抗体の誘導現象と類似のメカニズムによって起こることを示唆する考え方も当時はありましたが，後述するように，遺伝子クローニングによってその考え方は否定されました。

　薬物代謝活性およびその誘導現象とP450は関連づけられましたが，ミクロゾームレベルでのP450の性質の比較はその後の分光学的な研究の進展を待たねばなりませんでした。A. アルバレスらはPBおよびMC処理したラット肝ミクロゾームを用いてそれぞれのCO差スペクトルを比較したところ，PB処理したものは無処理と同様にそのピークは450 nmにあるのに対し，MCで誘導した時には448 nmにシフトしていることを見出し(97)，MCで誘導されるP450は一時P448（マウスではP_1-450）と呼ばれることになりました。このほかにも，基質差スペクトル，分子量，薬物代謝活性の性質などの比較から薬物処理により誘導されるP450には相違があり，分子多様性があることが示唆されるようになってきました。

第 6 章

AhR は「内・外」環境を繋ぐ

　マウスの系統によって多環芳香族炭化水素（PAHs）に対する AHH 活性誘導能に違いが見られることを説明するために *Ah* 遺伝子座（*Ah* locus）の概念が導入されましたが，その実体は細胞質に存在する受容体（AhR）でした。2,4,5-トリクロロフェノキシ酢酸（2,4,5-T）などの農薬製造過程で生じ，強力な毒性作用を持つ 2,3,7,8-テトラクロロジベンゾ-パラ-ダイオキシン（TCDD）も同じ受容体と結合します。PAHs や TCDD が結合した AhR は核に移行し，AHH 活性を示す P450 分子の選択的な誘導現象を促進し，発がんや奇形などの毒性発現に関与しています。AhR の標的遺伝子である CYP1A1 などの遺伝子クローニングもなされ，AhR が結合する特異的 DNA 配列（異物応答配列：XRE）も決定されました。AhR 精製標品の部分的アミノ酸配列情報から *AhR* 遺伝子クローニングがなされ，同時に AhR と結合して転写機能を促進するパートナー分子である *ARNT* 遺伝子も単離されました。本章においては，*Ah* 遺伝子座の概念的研究から実体としての AhR の生化学的研究の歴史を概括します。

マウスでの AHH 誘導能の系統差を規定 = "*Ah* locus"

　1950 年代から 60 年代中盤までの PAHs（主に MC）投与による P448 と AHH 活性誘導の研究に続き，NIH の D. ニーバートのグループはさまざまなマウス系統由来の培養細胞を用いて PAHs 添加による AHH 誘導の研究を進め，マウスの系統差によって誘導能に差があることを発見しました (98)。さらに個体

レベルにおいても PAHs に応答する系統と応答しない系統のマウスが存在することを見出し，AHH 誘導能に関するマウス遺伝学を展開しました。典型的な例として，C57BL/6N（B6）と DBA/2N（D2）の 2 系統マウスの未処理及び PB 処理での肝 AHH 活性は差が見られませんでしたが，MC 処理により B6 マウスでは AHH 活性が誘導されるのに対し，D2 マウスでは誘導されませんでした。B6 と D2 の交配雑種 F_1 では AHH 活性が誘導され，F_1 と D2 の戻し交配では MC に応答，非応答のマウスがほぼ 1：1 の割合で出現しました（図 6-1）。これらの結果からマウス AHH 活性の遺伝的差異は，メンデルの法則に従う常染色体上の単一遺伝子座で規定される可能性があることを報告しました（99）。しかし，さまざまなマウス系統での誘導能の研究からこれに当てはまらない例もあることが後に報告されました。このようなマウス遺伝学を用いた一連の研究により，マウスでの PAHs による AHH 活性誘導能の系統差を規定し，その調節をしているマウス遺伝子座として"*Ah* 遺伝子座"（*Ah* locus）が概念として提起されるに至りました（100）。

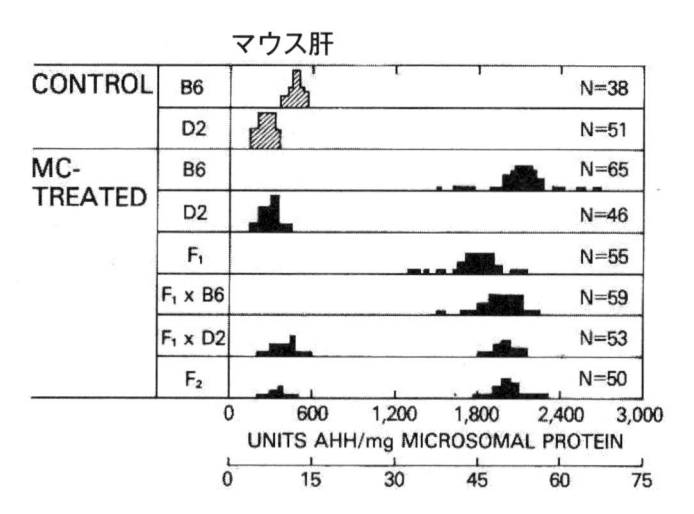

図 6-1　マウス AHH 誘導能の系統差［Kouri RE, Nebert DW. In *Origins of human cancer*, pp.811-835, University of Tokyo Press（1978）より引用］

未処理（Control）及び 3-メチルコラントレン（MC）投与マウスの肝ミクロゾームでの一定タンパク質あたりの AHH 活性（AHH/mg）を横軸に示す。B6 は PAHs 応答性マウス，D2 は非応答性マウスの典型。F_1 は B6 と D2 の子供。F_2 は F_1 どうしの交配で生まれた子供。N は使用した個体数。

TCDDは強力なAHH誘導能を持つ

　1970年代の初め，A. ポランドは2,4,5-Tなどの農薬生産工場で働く労働者にクロルアクネと並んで晩発性皮膚ポルフィリン症が好発することに興味を持っていました。この疾患は特有の皮膚症状と肝障害が特徴的で，尿中に多量のウロポルフィリンIを排出します。TCDDは2,4,5-T製造過程で不純物として生じ，そのクロルアクネとの関連性はすでに知られていましたが (11)，ポルフィリン症との関係は不明でした。ポランドはその発生メカニズムを明らかにするために，ヘム生合成の律速段階を制御するδ-アミノレブリン酸合成酵素 (ALA-S) とTCDDの関係について検討し，TCDDが非常に強いALA-Sの誘導剤であることを見出しました (101)。そのために多量なウロポルフィリンIが合成されたわけです。また，ALA-Sの誘導剤の多くはミクロゾームの薬物代謝酵素を誘導することが知られていたことから，TCDDがAHH活性を非常に強く誘導する作用があることの発見につながりました。同時に，さまざまなダイオキシンの構造異性体とAHHおよびALA-S誘導能との構造・活性相関の研究が行われ，両者は類似した関連性を示すことが観察されました。この研究によって，両者は同一の誘導メカニズムを持つことが示唆されました。ダイオキシン類の構造とAHH誘導能との関連性を調べた最初の論文でした (102)。

非応答性マウスでの受容体変異

　A. ポランドらはその後にTCDDがMCに比べ約30,000倍も強いAHH誘導能があることをラット肝で見出し (103)，PAHsに対するAHH誘導能についてのマウス遺伝学を進展させていたD. ニーバートとの共同研究が実現しました。MC投与ではB6マウスにのみ応答性が確認されるのに対し，TCDD投与ではB6とD2の両系統のマウスでAHH活性とP_1-450の誘導現象が確認されました (104)。この研究結果から，PAHs非応答性の系統のマウスにおいてもAHH活性を示すP_1-450遺伝子は正常であり，誘導剤と結合して活性誘導を仲介する受容体 (Ah locusの遺伝子産物) が突然変異によってPAHs (MC

との親和性を喪失して非応答性になるという仮説が導かれました．その後，いくつかの系統のマウスを用いて TCDD の用量と AHH 誘導との関係が検討され，応答系マウスと非応答系マウスとの間には 10 倍以上の TCDD に対する感受性の差があることが示され，非応答系のマウスでは MC や TCDD などの誘導物質に対する親和性が低い変異型受容体が存在することも明らかになりました（105）．非応答性マウス AhR の生化学的な同定は A. オキーらにより 1989 年になされました（106）．

TCDD 結合因子（受容体）が細胞質に存在する

これまでの研究からは，細胞には TCDD や PAHs と結合する "Ah 遺伝子座" の遺伝子産物と考えられる "受容体" が存在し，それが AHH 誘導能を調節するであろうと予想されましたがその実体はつかめていませんでした．このような状況はロチェスター大学の A. ケンデにより作製された放射性元素でラベルした TCDD を使用することにより決定的に進展することになりました．[^{14}C]TCDD をマウスに腹腔投与すると，肝臓への蓄積のされ方は B6>F$_1$>D2 マウスの順であり，これは PAHs による AHH 活性の誘導能と一致しました．また，肝の細胞質には [^{3}H]TCDD に高い親和性で結合するタンパク成分があり（図 6-2A），B6 マウスと D2 マウスの間で細胞質成分への [^{3}H]TCDD の結合量に著しい差があることが見出されました．同時に，細胞質成分への結合能はダイオキシン類の構造に依拠すること，結合能と AHH 誘導能とは相関性があること，TCDD の細胞質成分への結合は PAH の存在により阻害され PB によっては阻害されないことなどが観察されました（107）．また，ポリ塩化ビフェニール（PCBs）も AHH 誘導能を示し，細胞質成分への TCDD の結合を阻害するので同一受容体への作用と考えられました．しかし，PCB の混合物として市販されていたアロクロール 1254 は AHH の誘導の他に PB で誘導されることが知られているアミノピリン-N-脱メチル化活性も同時に誘導したことから，MC と PB の性質を持つ混合物と考えられました（108）．放射性同位元素でラベルした TCDD が細胞質の特定タンパク成分に特異的に結合することを見出したことは，これまでの「概念としての Ah 遺

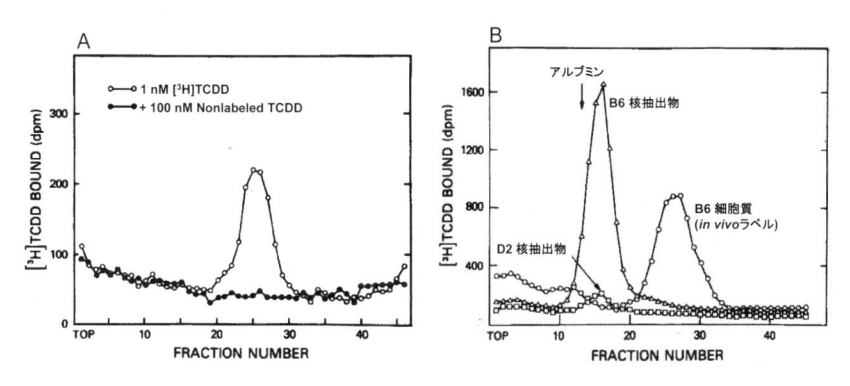

図 6-2　TCDD の細胞質成分への結合と核への移行［文献（109）より引用］
A. PAH 応答性の B6 マウスの細胞質には ^{3}H-ラベルした TCDD が結合する特異的タンパク質が存在し，過剰な非標識 TCDD を存在させると標識されたピークが消失する．B. B6 マウスに［^{3}H］TCDD を腹腔内投与し 2 時間後に肝を取り出し，細胞質と核を調整してショ糖密度勾配遠心で解析すると両者の画分に標識が認められ，核抽出物中の［^{3}H］TCDD 結合物は細胞質中の［^{3}H］TCDD 結合物と比較するとゆっくり沈降するパターンが示される．

伝子座」から「実体としての受容体」研究へと道を切り開いた成果として高く評価されています．

"誘導剤・AhR" は核へ移行する

　マウス Ah 遺伝子座がコードしている遺伝子産物は PAHs や TCDD と結合する細胞質受容体であることは示唆されましたが，次に，これらの"誘導剤結合受容体"が細胞の中でどのような過程をへて最終的に P_1-450 の示す AHH 活性の誘導をもたらすかを明らかにすることが重要です．これまでに明らかになった［^{3}H］TCDD が結合した受容体の性質はグルココルチコイド受容体などのステロイドホルモン受容体と類似していたことから，そこでの方法論を用いて細胞内での挙動が A. オキーらにより検討されました．その結果，［^{3}H］TCDD 結合能を示す受容体は，a) P_1-450 を効率よく誘導する MC, B[*a*]P, ベンズアントラセンなどの PAHs の多くのものと結合する，b) 結合飽和点がある，c) 高い親和性と低い結合用量，d) タンパク性である，e) 熱に不安定（特に誘導剤がないとき），f) それ自体は P_1-450 誘導剤では増加しない，g)

PAHs応答性のマウス系統及びラットに存在し，非応答性マウスには存在しない，h) B6/D2の子供には存在することなどの性質を示すことが明らかになりました。また，細胞質での存在量や[^{3}H]TCDDの解離定数も測定されました。さらに[^{3}H]TCDDを投与したB6およびB6/D2マウスでは数時間後に誘導剤を結合した受容体は核内で観察され，ショ糖密度勾配遠心で分画すると細胞質と[^{3}H]TCDDを反応させて分画した時よりもサイズが小さい画分に回収されました。これらの観察は細胞質と核内での受容体を構成する複合体の成分が異なることを示唆しています（図6-2B）(109)。この論文により，Ah遺伝子座の主要な遺伝子産物でありTCDDの他にも多くのPAHsがこの受容体に結合する性質を持つことが明らかになったことからAhRと呼ばれるようになりました。

一方，W. グリンリーとA. ポランドも動物個体及び試験管内の実験からTCDDの核内への特異的な取り込みは肝のAhRに依存するものであり，P$_1$-450の誘導的合成の初めの反応は誘導剤が結合したAhRの細胞質から核への移行であることを示しました。特に，試験管内の研究において[^{3}H]TCDDの核内への取り込みはB6マウスの細胞質を用いた時が，D2マウスの細胞質を使用した時に比べて10~15倍有効であることを発見しました。また，放射性TCDDの取り込み活性はPAHs，非放射性TCDD，ジベンゾフラン，アゾキシベンゼン，PCBs誘導体などの存在により阻害されることから，これらの化学物質も同一の受容体（AhR）と反応することも確認されました(110)。従って，PAHsやTCDDなどの化学物質が細胞内に取り込まれるとAhRと結合し，それが核に移行してP$_1$-450（AHH活性）の誘導的発現が開始されるという仮説が提示されました。

AhRが制御するP$_1$-450以外の薬物代謝酵素

PAHsやTCDDなどの化学物質がAhRを介してどのようなメカニズムでP$_1$-450の誘導的合成を促進するのかについての研究が始まりましたが，AhRで制御されるP$_1$-450以外のタンパク質についても検討されました。MCやTCDD投与により，数種類のP450分子（現在の命名でCYP1A1，1A2，1B1

など），グルタチオン S-転移酵素 Ya サブユニット，NAD(P)H-キノン酸化還元酵素，UDP-グルクロノシル転移酵素，アルデヒド脱水素酵素などの一連の薬物代謝酵素系の酵素が協調的に誘導されることが示唆されました（111）。これらの詳細な遺伝子制御についての解析は遺伝子クローニングが発展した90年代以降に精力的になされましたが，詳細は後述することにします。また，薬物代謝系以外の遺伝子発現にも影響を与えていることも明らかにされており，これについては第8章の「AhR の本来的な生物機能と毒性発現」において述べることにします。

P450 の可溶化・精製

P450 の分子多様性の直接的な証明は，P450 タンパク質を均一な標品にまで精製して，その生化学的・物理化学的性質の比較によって同一物であるか異なるものであるかが決められます。タンパク質を精製するためには水に溶かして精製しなければなりませんが，P450 はミクロゾーム膜に強く結合しているため可溶化することが大変困難でした。洗剤などによって P450 を膜から溶かすと変性してしまうという問題もありました。1967年に市川と山野によって，洗剤で可溶化する時にグリセリンを添加すると P450 が安定化することが発見され，可溶化・精製への道が開かれました（112）。1974年に今井らにより PB 処理したウサギ肝ミクロゾームからタンパク質的に均一標品として精製され（113, 114），MC および β-ナフトフラボン，TCDD 処理したウサギからも精製されました（115-117）。以後，様々な誘導剤を処理したラット（118-121）やマウス（122, 123），そしてヒト（124, 125）などから純化した P450 標品が単離され，P450 の研究は従来の薬理学的研究から生化学的な研究へと発展することになりました。精製標品の生化学的性質の相互比較によって P450 には性質の異なる多種類の分子種があることが確実になりましたが，それは1982年の藤井らによる遺伝子操作技術を利用した DNA 配列に基づく一次構造の比較により決定的なものとなりました。近年のゲノムプロジェクトによって明らかになったように自然界に万を超える *P450* 遺伝子があることは想像もされないことでした（126）。

化学発がん物質による発がん

　ヒトにとって最も有害な化学物質としてダイオキシン類と並んで化学発がん物質を挙げることができます。化学物質によるヒトの発がんについての記載はイギリスの内科医であった J. ヒルが鼻腔がんと嗅ぎタバコとの関係を観察したのが最初であり，その 14 年後にやはりイギリスの外科医 P. ポットにより煙突掃除夫に陰嚢がんが多発するという報告がなされました (127)。ドイツの瀝青ウラン鉱山の鉱夫に肺がんが発生したことも 19 世紀中ごろの出来事として知られています。ある種の職業とがんの発生との関係を示す疫学研究からの指摘から，人々の生活環境に暴露されている特定の物質が発がんの原因になっているのではないかと考えられるようになりました。イギリスの疫学者である R. ドールと A. ペトは多くの科学論文を評価する中で，アメリカ人のがん死亡の原因としてどのような要因がどれくらいの割合を占めているかについて推定しています（図 6-3）(128)。この図からも明らかなように，タバコと食物で全体の約 2/3 を占めており，これらに含まれている化合物が重要な役割をはたしていると考えられます。実際に化学物質で実験動物にがんを世界で最初に作ったのは日本の山際と市川で，コールタールをウサギの耳に繰り返し塗布することにより浸潤性のがんを発生させることに成功

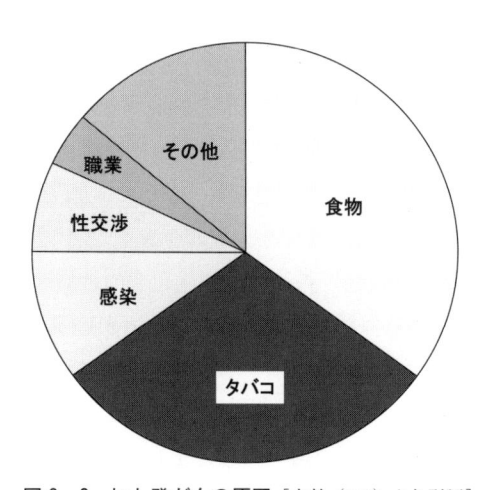

図 6-3　ヒト発がんの原因［文献 (128) より引用］

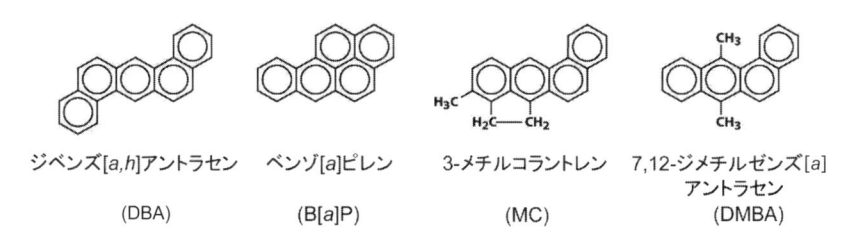

ジベンズ[a,h]アントラセン　　ベンゾ[a]ピレン　　3-メチルコラントレン　　7,12-ジメチルゼンズ[a]
　　　　(DBA)　　　　　　　　(B[a]P)　　　　　　　(MC)　　　　　　　　アントラセン
　　　　　　　　　　　　　　　　　　　　　　　　　　　　　　　　　　　　　(DMBA)

図6-4　多環芳香族炭化水素類の構造 ［ワインバーグ（著），武藤誠・青木正博（訳）：『がんの生物学』，南江堂（2008），p.48 より引用，改変］
これらの化合物は有機化合物の燃焼により生じ，1940年以前に化学構造が決定されていた。精製後に強い発がん性を持つことが示された。

しました（129）。山際らの発がん実験の成功から15年後の1930年にはコールタール中から発がん性を持つジベンズアントラセンが（130），1933年にはB[a]Pが分離され（131），単離した物質をマウスの背中に塗布して発がん性が確認されました。図6-4に示すようにこれらの化学物質はいずれも「亀の甲」がつながった構造をしており，多環芳香族炭化水素（PAHs）と呼ばれ，炭素を含む有機化合物の燃焼によって発生するものです。さらに，吉田はアミノアゾトルオールを餌に混ぜて食べさせるとラットに肝がんができることを1933年に発見し（132），バターイエロー（4-ジメチルアミノアゾベンゼン）（133）や3'-メチル-4-ジメチルアミノアゾベンゼン（134）でも肝がん発生が確認されました。20世紀前半からのわが国の実験発がん研究の伝統はその後も引き継がれ，変異原物質 4-ニトロキノリン-1-オキシド（4NQO）による皮膚がん発生や N-メチル-N'-ニトロ-N-ニトロソグアニジン（MNNG）を含む飲料水でのラット腺胃がん発生が1967年に報告されました（135）。

化学発がん物質は体内で活性化されて発がん性を示す

　化学発がん物質によって引き起こされる発がんは，発がん物質と生体高分子，特に標的組織でのDNAとの共有結合を必要とすることはすでに知られていました。PAHs，芳香族アミン，ニトロソアミン，アフラトキシンなどに属する多くの化学発がん物質を試験管内で直接反応させても少数のアルキル

化剤などの例外を除いて，これらは DNA と反応することはできません．すなわち，大部分の化学発がん物質はそのままの形では発がん性を示しません．化学発がん物質の代謝的活性化という重要な現象を最初に認識したのは主に芳香族アミンの一種である 2-アセチルアミノフルオレンの代謝を研究していたミラー夫妻でした．要約すると，1）化学発がん物質の多くはそれ自体安定であり発がん性を示さないが（前発がん性物質），細胞内で代謝され反応性に富む物質に転換する（近接発がん性物質），2）さらに活性化された代謝体（究極発がん性物質）は DNA と結合できる性質を持つようになり（DNA付加体），DNA の塩基構造を変化させ（突然変異），遺伝子の情報内容を変えて発がんをもたらす，3）この代謝的活性化は主に細胞内の小胞体（ミクロゾーム）の酸素添加反応（モノオキシゲナーゼ反応）によって生じるというものです（134, 136）．すでに述べましたように，細胞に異物となるような物質が入り込んだとき，それを解毒代謝して体外に排除するように働くのがP450 を中心とする薬物代謝酵素系であることを考えると，何とも皮肉なことです．生存戦略として環境に適応するために先祖型 P450 から数億年もの長い時間をかけて分子進化を遂げてきたヒトの異物代謝型 P450 が，なぜ化合物を代謝的に活性化して発がん性や変異原性を付与する働きを持つことになったかは確かではありませんが，カビ毒や自然界に存在しない化学物質へ

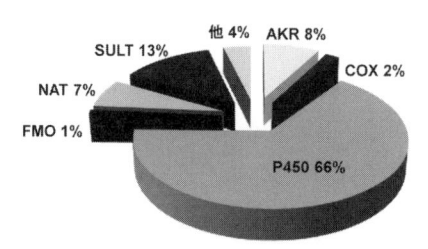

図 6 - 5　化学発がん物質の代謝活性化と P450　[文献（137）より引用，作成]

化学発がん物質の代謝活性化の概念．P450 分子による活性化が全体の 2/3 を占める．FMO: フラビンモノオキシダーゼ，NAT: N-アセチル転移酵素，SULT: 硫酸転移酵素，AKR: アルド・ケト還元酵素，COX: シクロオキシゲナーゼ．

の適応がシステムとして不完全であることを意味しているのかもしれません。発がん物質の代謝活性化についての概念と，どのような薬物代謝酵素が活性化に関与しているかについての割合を示したものが図6-5です（137）。ヒトでは代謝活性化の約2/3がP450により仲介されていることが示されています。

エームス試験法の開発

　ある特定の化学物質の発がん性をテストする標準的な方法は動物実験ですが，社会に流通する化学物質は10万種類にものぼり，新たな化学物質も世の中に絶えず出ています。これらすべての化学物質を動物実験で対応することは膨大な費用と時間，および多数の実験動物の犠牲を前提としており，実際的には不可能です。この問題を解決するために，簡単に，早く，しかも安価に化学物質の発がん性をスクリーニングし，怪しい化学物質を絞り込み，最終的に動物実験で発がん性を確認するという手順が合理的です。短期テストでの判定の際には発がん性そのものではなく，発がんと関係している突然変異，染色体変化などが判断材料とされます。このような要請に最も適合する試験法としてカリフォルニア大学のB.エームスらによって開発されたエームス試験法があります（138）。

　エームスはサルモネラ菌のヒスチジン合成を研究していましたが，それを利用する方法を考えました。最初に普通のサルモネラ菌からヒスチジンを合成できない菌を分離しました。この菌はヒスチジンを含まない培地では増殖できません。しかし，化学物質により突然変異を起こすと元のヒスチジンを合成できる菌に先祖がえりして，ヒスチジンを含まない培地でも増殖できるようになります。これを復帰変異と呼びます。エームスはヒスチジン要求性の性質の他に突然変異を起こしやすい紫外線感受性，そして化学物質が細菌の膜を通過しやすいような変異を加えたより感受性の高いサルモネラ菌を作製しました。すでに述べましたように，化学発がん物質は細胞の中では代謝活性化され，DNAと結合ができる反応性に富む物質に変化します。変異原物質の場合も同様ですが，細菌には変異原物質を活性化する酵素（P450）があ

りません。そこで，エームスはラットの肝臓をすりつぶした抽出物を加えました。この抽出物は9,000回転/分の速度で遠心分画した上清を使用することからS9と呼ばれています。S9にはミクロゾームが含まれており，P450などの薬物代謝酵素系が存在して変異原物質を活性化することができます。このようにしてエームス試験法が確立しました。図6-6にはエームス試験法の流れを模式的に示してあります。

1976年までに，B.エームスらは300種類に及ぶ化学物質の変異原としての効力を報告しました（139, 140）。発がん物質の90%は突然変異性を示し，非発がん性物質の90%は突然変異性を示さないことを見出しました。発がん性と変異原性はこの段階ではほとんど重なったかに思われましたが，遺伝子には直接作用しないで腫瘍の発生を促進する変異原性のない発がん物質（発がんプロモーター）の存在が明らかになり，その一致率は現在では60~70%くらいと考えられています（141）。発がん性と突然変異性との関係はニトロ

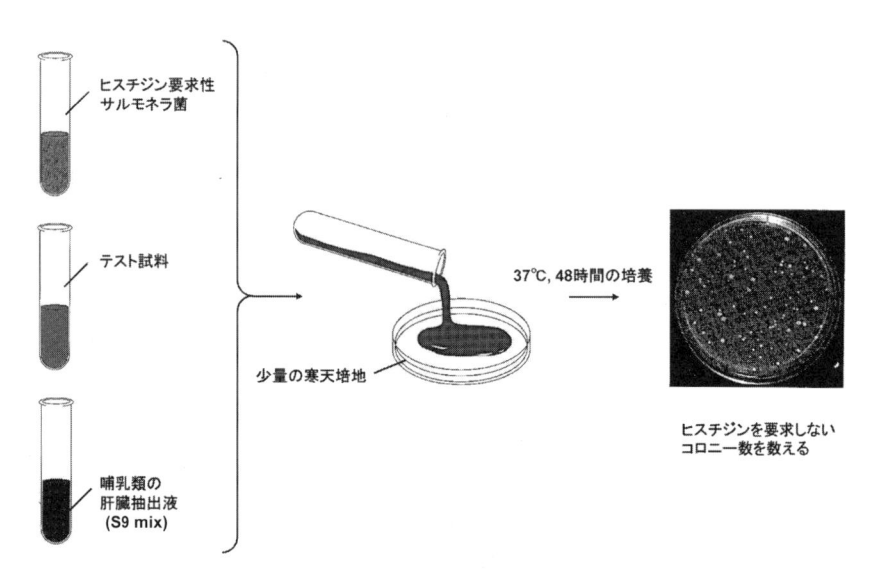

図6-6　エームス試験法［ハロルド・ヴァーマス，ロバートA.ワインバーグ（著）：畑中正一，牧正敏（訳）『遺伝子とガン』，日経サイエンス社（1994），p.59より引用，作成］

肝臓をすりつぶして作った酵素液（S9 mix）によって発がん物質を活性化し，サルモネラ菌に突然変異を起こさせる。変異を起こした菌はヒスチジンを含まない培地でコロニーを作る。

ジェン・マスタードや 4NQO, MNNG など少数の化学物質について古くから指摘されていましたが、エームスらによる研究は発がんにおける遺伝子変異の重要性、すなわち、がんは遺伝子の病気であるという考え方を強く示唆したものとなりました。さらに、彼らは変異原としての作用が強い化学物質は同時に強い発がん性を示し、変異原活性の弱い化学物質は発がん性も弱いという両者の活性間に相関性を見出しました（図6-7）。その結果、同じ発がん物質といえどもピーナツなどに生えるカビが産生するアフラトキシン B_1 は、合成化学物質でベンチジンの1万倍も強い毒性があることが明らかになりました。私たちはこのような科学的評価を十分に理解したうえで、発がん予防を考慮する必要があります。

ヒト異物代謝型 P450 による代謝的活性化

エームス試験法では肝をすりつぶした S9 抽出液を用いて変異原物質を活

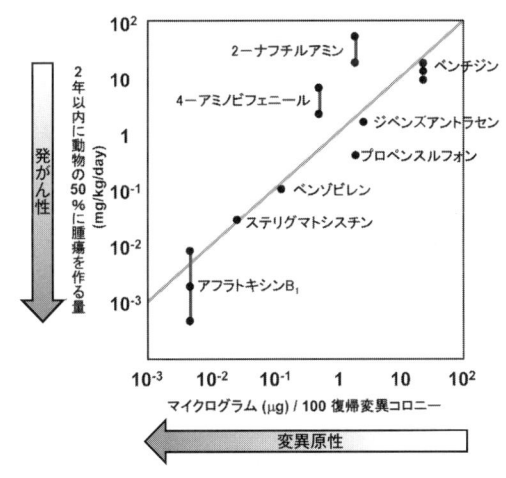

図6-7 変異原性と発がん性の強さの相関性 ［ワインバーグ（著）, 武藤誠・青木正博（訳）:『がんの生物学』, 南江堂 (2008), p.51 より引用, 作成］

この両対数グラフには実験動物に投与した一連の化学物質の相対的な発がん効力を縦軸に、エームス試験で測定された変異原としての効力を横軸にプロットしてある。縦軸、横軸はそれぞれ、投与した動物の50%に腫瘍ができる量、および100個のサルモネラ菌の復帰変異体を引き起こすのに必要な化学物質の量を示し、グラフの左下に位置する化学物質が最も変異原性が強く、かつ、発がん性も強い。

性化したことは述べましたが、もう少し掘り下げたいと思います。エームス法ではPCBの混合物であるアロクロール1254をラットに投与し、薬物代謝酵素活性を高めた肝からS9を調整していましたが、これはMC及びPBで誘導される複数種のP450分子種が一度に誘導できる性質を有しており、幅広い化学物質の活性化が期待されるからです。PCBの長期間にわたる毒性が後に判明し、この物質の代わりにMCとPBで同時処理したラット肝からのS9が使用されることになりました。一方、エームス試験法の目的はヒトでの発がん性を簡便に推定することにあり、当然のことながらヒトの薬物代謝酵素系での代謝的活性化の結果から評価した方がより正確です。しかしながらヒトの肝S9を代謝活性化の酵素源として利用することは倫理的に問題があり、ヒトの薬物代謝能は人種差や生活習慣で大きな個人差もあるので、特定のS9を用いた変異原性試験の結果を一般化することは科学的にも問題がありました。

　70年代の後半には、ヒトを含めたP450やP450に電子を供与するNADPH-P450還元酵素の精製法が確立し、ミクロゾームの薬物代謝系を試験管内で再構成するシステムが確立しました。薬物代謝能を効率よく発揮させるためには2つの電子伝達系成分の他に脂質が必要であり、特にある種の脂質（12個の炭素鎖を持つ脂肪酸）が効果的であることも報告されました(142)。脂質の存在はNADPH-P450還元酵素とP450が接触するのを助長し（図5-1）、還元酵素から効率良くP450に電子が渡されることにより高い酵素活性が得られると考えられており、ミクロゾーム膜におけるP450分子の存在状態を考えると理にかなうものです。P450標品としてはヒト肝から直接精製されたものや、遺伝子工学的にクローニングされたヒトP450 cDNAの発現系を使用して薬物代謝系を再構成しS9の代わりに使用したわけです。この方法の導入により、異なった分子種ごとのP450一定量あたりどの程度の変異原性があるかを化学物質ごとに比較することが可能となりました。ヒトにおいては57種の*P450*遺伝子の存在が明らかになっており（図II-2）、さまざまな化学物質での変異原性を世界中で試験した結果をまとめたものがF.グエングリッチらにより報告されました(137)。異物代謝型P450のグループに属する6種類のP450分子種で変異原物質の77％が活性化されていることを図6-8は示し

第6章　AhRは「内・外」環境を繋ぐ

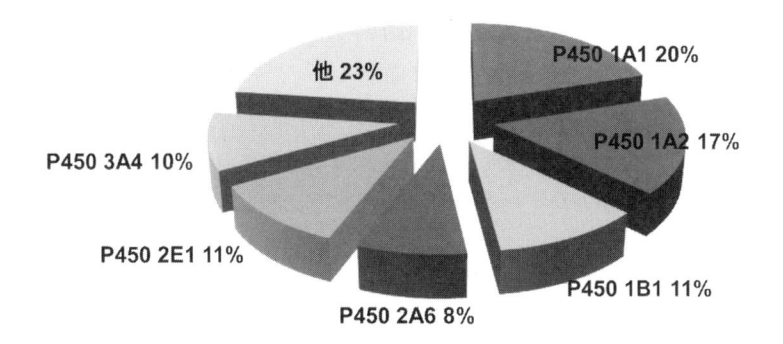

図6-8　代謝的活性化におけるP450分子種の役割　[文献（137）より引用，作成]
P450が関与する代謝的活性化の中で，特定のP450分子種が占める割合。AhRによって発現レベルが誘導される1A1，1A2，1B1で発がん物質のほぼ50%が活性化される。

ています。特筆すべきことは，AhRによって細胞での発現が誘導されるファミリー1に属するP450（1A1, 1A2, 1B1）でその約50%が活性化されるということです。

代謝的活性化の具体例

　ここでファミリー1に属するP450で代謝活性化される例を挙げたいと思います。1つは最も有名な発がん物質であり，PAHsに属するB[a]Pです。これは，物が燃えると生じるもので，おそらくヒトが火を使い始めたころから生じていたと考えられます。現代では車の排気ガスやストーブ，工場の煙突などからも絶え間なく空気中に排出されており，アメリカでは1年間に数百トンに及ぶB[a]Pが発生しているといわれています（141）。喫煙者はさらにタバコの煙から進んでB[a]Pを肺に取り込んでいます。体内に入ったB[a]PはCYP1A1（従来のP448，P₁-450に相当する分子です）及び1B1のP450により活性化されてB[a]P-エポキシドが生じ（近接発がん物質），加水分解されてB[a]P-ジオールとなり，再度1A1，あるいは1B1によりエポキシド化されてB[a]P-ジオール-エポキシドが形成され（究極発がん物質），この非常に反応性に富む代謝産物がDNAのグアニン塩基と結合して（DNA付加体）突

然変異を起こすと考えられています（図6-9）。実験的にDNAと結合するのはB[*a*]Pの10位で，ちょうど左上に向かって"湾"を作っているところであり，多くのPAHsでもこの領域が発がんに重要であると考えられています。グアニンからチミンへの変異はB[*a*]Pによって誘起されることが実験的に確認されており，肺がん発生においてはp53がん抑制遺伝子に変異が高頻度に観察されていますが，このような変異の存在が喫煙者で多いことが指摘されています（143）。

もう1つの例としてヘテロ環アミン類の一種であるPhIP（2-アミノ-1-メチル-6-フェニルイミダゾ［4,5-b］ピリジン）を示します。ヒトが食事によりさらされているヘテロ環アミンは10種類ぐらいが知られており，PhIPはその中で主要なものと推測されています。魚や肉に含まれているクレアチン，グルコース・リン酸塩，アミノ酸の一種であるフェニルアラニンなどが高温で加熱されると化学反応を起こしてPhIPができます。PhIPはCYP1A2により活性化されてPhIPのN位水酸化体を生じ，DNAのグアニン塩基の8-Cと反応してDNA付加体を形成し変異を導きます（図6-10）。これによってラット

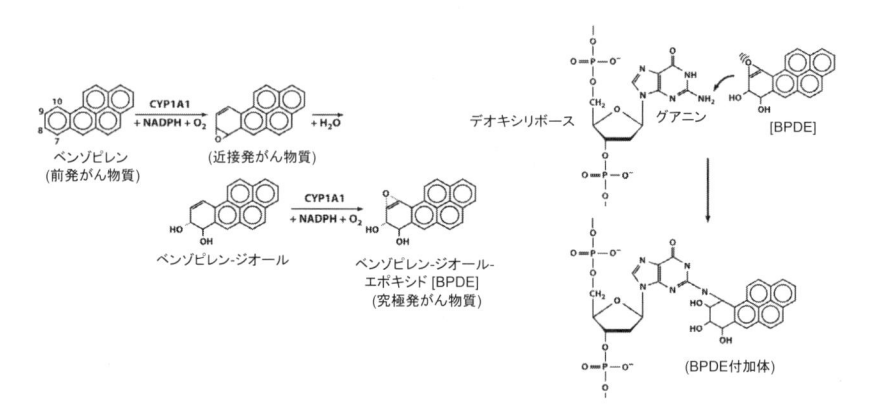

図6-9 ベンゾピレンの代謝とDNA付加体 ［ワインバーグ（著），武藤誠・青木正博（訳）：『がんの生物学』，南江堂（2008），p.486より引用，作成］

タバコの煙中などに含まれるベンゾピレンはCYP1A1, 1B1などで活性化され，究極発がん物質（BPDE）に変換される。生じたBPDEはDNAのグアニン塩基と結合してチミンへの変異が促進される。

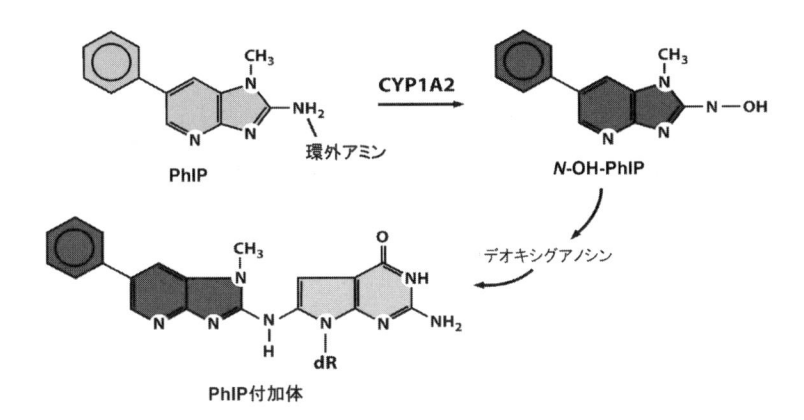

図6-10 PhIPの代謝とDNA付加体［ワインバーグ（著），武藤誠・青木正博（訳）：『がんの生物学』，南江堂（2008），p.489より引用，作成］

肉などの加熱調理により生じたPhIPはCYP1A2により活性化されてDNA付加体を形成する。

に大腸がんや乳がんを誘起することができます。特定の化学物質と多量に長期間接することによって発がんとの因果関係が推定される職業がんやヘビースモーカーを除いて，多くの人々にとって「何で自分ががんになったか」について実感できないことが多いわけですが，日常の食生活により発がんすることを示した研究の意味は非常に重要であったと思われます。

化学発がん物質の多くはP450を誘導する性質があり，誘導されたP450が発がん物質を代謝的に活性化して発がん性を示すような物質に転換させます。従って，どのようなメカニズムでP450が誘導されるかについて明らかにすることは発がんを理解する上でも重要であり，*P450*遺伝子レベルでの研究の必要性が認識されることになりました。

P450 遺伝子のクローニング

1973 年に導入された遺伝子クローニング技術は生物学の研究に極めて大きな影響を与えました。その方法を P450 の研究に適用して，藤井らによってラット PB 誘導型 P450 cDNA の構造が 1982 年に解明されました (144)。続いて，MC 誘導型 P450 の cDNA もクローニングされ (145, 146)，CYP1A1 に対応するラット (147)，マウス (148)，ヒト (149, 150) の *P450* 遺伝子構造が決定されました。また，PAHs や TCDD の他にイソサフロールでも誘導される *CYP1A2* 遺伝子の構造も解明されました (151)。塩基配列で予想されるアミノ酸配列との比較により，代表的な誘導剤である PB および MC で誘導される P450 の類縁性や，同じ MC 型 P450 の CYP1A1 と 1A2 の類縁性などが議論できるようになりました。その結果，P450 の多様性は免疫抗体に見られるような 1 つの遺伝子の組み換え，再編成による多様化ではなく，共通の祖先型遺伝子の重複と変異によって多重遺伝子族が形成されたものであると考えられるようになりました。その後，多様な生物からさまざまな *P450* 遺伝子の配列が決定され，*P450* 超遺伝子族としての性質が明らかになりましたが，そのことについては後に述べることにします。

MC での *P450* 遺伝子発現誘導についての研究は主にラット，マウスの *CYP1A1* 遺伝子で進められました。*CYP1A1* の遺伝子 5′ 上流域を細菌由来のクロラムフェニコールアセチルトランスフェラーゼ (CAT) 遺伝子に結合させて融合遺伝子を作製し，マウス肝がん由来の Hepa-1 培養細胞に導入して融合遺伝子の発現を調べると（レポーター解析），MC，TCDD などの誘導物質により生体内において CYP1A1 の遺伝子発現が増強されるのと同じように，CAT 活性が誘導されることが確認されました。この時の誘導物質による特異性は個体レベルの CYP1A1 の誘導と同様であったことから，培養細胞を用いた融合遺伝子の誘導現象は生体における *CYP1A1* 遺伝子発現を反映するものとみなされました。次いで，上流構造を部分的に除去した CAT 融合遺伝子を作製し，培養細胞に導入して MC による誘導能に必要な領域が同定されました (152, 153)。すなわち，ラットの *CYP1A1* 遺伝子においては TATA box 近傍に存在して恒常的な転写を司る領域（プロモーター領域）と，転写開始点か

ら約 1kb 5′ 上流に存在し，TCDD や MC に応答して誘導的発現に強く関与するエンハンサー領域の存在が明らかになりました。*CYP1A1* 遺伝子構造と遺伝子発現の分子機構については，第 7 章において詳細に説明します。

"誘導剤結合 AhR" と *P450* 遺伝子の接点：XRE の同定

A. オキーや A. ポランドらの研究から，PAHs や TCDD による P_1-450（AHH 活性）の誘導の際には細胞質に存在している AhR に誘導剤が結合し，核に移行することが実験的に確認されましたが，どのようにして遺伝子の発現を活性化するのでしょうか。放射性 ^{3}H で標識した TCDD が結合した AhR が DNA-セルロースに結合する性質を持つことが 2 つの独立したグループから報告されたことから，AhR は DNA 結合性タンパク質であり直接的に遺伝子に作用して転写を促進すると考えられるようになりました (154, 155)。

次に誘導剤が結合して活性化された AhR がどのような塩基配列の DNA に結合して標的遺伝子の *CYP1A1* の発現を促進するのかが問題になります。この配列は前項で説明した *CYP1A1* の 5′ 上流域の配列を *CAT* 遺伝子の上流に結合したレポーター遺伝子を作製し，上流配列を部分的に欠失させたレポーター遺伝子の MC による誘導的発現の解析結果からラット遺伝子上に存在することが明らかにされ，異物応答配列（XRE）と命名されました (156)。その後，マウスやヒト *CYP1A1* 遺伝子にも同様な配列が存在することが確認され，それぞれダイオキシン応答配列（DRE）(157)，および芳香族炭化水素応答配列（AHRE）(6) とも呼ばれています。その基本的な配列は 5′-TNGCGTG-3′ であり，AhR 依存的に転写誘導されている多くの遺伝子にも存在することから，この配列は誘導的エンハンサーとして機能することが明らかにされました。AhR 結合特異的配列（シス・エレメント）の決定は，*Ah* 遺伝子座の実体である AhR とその標的遺伝子との接点であり，AhR 研究史でも重要な位置を占めると考えられます。

ARNT クローニング

O. ハンキンソンらは AHH 誘導メカニズムの研究に体細胞遺伝学を導入しました。マウス肝がん由来の野生株 Hepa-1 細胞を B[a]P 存在下で培養したところ，Hepa-1 細胞では B[a]P 暴露により AHH 活性の誘導が観察され，代謝的活性化により生じた毒性を持つ B[a]P 代謝体により多くの細胞がダメージを受けました。しかしながらごく低い頻度ですが，B[a]P 抵抗性の変異株細胞が単離されました (158)。生じた変異株細胞を詳細に解析したところ AHH 活性が誘導されなくなっていることがわかり，その原因として，i) *Cyp1a1* 遺伝子自身の活性に欠陥がある変異株，ii) AhR の受容体活性が欠損している変異株，iii) AhR の受容体活性は正常であるが，その核移行の機能に欠陥がある変異株 (c4)，などが明らかになりました (159)。これらの結果から AHH 誘導には少なくとも 3 つの過程，すなわち，1) 誘導剤と AhR の結合，2) AhR の核への移行，3) *Cyp1a1* 遺伝子の活性が必要であることが示唆されました (160)。同様な結論は J. ウィットロックらによる B[a]P 抵抗性変異株の FACS 解析の結果からも確認されました (161)。

1991 年，O. ハンキンソンのグループは c4 変異株で観察された性質，すなわち「AhR の核移行に欠陥があるために AHH 誘導能が失われた変異株」を回復させる作用を示すヒト cDNA クローンを体細胞遺伝学の手法で単離し，ARNT (<u>A</u>h<u>R</u> <u>N</u>uclear <u>T</u>ranslocator: 核移行促進因子) と命名しました (162)。ARNT は AhR のヘテロ 2 量体パートナーとして働き XRE (DRE, AHRE) に結合して転写反応を促進することが明らかになりましたが (163)，それ自体は核タンパクであり AhR の核移行には直接関与しないで AhR が核に留まることに働くことが示されました (164, 165)。明らかにされたアミノ酸配列の特徴として ARNT はショウジョウバエで日周性をコントロールする因子 Per (Period)，中枢神経系の発生に中心的な調節因子として働く Sim (Single minded) の間で共通した構造を持つことが明らかになり，この共通した構造モチーフは PAS ドメイン (<u>P</u>er・<u>A</u>RNT・<u>S</u>im-ホモロジードメイン) と呼ばれることになりました。PAS ドメインは一般的に PAS ファミリー同士あるいは PAS ファミリー以外のタンパク質との 2 量体形成に関与する領域とされています (166)。ARNT

の発見はAhR分野の発展のみならず,低酸素応答のシグナル伝達(167),がんにおける血管新生(168),2型糖尿病との関係(169)などのヒト疾患メカニズム解明にむけたさまざまな研究分野を急速に進展させることになりました。

AhRの遺伝子クローニング

AhRのcDNAクローニングは精製されたAhRのアミノ酸の部分配列の情報を用いて行われました。^{125}Iで標識されたダイオキシンの誘導体を光化学反応によってAhRを放射標識し(170),その放射能を目標にAhRの濃縮・精製が試みられました。その結果,分子量95kDa(完全長AhR)及び70kDa(AhRタンパク質分解断片)の2成分が均一な標品として得られ(171),この精製標品を用いてN端側のアミノ酸配列の27残基が決定されました(172)。

AhRの部分的アミノ酸配列情報から類推した合成オリゴヌクレオチドプローブを利用して,C.ブラッドフィールド及び藤井らのグループによってマウスcDNAライブラリーからAhR cDNAクローンが単離されました(173, 174)。引き続いて,ヒト(175)やマウス *AhR* 遺伝子(176)がクローン化されました。それまでに明らかにされた生化学的性質(分子量,モリブデンによる安定化,HSP90との相互作用など)から,AhRはステロイドホルモン受容体の類縁分子と予想されていましたが,実際に決定されたAhRのアミノ酸配列はARNTに最も類似しており,N末端側の構造の特徴と併せてベーシック-ヘリックス-ループ-ヘリックス(bHLH)-PAS遺伝子ファミリーに属する受容体型転写因子であることが明らかになりました。PASドメインを持つタンパク質として,低酸素応答に関与するHif-1αや日周性に関わる因子であるClock,核内受容体のコアクチベーターであるNcoa1(SRC-1)などのメンバーがその後に加わることになりました(177)。PASタンパク質はさまざまな環境の変化に対応するためのシグナル伝達系を構成するタンパク質のグループと考えられ(図6-11),生物発生において本質的な機能に関与していることが示唆されています。

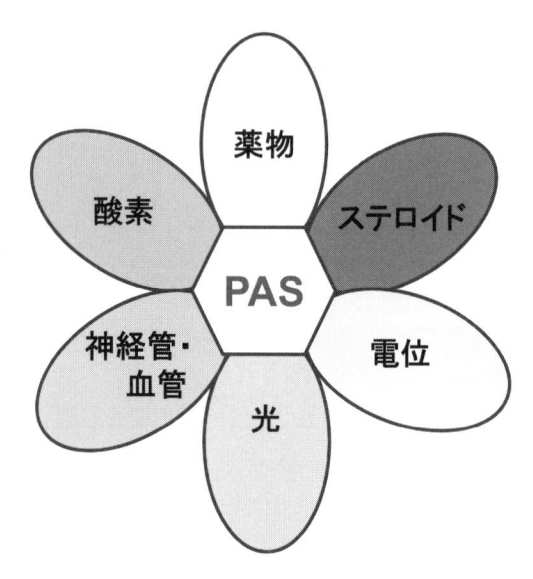

図 6-11 PAS タンパク質の生物的機能［文献 (177) より引用，作成］

PAS タンパク質の生物的役割を示す。PAS タンパク質は環境からの刺激に応じて適応するセンサーとして働く因子から構成されている。

P450 遺伝子多型と発がん感受性 —— SNP の先駆け ——

　MC 型 *P450* 遺伝子がクローニングされたことによって，研究の流れは化学物質による遺伝子の誘導的発現のメカニズムと転写因子についての分子生物学的研究に向かうことになりましたが，一方では「AHH 活性誘導と発がん感受性の関連性」という古くからの問題を解決する新たな視点が開けました。ヒトリンパ球の AHH 活性の誘導能に個人差があり，PAHs で誘導される人では肺がんのリスクが高く，逆に誘導されにくい人では肺がんへのリスクが低いことが示唆されていました (178)。また，マウス遺伝学からもこれをサポートする実験結果が示されていました (179)。しかしながら，リンパ球を用いての AHH 活性誘導能による表現型での比較は，生活習慣の個人差による酵素活性誘導などの影響を排除できないこと，測定までの処置なども容易でないことなどからその再現性に問題が存在していました。また，「原因」と

「結果」を区別することが困難であるという本質的問題点を抱えていました。そこで遺伝子多型をマーカーとして，「発がん感受性」を解析する分子疫学的な研究が進展することになりました。

　CYP1A1 はヒト肺で発現しており，B[a]P の活性化に関与しています。*CYP1A1* 遺伝子には遺伝子多型があり，その遺伝子型分布が健常者と肺扁平上皮がん患者で異なっていることが見出されました（180, 181）。活性化された B[a]P 代謝体はグルタチオン転移酵素（GST1）で解毒代謝されますが，*GST1* にも遺伝子多型があり活性が欠損している遺伝子型が存在することも知られています。この 2 つの遺伝子の遺伝子型の組み合わせで喫煙由来の肺がんに高い感受性を示すグループの存在が示唆されました（182）。また，発がんに至るまでの患者の遺伝子型と喫煙量との関連性についても検討され，感受性の高い遺伝子型を持つ人は少ない喫煙量で発がんに至っていることも示唆されました（183）。SNP（一塩基多型）の先駆けとしてなされたこれらの研究は「がん体質」研究の新たな視点を切り開きましたが，①遺伝子多型頻度が人種により変動していること，②さまざまな人種が複雑に入り混じった欧米でのケース・コントロール対照研究が困難であること，③メカニズムからの裏付けが乏しいことなどの問題点も指摘されています（184）。

第7章
AhRによる遺伝子転写調節

　AhRおよびARNTのcDNA，遺伝子クローンが単離されたことによって，リガンド依存的転写因子であるAhRの作用メカニズムの分子レベルにおける研究が著しく進展することになりました。その研究は以下のようにまとめることができます。① AhR分子内の構造的特徴とその機能ドメインの解析，② 外来性及び内在性リガンドの探索・同定，③ リガンドがない時にAhRがどのような状態で細胞質に存在するのか，④ リガンド刺激により，AhRはどのようなメカニズムで核膜を通過するのか，⑤ 核内でどのような因子と相互作用して標的遺伝子の転写を誘導するのか，⑥ *AhR*遺伝子欠損マウスを用いての化学物質による発がん，奇形の誘導におけるAhRの役割，⑦ AhRの多様性と生物進化などの研究です。本章ではこれらの点について概説します。

AhRとARNTのドメイン構造の解析

　AhRとARNTのクローニングに続いてタンパク質分子内での機能的ドメインおよび他の因子との相互作用を担う領域構造の詳細な研究が進められました (185-187)。図7-1にはマウスAhRとARNTの分子内ドメイン構造を示してあります。

a) AhR
　PAHs応答性マウス C57BL/6J の AhR タンパク質は805アミノ酸から構成されています。その分子的特徴としてN末端側にベーシック-ヘリックス-

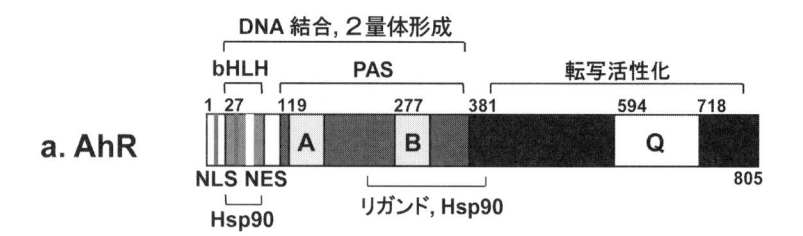

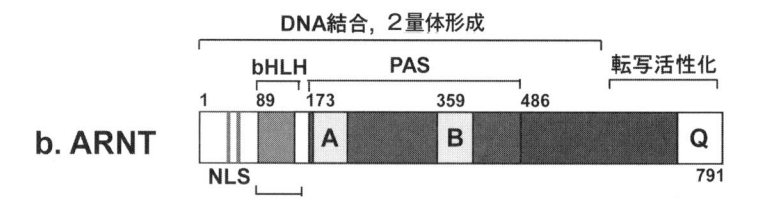

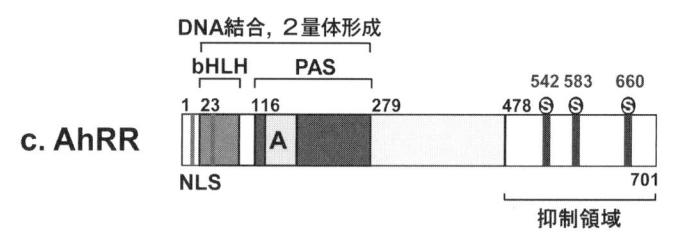

図7-1 AhR, ARNT の分子内ドメイン構造［川尻要：『細胞工学』Vol.26 No.12（2007），p.1360 より引用，作成］

タンパク質のアミノ酸配列のN末端を1として右下の数字がC末端のアミノ酸残基数。NLS: 核移行シグナル，NES: 核外輸送シグナル，bHLH: 塩基性-ヘリックス-ループ-ヘリックス領域，PAS: Per-ARNT-Sim ホモロジードメイン，Q: アルギニンリッチ領域，Ⓢは Sumo 化されるリジン。

ループ-ヘリックス（bHLH）構造を持ち，塩基性アミノ酸に富むベーシック領域は直接 DNA を認識し，XRE（5'-TNGCGTG-3'）の5'-ハーフサイトである5'-TNGC-3'と結合します（188, 189）。また，N末端から塩基性アミノ酸クラスターまでの間に AhR がリガンドと結合して核に移行する時に働く核移行シグナル（NLS）が存在しており，ヘリックス中の核外輸送シグナル（NES）と合わせ，N末端側アミノ酸配列中に AhR の細胞内局在を規定する情報が含

まれています (190)。AhR は細胞質で 2 分子の HSP90 と結合していますが，HLH 領域にはそのうちの 1 分子が結合しています。bHLH ドメインに続いて PAS ドメインが見られ，約 50 アミノ酸からなる 2 つの弱い繰り返し構造は N 末端側から PAS A, PAS B と名付けられています。AhR の PAS ドメインは複数の働きをしているようで，PAS A 付近では bHLH ドメインと協調しながら核内での ARNT とのヘテロ 2 量体形成に関与しているようです。また，PAS B 付近では残り 1 分子の HSP90 との結合や TCDD, B[a]P などのリガンド結合部位を形成しています (191)。C 末端側半分ではグルタミンに富む領域などを有して転写活性化に寄与しています (187)。

b) ARNT

O. ハンキンソンらのグループはヒト ARNT cDNA をプローブとしてマウス ARNT cDNA を単離し (791 アミノ酸)，さまざまな領域を欠失させることによりその機能的なドメイン構造の解析を行いました (185)。AhR と同様に N 末端側に bHLH 構造を持ち，塩基性アミノ酸に富む領域は DNA を認識し，XRE(5'-TNGCGTG-3') の 3'-ハーフサイトである 5'-GTG-3' と結合します (188, 189)。また，N 末端側に NLS が存在し，恒常的に核局在します (165)。HLH 領域は PAS ドメインと共にリガンド存在下での AhR とのヘテロ 2 量体形成に関与しています。ARNT は AhR 以外にも PAS タンパクとの 2 量体を形成し，Hif-1α/ARNT で HRE (5'-TACGTG-3')，Sim/ARNT で CME (5'-C/AT/AACGTG-3')，Clock/ARNT で E ボックス (5'-CACGTG-3') と呼ばれる DNA 配列の 3'-ハーフサイトを認識してそれぞれ低酸素応答，神経管形成，日周性に関わる転写反応を促進しています (図 7 - 2)。従って，ARNT は酸素，光，異物などさまざまな環境因子の存在下で異なったパートナーと結合し，標的遺伝子の特異的配列を認識して応答反応を制御する司令塔として働いています。C 末端側には AhR と同様にグルタミンに富む領域があり転写活性化に関与しています (192)。

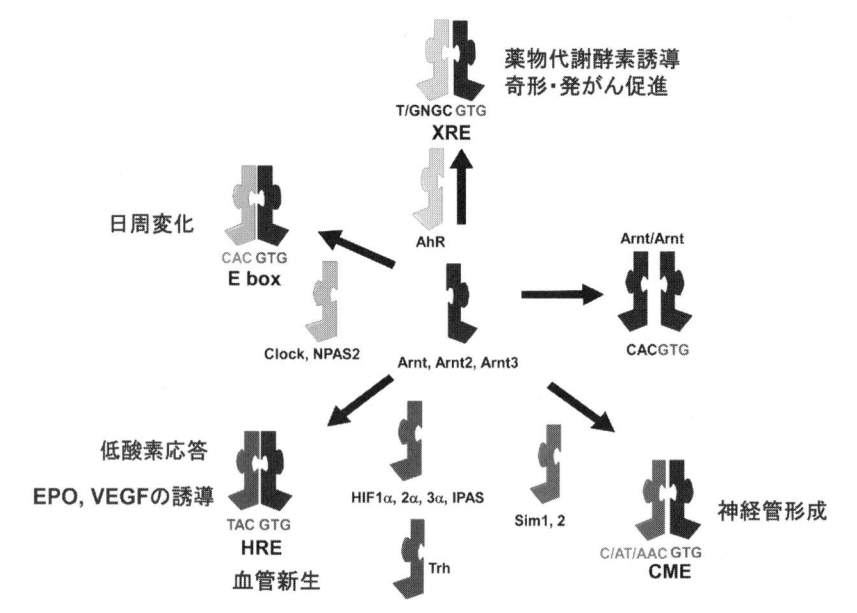

図 7 - 2　ARNT と PAS タンパク質の 2 量体形成と結合配列
ARNT がさまざまな PAS タンパク質と 2 量体形成し，遺伝子の特定の配列に結合して生理機能や毒性発現を発現する。

AhR のリガンドによる活性化

　AhR と結合する低分子化学物質をリガンドと呼び，そのうち生体成分ではない PAHs やダイオキシン類などの外来性のものを外来性リガンド，代謝産物として体内で産出され AhR に結合する物質を内在性リガンドと呼んでいます。また，植物などの自然界に存在するリガンドをナチュラルリガンドと呼びます。AhR リガンドを 2 つの範疇に分類し，従来の外来性リガンドに相当するものを古典的 AhR リガンド，それ以外のものを非古典的 AhR リガンドと呼ぶこともあります (193)。通常，リガンドが AhR と結合すると AhR が構造変化を起こし，AhR の分子内にある NLS がインポーチンに認識されて核内に移行して，ARNT とヘテロ 2 量体を形成し転写因子として働きます。このように，AhR と結合して AhR の作用を活性化するリガンドをアゴニス

トと呼びます。しかし，逆に，AhR と結合してアゴニストによる AhR の活性化作用を拮抗的に阻害する化学物質をアンタゴニスト（拮抗薬）と呼びます。代表的な AhR リガンドを以下に示しますが，詳細については参考文献を参考にしていただきたいと思います（193, 194）。

I）AhR リガンドの多様性

a. 外来性リガンド（異物リガンド）

外来性 AhR リガンドは早くから P450 の薬理学的研究に使用されており，AhR に対して強い親和性を持っています。その仲間として塩化芳香族炭化水素類（HAHs）やポリ塩化ビフェニール類（PCBs），多環芳香族炭化水素類（PAHs）などがあり，異物リガンドともいわれています。

i) 塩化芳香族炭化水素類（Halogenated aromatic hydrocarbons: HAHs）

HAHs にはポリ塩化ジベンゾ-パラ-ダイオキシン（PCDD），ポリ塩化ジベンゾフラン（PCDF），コプラナーポリ塩化ビフェニール（Co-PCB），ポリ塩化アゾ（キシ）ベンゼン，ポリ塩化ナフタレンなどが含まれ，構造的に関連している AhR リガンドです（図 2 - 1）。PCDD と化学的性質やその毒性が似ている PCDF，Co-PCB の 3 種類の化合物群を合わせてダイオキシン類と呼びます。PCDD は図 2 - 1 に示したように，多数の塩素が置換した 2 つのベンゼン環が 2 つの酸素と対面しているという基本骨格を持つ化学物質の総称です。すなわち，番号を記した（1~4, 6~9）位置には水素元素がありますが，それが 1 つからすべて塩素に置き換わることができる化合物で，塩素が付く位置と置換した塩素の数によってダイオキシンの種類が異なります。従って，ダイオキシンは 8 種類の大きな仲間（同族体）から成り，それがさらに 75 種類（異性体）の化学物質に区別できる分子の集合体を作ります。PCDF も同様に 8 種類の同族体（1~4, 6~9）が 135 種類の異性体で構成されています。一方，Co-PCB の基本骨格は図 2 - 1 に示したように 2 つのベンゼン環からできている PCB の仲間ですが，ベンゼン環の 2, 2′, 6, 6′の位置（オルト位）に塩素原子を持たない異性体は，2 つのベンゼン環が立体構造上同一平面に位置するためにコプラナー（共扁平）と呼ばれます。Co-PCB は 4 種類の同族体が 13

種類の異性体で構成されています。その結果, ダイオキシン類は合計 223 種類の異性体が存在していることになります。ダイオキシン類の特徴として, ほとんど水に溶けないこと (疎水性), 化学的に安定で 750℃以上の高温にならないと分解できないこと, 体内や微生物でほとんど分解されないこと, 脂肪によく溶けやすい性質を持つため人間をはじめとした動物の体に蓄積されやすいことなどがあげられます。ダイオキシン類の発生原因は①塩化フェノール類を原料とする殺菌剤, 枯葉・除草剤の製造過程での副産物, ②熱媒体, 電気絶縁体などに利用された PCB の製造時に生成, ③ゴミなどに含まれる塩素を含む製品を燃焼させる時に生じる, ④塩素殺菌・塩素漂白による生成などが明らかにされています (5)。環境中に拡散されると化学的にも代謝的にも非常に安定な環境汚染化学物質です。

　ダイオキシン類内の化学物質でも AhR との親和性は異なっており, 2,3,7,8-テトラクロロジベンゾ-パラ-ダイオキシン (TCDD) は AhR リガンドの中で最も親和性が強いことが知られています。PAHs 応答性 C57BL/6J マウスでの TCDD による薬物代謝活性誘導の ED_{50} 値 (受容体とアゴニスト複合体が生理作用をあらわすとき, その最大反応の 50% を示すアゴニスト用量のこと) は 1×10^{-9} mol/kg と考えられており, この値は MC などの PAHs に比べて 1,000 倍以上強いと見積もられています。AhR に対する親和性は HAHs で pM から nM, PAHs では nM から μM の範囲と考えられています。多種類の AhR リガンドの構造・活性相関の研究 (195) から AhR のリガンド結合ポケットには 14Å x 12Å x 5Å の扁平な化学物質を受け入れることが可能であり (196), 高い親和性はリガンドの置換基の持つ熱力学的・電気的な特性に大きく依存していると考えられています (197, 198)。Co-PCB は構造的に AhR リガンド結合ポケットに安定的に収まることにより PCDD や PCDF と同様な生物効果を生み出すものと考えられています。

　ダイオキシン類は 223 種類の異性体がありそれぞれ毒性を持っていると考えられますが, これまでにわかっている最強毒性を持つものは TCDD です。現在では TCDD の有する毒性の強さを基準 (1.0) にして, ダイオキシン類に属する個々の化学物質の毒性を相対的に評価した毒性等価係数 (TEF) を用いて相互に比較しています (表 7 - 1)。2005 年に WHO から公表された TEF 値

には TCDD 以外にも 6 種類の異性体が対象とされ，毒性は 1.0~0.0003 までの開きがあります (199)。また PCDF では 10 種類の異性体で TCDD との相対毒性は 0.3~0.0003 の範囲であり，その中では 2,3,4,7,8-ペンタクロロジベンゾフランが毒性も蓄積性も最強であると評価されています（第 2 章，「カネミ油症」食品公害事件参照）。Co-PCB では 12 種類の異性体について TEF 値は 0.1~0.00003 と記載されており，PCDD に比べて小さいけれども，環境中に存在している量が桁違いに多いため削減対策が必要な化学物質です。なお，それ以外の多くの異性体の毒性の強さは現在までに TEF 値が決定されていま

表7-1 ダイオキシン類の TEF 値［文献 (199) より引用，翻訳］

	化合物	WHO 2005 TEF
PCDD	2,3,7,8-TCDD	1.0
	1,2,3,7,8-PeCDD	1.0
	1,2,3,4,7,8-HxCDD	0.1
	1,2,3,6,7,8-HxCDD	0.1
	1,2,3,7,8,9-HxCDD	0.1
	1,2,3,4,6,7,8-HpCDD	0.01
	OCDD	0.0003
PCDF	2,2,7,8-TCDF	0.1
	1,2,3,7,8-PeCDF	0.03
	2,3,4,7,8-PeCDF	0.3
	1,2,3,4,7,8-HxCDF	0.1
	1,2,3,6,7,8-HxCDF	0.1
	1,2,3,7,8,9-HxCDF	0.1
	2,3,4,6,7,8-HxCDF	0.1
	1,2,3,4,6,7,8-HpCDF	0.01
	1,2,3,6,7,8,9-HpCDF	0.01
	OCDF	0.0003
Co-PCB	3,3′,4,4′-tetraCB	0.0001
	3,4,4′,5-tetra-CB	0.0003
	3,3′,4,4′,5-pentaCB	0.1
	3,3′,4,4′,5,5′-hexaCB	0.03
	2,3,3′,4,4′-pentaCB	0.00003
	2,3,4,4′,5-pentaCB	0.00003
	2,3′,4,4′,5-pentaCB	0.00003
	2′,3,4,4′,5-pentaCB	0.00003
	2,3,3′4,4′,5-hexaCB	0.00003
	2,3,3′,4,4′,5′-hexaCB	0.00003
	2,3′,4,4′,5,5hexaCB	0.00003
	2,3,3′,4,4′,5,5′-heptaCB	0.00003

TEF 値とは最も強い 2,3,7,8-TCDD の毒性を 1.0 として他のダイオキシン類の毒性の強さを換算した係数で，毒性等価係数（Toxic Equivalency Factor）のこと。

せん。ダイオキシン類の化学物質は典型的な種特異的，組織特異的，AhR 依存的な毒性をもたらすと考えられており，毒性としては上皮過形成，発がん促進，奇形，胸腺萎縮，クロルアクネ，消耗症，急性毒性などが知られています。毒性の強さは AhR への結合の強弱に相関し，AhR 依存的な TCDD 毒性発現への感受性はマウスでは対立する Ah^b と Ah^d 遺伝子により異なり，AhR 遺伝子欠損マウスでは TCDD 毒性が消失することがいくつかの疾患で観察されていますが詳細は後述します。

ii) ポリ塩化ビフェニール類（Polychlorinated biphenyls: PCBs）

PCBs は 10 の同族体で構成され，209 の異性体に分けることができます。熱や化学反応に安定で油によく溶け，不燃性で，電気伝導度・蒸気圧などが小さく，比熱は大きいという性質を持っています。これらの特性からトランスやコンデンサーの絶縁体，熱媒体，塗料などの工業目的に使用されました。1968 年に食用油への漏出により「カネミ油症」食品公害事件を引き起こしましたが，これは加熱により PCB から生じたダイオキシン類が主原因でした（第 2 章）。1974 年に特定化学物質に指定され，一般の製造・使用は禁じられています。安定で分解されにくい性質があり，環境を汚染し，食品を介して人体に入ると代謝されにくいため排泄も遅く体内に蓄積します。倦怠感，頭痛，関節痛などの全身症状，挫創などの皮膚症状，高脂血症などを呈することが多く，最も強い PCB である 3,3',4,4',5-ペンタクロロビフェニールは TEF 値で TCDD の 1/10 と評価されています。

iii) 多環芳香族炭化水素類（Polycyclic aromatic hydrocarbons: PAHs）

PAHs は 4〜6 個のベンゼン環が結合しており，代表的な AhR リガンドを形成するグループです（図 6-4）。煙突の煤，食べ物の焦げ，タバコ煙などの燃焼産物中に存在している化学発がん物質の総称であり，最も早い時期から薬物代謝研究に用いられてきました。その歴史的な過程については本書においてもすでに記載しました。代表的な PAHs である MC や B[a]P においても，AhR への親和性は TCDD にくらべて 3〜4 オーダー（1,000〜10,000 倍）低いと見積もられています（200）。PAHs は薬物代謝活性や抱合酵素を AhR 依存的

に誘導すると同時に，誘導した P450 により自分自身の代謝が促進されます。PAHs の O-, N-, S- 位部分の抱合化反応は極性を高め，PAHs とその代謝誘導体の除去につながりますが，一方，PAHs の代謝反応の結果，活性化された代謝体が DNA に結合し（DNA 付加体），その後の突然変異誘発などにより発がんをもたらします。

b. 内在性リガンド

これまで述べた外来性 AhR リガンドは直接的な生物の生命活動の過程で産生されたものではなく，多くはヒトの社会的な生産活動の過程で生じてきたものです。PAHs に関してはその起源がヒトの火の使用と関連するものと思われ，AhR タンパク質の分子進化から考えると外来性 AhR リガンドの関与する反応は比較的新しい時代に生じたものと考えることができます。この項では高等生物の生命活動において産生される AhR の内在性リガンドについて，次項では植物などの自然界に存在しているナチュラルリガンドについて記載します（図7-3）。

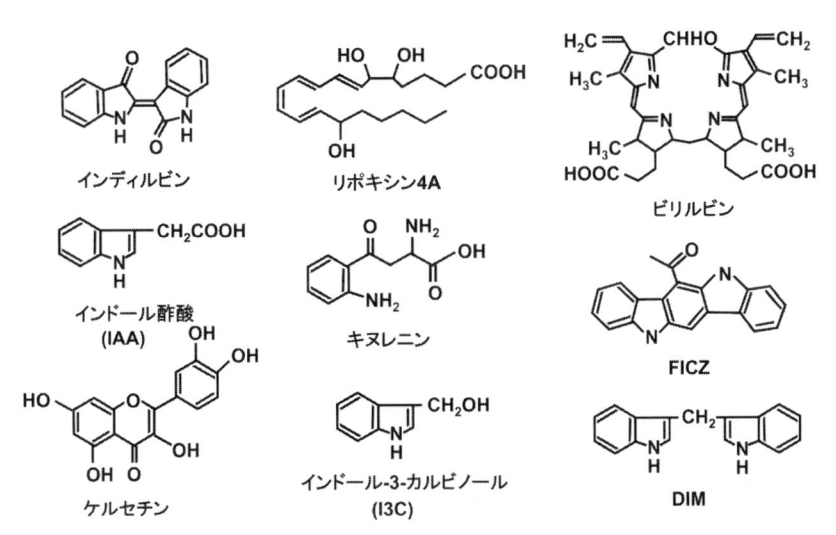

図7-3 内在性リガンド，ナチュラルリガンドの構造［文献（193, 194）より引用，作成］

i) インディゴ類

酵母のレポーター系を用いてヒトの尿中から AhR リガンドをスクリーニングしたところ,インディゴとインディルビンが約 0.2 nM の濃度で存在し,AhR リガンドとして機能することが明らかにされました。インディゴ類は染料として最も古くから使用されている天然色素であり,マメ科植物から主に抽出されるナチュラルリガンドです。酵母レポーター系での EC_{50} 値(ある薬物の濃度とそれにより生じる反応の強さは薬物により固有であり,反応率の50％を示す薬物濃度のこと)はインディルビン,インディゴ,TCDD でそれぞれ 0.2, 5, 9 nM であり,インディゴ類による AhR 活性化能は TCDD よりも強力であることが示されました(201)。インディゴとインディルビンは AhR に特異的に作用するリガンドであることは TCDD と拮抗作用を示すことなどから示唆されています(202)。インディゴ類の体内濃度が低いことから,組織・局所特異的な高濃度分布の可能性やどのような生理的機能に関与するかについての検討がなされています。一方,これらのインディゴ類の高等生物での合成経路については明確ではありませんが,インドールが P450 で代謝され,インディゴ前駆体である 3-水酸化インドールに変換されることが示されています(203)。

ii) 2-(1'H-インドール-3'-カルボニル)-チアゾール-4-カルボン酸メチルエステル(ITE)

ブタの肺から AhR リガンドとして ITE が単離・同定されました(204)。ITE が AhR リガンドであることの根拠は,①精製した ITE がヒト,マウス,ゼブラフィッシュ AhR への [^{3}H] TCDD 結合を拮抗して抑制する,②マウス Hepa I 細胞の細胞質への結合様式が受容体反応を示し,その Kd 値は 6.5 nM である(205),③ ITE 添加による AhR の活性化と核への移行促進,CYP1A1 タンパク誘導能の保持,XRE-依存的なレポーター活性の誘導効果などです。

iii) エクイレニン

エクイレニンは馬のエストロゲンの一種です。妊娠した雌馬で産生され,尿中に排泄されて AhR リガンドとして機能すると報告されています(206)。

マウス AhR との親和性は弱く BP の約 1/30,000 であり，ヒト HepG2 細胞に 30 μM の濃度で添加すると CYP1A1 mRNA は 15 倍，XRE-レポーター活性は 5 倍誘導されるとされています。これらのデータから AhR 活性化の EC_{50} 値は ~10 μM くらいと見積もられ，さらにエクイレニンは PAHs に対し応答，非応答の両系統のマウスでほぼ等しい CYP1A の誘導効果を持つといわれています。

iv）アラキドン酸代謝産物

アラキドン酸とその代謝産物（イコサノイドと総称）は AhR の内在性リガンドとして考えられてきました。P450 依存的な代謝反応としてアラキドン酸代謝があり，肝細胞に TCDD を添加すると COX2 の発現が誘導されることから AhR の活性化とプロスタグランディン合成が関連すると推定されました。アラキドン酸代謝産物に焦点を当て内在性 AhR リガンドの候補物質がスクリーニングされ，リポキシン 4A が新しいタイプの AhR リガンドとして作用することが示されました (207)。リポキシン 4A（図 7-3）が AhR リガンドである根拠として，① AhR LBD をめぐる TCDD との拮抗作用，② XRE-レポーター活性の誘導効果，③ CYP1A 依存的な代謝活性の誘導効果などが挙げられます。XRE-レポーター活性から見るとリポキシン 4A の EC_{50} 値は 100 nM くらいであり，生理的な条件下でもリポキシン 4A による AhR の活性化は可能と思われます。リポキシン類は多くの炎症性疾患において強い抗炎症作用を示しますが，リポキシン 4A が AhR を活性化してサイトカインシグナリング抑制因子 2（SOCS2）を発現誘導し，IL-12 の発現を抑制して抗炎症作用を示すことが報告されています (208)。また，レポーター活性およびゲルシフト解析から，各種プロスタグランディンの AhR リガンドとしての可能性についてもテストされ，弱いながらも 6 種類のプロスタグランディン（$B_2, D_2, F_{3α}, G_2, H_1, H_2$）でリガンド活性が確認されました (209)。その中では，G_2 が最も活性が強く 1 μM で AhR を活性化し，DRE-依存的な転写活性の EC_{50} 値は 20 μM でした。

v) ヘム代謝物

ヘム代謝物は内在性AhRリガンドとして興味が持たれる化合物です。生まれつき黄疸症状を示すラットではビリルビンのレベルが高まっているのに伴ってCYP1A1活性の増加が観察されています (210)。ビリルビンの生合成はヘムからビルベリディンへの律速的な転換から始まり、さらにビリルビンへと代謝されます。CYP1A1の増加はAhR活性化の象徴的なことであるのでヘム代謝産物のリガンド効果についての検討がされました。ビルベリディン、ビリルビンを肝がん細胞に添加するとCyp1a1 mRNA, EROD, DRE-レポーター活性が量依存的に誘導され、AhR, ARNT が欠損している細胞株では誘導されないことから内在性リガンドとしての機能が示唆されました (211)。

vi) トリプトファン代謝物

トリプトファンとその代謝体は芳香環（ベンゼン環）を有することからAhRリガンドとして機能するのではないかと推定されてきました。解析の結果、AhRがDRE (XRE) に結合するためのTCDDのEC_{50}は約0.1 nMでしたが、トリプタミン (TA) とインドール酢酸 (IAA:別名オーキシン) ではそれぞれのEC_{50}は0.2~0.5 mMでした (212)。TA, IAAのAhRへの親和性は弱く、AhRからの[^{3}H]TCDD結合を遊離させるためにはその20万倍もの過剰なリガンド濃度を必要とします。高濃度レベルでのTA, IAA暴露によりAhR依存的な転写活性が誘導されますが (213)、トリプトファンの生理的レベルは70~150 μMですので、IAA, TAが生理的な条件下でAhRシグナリングに影響を与える可能性は低いかもしれません。また、トリプトファンはIDO（インドール 2,3-オキシゲナーゼ）経路により分解されますが、その最初の分解産物であるキヌレニンはAhRの内在性リガンドであり、CYP1A1や1B1の誘導効果も確認されています (214)。キヌレニンによる活性化でAhR依存的なナイーブT細胞からTreg細胞への分化が促進されることが報告され、AhRが免疫に重要な役割を果たしていることが近年になり指摘されていますが、これについては後述します。

第 7 章　AhR による遺伝子転写調節　　　　　　　　　105

vii) トリプトファンの紫外線照射産物

　トリプトファンを UV 照射すると AhR に高い親和性を持つ 6-フォルミルインドロ [3,2-b] カルバゾール（FICZ）と 6,12-ディフォルミルインドロ [3,2-b] カルバゾール（dFICZ）が生じ，CYP1A1 の誘導が確認されています（215）。FICZ および dFICZ の AhR への親和性の Kd 値はそれぞれ 0.07，0.44 nM であり，その値は TCDD（Kd = 0.48 nM）とほぼ同様のレベルですが，これらのリガンド効果は一過性であり投与後 3 時間ぐらいが最大と見積もられています。皮膚細胞に UVB（290〜320 nm）を照射すると AhR が核移行して CYP1A1 が誘導されると同時に，活性化 AhR シグナルは COX2 誘導を導くことが示唆されています（216）。UVB をヒト皮膚に照射すると上皮と真皮で CYP1A1，1B1 の mRNA，タンパクが誘導され，個体レベルでも FICZ の合成が促進されることが示されています。AhR は UV 照射により引き起こされる酸化的ストレスに対する細胞応答を仲介しているとも考えられ，その引き金は内在性リガンドとして生成される FICZ の可能性もあります。

c. ナチュラルリガンド

i) フラボノイド類

　植物由来の化合物をスクリーニングしたところ，クリシン，ガランギン，バイカレン，ジェニステイン，ダイジェイン，アピゲニンなどが AhR 経路を活性化することが示されました（217, 218）。しかし，これらの化合物が XRE-レポーター活性を誘導する以外の活性，例えば AhR への結合などについては調べられていません。ケルセチンは薬物代謝活性の誘導，CYP1A1 mRNA などの誘導，および TCDD 結合への阻害効果が MCF-7 細胞で観察されており，AhR を活性化することが示唆されています（219）。一般的にフラボノイド類のリガンド効果は弱いと思われますが，極端な植物性食品の摂取は AhR シグナル系への影響を考慮した方が良いと思われます。

ii) インドール-3-カルビノール誘導体

　ブロッコリーや芽キャベツなどのアブラナ科野菜に多く含まれている辛味成分であるグルコシノレート類はカラシ油配糖体とも呼ばれ，昆虫や糸状菌

に対する抑止効果としてP450により生合成されます。一方，グルコシノレート類は抗がん作用の視点からも研究が進められてきました。グルコシノレートの加水分解産物として生じたイソチオシアネートがさらに胃，腸で代謝されるとその二次代謝産物であるインドール-3-カルビノール（I3C）が生じ，さらに酸性環境下でその縮合産物である3,3'-ディインドリルメタン（DIM），インドロ［3,2-*b*］カルバゾール（ICZ），2-(インドリル-3-メチル)-3,3'-ディインドリルメタン（LTr-1）などが生じます。I3Cについては誕生後の自然免疫リンパ球様細胞に作用して2次リンパ組織の形成に関与することが示唆されています（第8章参照）。これらのI3C誘導体はAhRリガンド効果を示しICZが最も強い作用を示します（220）。しかしながら，ICZは細胞内でリガンド効果の低い物質に代謝されるようです。

Ⅱ）アンタゴニスト

一方，アゴニストと競合してAhRのリガンド結合部位（LBD）に結合し，アゴニスト効果を阻害する化学物質が知られています（図7-4）。α-ナフトフラボンは以前よりAhRのアンタゴニストとアゴニストの両方の作用を持つ

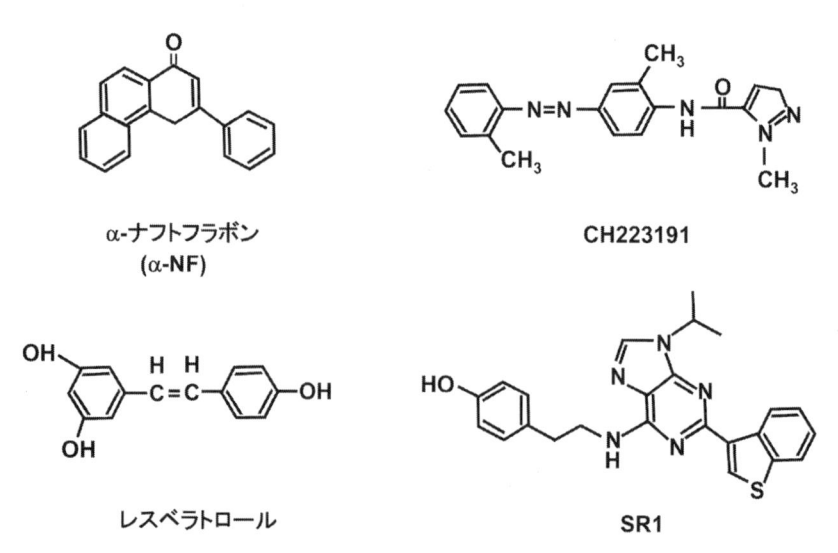

図7-4 アンタゴニストの構造［文献（193, 194）より引用，作成］

ことが指摘されており，低濃度（10 nM~1 μM）では拮抗作用を示すアンタゴニストとして，10 μM 以上の高濃度ではアゴニスト作用を示すとされています（221）。濃度依存的なアンタゴニスト・アゴニスト作用は I3C, DIM においても観察されています（222）。赤ワインの一成分であるレスベラトロールは TCDD や他の AhR リガンドに拮抗的に作用するアンタゴニストであり，リガンド依存的な *CYP1A1*, *IL-1β* 遺伝子発現を抑制することが報告されています（223）。また，レスベラトロールは TCDD で誘導される AhR 転写複合体のプロモーターへのリクルートを阻害することも示唆されています（224）。AhR LBD の基質ポケットサイズと化学物質の置換基の持つ電荷的性質から，フラボン誘導体（11 種類）のアンタゴニスト能が評価されています。強いアンタゴニスト能を持つフラボン誘導体は AhR と強い親和性を持ち，AhR の核移行を阻害することが示唆されています（225）。CH223191 は α-ナフトフラボンで見られるアゴニスト作用を示さないアンタゴニストであり，TCDD の AhR への結合，核移行，DRE への結合，転写活性を阻害し，同時に TCDD 依存的な肝毒性，消耗症を抑制すると示唆されています（226）。また，CH223191 によるアンタゴニスト効果は TCDD などのダイオキシン類に特異的に有効であり，PAHs, β-NF, インディルビンなどのアゴニストには効果がないことが報告されており（227），同様なリガンド特異的なアンタゴニスト効果はフラボン誘導体である 3'-メトキシ-4'-ニトロフラボンや 6,2',4-トリメトキシフラボンでも観察されています。

Ⅲ）AhR LBD・リガンド相互作用

古典的 AhR リガンドとは構造的・物理化学的性質が異なる非古典的 AhR リガンドが注目を集めています。その理由として，AhR の示す細胞増殖・免疫・炎症・がん抑制・生殖などの本来的生物機能に影響を与える可能性が考えられるからです。これらの化学物質は，AhR との親和性は一般的に弱く，転写誘導能も中庸なものが多いのが特徴です。しかしながら，非古典的 AhR リガンドは想像以上に多種類であり構造的にも多岐にわたることから，AhR の基質結合部位（LBD）の非特異的とも思われるリガンドに対する許容度が何故に保証されるかという新たな問題が提起されることになりました。PAS

ファミリーに属する他のタンパク質の結晶構造の情報とホモロジーモデルを応用したマウス AhR LBD のモデル構造の研究 (228),部位特異的なアミノ酸変異導入によるリガンド結合能の比較,細胞内局在性の検討,転写活性化能の評価,特定リガンドの異なった生物種 AhR LBD への結合能の比較,特定の生物種 LBD への多様なリガンド結合能などの解析が進められています (229-232)。AhR LBD と TCDD の結合モデルをカバーに示してあります (230)。AhR へのリガンドの結合様式や特異性,自由度及びリガンド依存的な AhR 活性化のメカニズムなどを明らかにするためには PAS B を含む領域に存在することが確認されている AhR LBD についてのタンパク質構造の詳細な情報（X 線や NMR 解析など）が必要です。リガンドの構造によって AhR LBD との結合様式に違いがあり,リガンド結合ポケットの持つ自由度の大きさによってリガンドとしての構造的多様性が保証されている可能性も考えられます。その結果として,AhR による生物応答の特異性や毒性,生物作用の多様性が発現しているのかもしれません。新たな AhR アゴニスト・アンタゴニストの発見,同定とその作用機序の詳細な解析により,AhR が関与する臨床的に重要な疾患への治療薬の開発の可能性が期待できると思われます。

細胞質での AhR 複合体

[^{3}H] TCDD をマウスに投与し継時的にその分布を観察すると細胞質から核への移行が見られるという A. オキーらの研究は,同時に細胞質と核での AhR を構成する複合体メンバーが異なることも示唆していました（図 6 - 2）(109)。リガンドが存在しない細胞質局在時とリガンド暴露後の核内での AhR 複合体成分を明らかにすることは,AhR によるリガンド依存的転写制御のメカニズムの解明に重要な情報を与えることになります。この項では AhR が細胞質に存在している時にはどのようなタンパク質と複合体を形成しているかを概略します。リガンドによる AhR シグナル経路の活性化は,細胞質に局在していた AhR 複合体がその構造的再編成を伴って核膜孔へ到達することから開始されることなのです。

a) HSP90：シャペロンタンパク質

　AhR とグルココルチコイド受容体との類似性から AhR 複合体の中に HSP90 が含まれているのではないかと推定されました．実際に細胞質の AhR 複合体では HSP90 抗体と反応するタンパク質成分の存在が確認されています（233, 234）．すなわち，G. パーデューらは化学的架橋と電気泳動を利用した方法により，細胞質で観察される AhR 複合体成分は AhR の他に ~96，88，46 kDa の分子量を示す 4 種類のタンパク質で構成されていること（235），~96，88 kDa のタンパク質はマウスでの HSP90 のアイソフォームである hsp86 と hsp84 であることを明らかにしました（236）．また，AhR cDNA の機能的ドメインの解析により，AhR は HLH 領域と PAS B 付近でそれぞれ 1 分子の HSP90 と結合していることが示されました（237）．

　HSP90 はシャペロンタンパク質であり，その働きとしてはタンパク質の固有の折りたたみ構造の維持，リガンド結合能の維持，転写反応の効率などに関与しているといわれています．HSP90 が AhR と複合体を形成することは AhR のリガンド結合能を最大限に保持し，AhR シグナル活性を高めるという報告もありますが（238, 239），リガンド結合能への HSP90 の影響は動物により異なるともいわれています．また，リガンド結合により HSP90 は AhR の構造を変化させて核移行に関与する因子との結合を高め，AhR の核移行を促進するという報告もあります（240）．細胞質における AhR と HSP90 との結合を壊すと AhR の急速な分解が生じることも観察されています（241）．AhR に及ぼす HSP90 の役割は複合的であるとも示唆されており，2 分子の HSP90 のうち，bHLH に結合している HSP90 は AhR の DNA 結合へのシャペロン機能として，PAS B 領域に結合している HSP90 はリガンド結合へのシャペロン機能およびリガンド非存在時での ARNT 結合の抑制という機能的分業をしている可能性が考えられます（242）．

　AhR のドメイン構造の項で述べたように，AhR の bHLH 及び PAS B 領域は HSP90 の結合と同時に ARNT の結合部位でもあり，ARNT が核タンパク質であることを考えると，AhR の細胞質局在から核局在への過程で HSP90 の離脱と ARNT の結合が予想されます．実際リガンド処理すると，AhR は HSP90 を結合させたまま核に移行することが観察されており（243），AhR からのリ

ガンド依存的な HSP90 の離脱は ARNT の存在により促進されると報告されています (244)。

b) p23: シャペロン補助タンパク質

p23 は低分子量酸性タンパク質であり, ほとんど全ての組織で発現しているリン酸化タンパク質です。p23 は HSP90 の ATP 結合構造と相互作用し, その安定化に寄与しています。p23 は HSP90 の N 末端側と結合していて, ゲルダナマイシンのような ATP 結合部位に拮抗する働きを有する試薬により阻害されます。p23 が AhR 複合体の中でどのような働きをしているかについての研究は現状では限りがありますが, リガンド非存在時での AhR と ARNT とのヘテロ 2 量体形成を阻害すること (245) や, HSP90・p23・XAP2 で構成されるシャペロン複合体が AhR の細胞質局在とリガンド依存的な核移行を調節していること, すなわち, リガンド暴露によって AhR 複合体の立体構造の変化が生じ, 核移行を司るインポーチン β と AhR NLS との相互作用が高まることにより AhR の核への移行が促進されるモデルも提起されています (240)。

c) AhR 結合タンパク質 [XAP2, ARA9, AIP]

ステロイドホルモン受容体の働きを調節している因子としてイムノフィリンが知られています。その名前はサイクロスポリン A や FK506 などの免疫抑制剤と結合することに由来しています。サイクロスポリン A 結合タンパク質 (シクロフィリン) と FK506 結合タンパク質 (FKBP) を総称としてイムノフィリンと呼んでいます。これらのタンパク質はプロリンペプチド結合のシス・トランス異性体間の変換を促進するペプチジルプロリルイソメラーゼ活性を持ち, 細胞内で合成されたタンパク質の折りたたみなどのシャペロン様の働きをすると考えられています。AhR 複合体においてはイムノフィリン様の XAP2 (hepatitis B virus X-associated protein 2) と呼ばれるタンパク質因子が含まれています。XAP2 は 330 アミノ酸から構成される分子量 37 kD のリン酸化タンパク質であり, B 型肝炎ウィルス X タンパク質に結合していることから命名されました。前述した G. パーデューらによる AhR 複合体中の ~46 kD タ

ンパク質に相当するもので，マウス AIP（246），ヒト ARA9（247），サル XAP2（248）がほぼ同時に単離されました。

XAP2 はイムノフィリンである FKBP52 や FKBP51 と類似したドメイン構造を持っていますが相違も明確に見られることから，イムノフィリン様タンパク質といわれます。また，C 端側には 3 か所のタンパク質間相互作用に関与する構造モチーフとして知られている TPR ドメインを持ち，最も C 末端側の TPR から C 末端までの領域で AhR と HSP90 に結合していることが示唆されています（249）。XAP2 はリガンド不在の時にユビキチンリガーゼである C 末端熱ショックタンパク質 70 結合タンパク質（CHIP）などによる AhR タンパク質の分解を防ぎ（250），XAP2 の強制発現はリガンド依存的な AhR の核移行を遅らせて細胞質での繋留を強める効果もあると報告されています（251-253）。*XAP2* 遺伝子欠損マウスやそのコンディショナル遺伝子欠損マウスでの AhR の機能については後述します（第 8 章）。

核膜の通過（核内移行と核外輸送）

真核細胞は増殖・代謝を調節，維持するために特定の遺伝子を必要な時に必要な量だけ発現しています。AhR は平常時では HSP90，p23，XAP2 と複合体を形成して細胞質に留まっており，さまざまな低分子化学物質がリガンドとして結合すると核に移行し，標的とする遺伝子の転写を誘導する態勢に入るわけです。1979 年に A. オキーら（109）により提示された AhR のリガンド依存的な核移行については，免疫組織化学的解析と近年の分子生物学の進展によりそのメカニズムが明らかになってきました。しかしながら，リガンドからの刺激が AhR 複合体にどのような構造的変化をもたらして細胞質から核へと細胞内局在性を変化させ，AhR シグナル伝達系を介して多様な生物応答を導くかについての本質的理解は今後の研究を待たねばなりません。

細胞質から核への物質の輸送は核膜孔を通して行われます。核膜孔は核膜孔複合体と呼ばれる約 125 MDa に及ぶ巨大な構造体で形成された通過孔であり，分子量が約 40 kDa くらいまでのタンパク質は受動的拡散で，それ以上の大きさのタンパク質はエネルギー依存的な能動輸送で核内へ輸送されます

(254)。後者の場合では，輸送されるタンパク質分子内に塩基性アミノ酸のクラスターから構成される特有な核移行シグナル（NLS）を持つことが一般的であり，分子量が約 95 kDa の AhR も該当すると考えられます。ヒト AhR では N 末端に近い 13~39 アミノ酸領域に NLS が存在することが証明されましたが（図 7-1），この NLS とそれを認識するインポーチン α，インポーチン α を認識して核膜孔へ運び込むインポーチン β との相互作用により核に移行することが明らかになりました（190）。

　細胞生物学的に決定された NLS が AhR の機能発現に関連していることを明らかにすることが重要です。M. ブンガーらはヒト AhR NLS とほぼ同じ位置に存在する PAHs 応答性のマウス NLS に変異を導入した遺伝子改変マウスを作製してその性質を検討しました。その結果，①AhR には HSP90，XAP2 が結合している，②リガンド結合能は保持している，③核移行能と転写活性化能（薬物代謝活性誘導）は消失，④肝重量は野生型にくらべ減少，⑤TCDD 暴露による口蓋裂は野生型，およびヘテロ型では 100% のマウスで発症したが，AhR 遺伝子欠損マウスや AhR NLS に変異を持つマウスでは全く発生しないことを明らかにしました。従って，AhR 依存的な生物応答の多くは TCDD による毒性も含めて，核への移行が必要な条件であることが明らかになりました（255）。

　AhR タンパク質の N 末端側に存在する NLS がそのタンパク質としての機能発現に重要な役割を果たしていることは明白となりましたが，NLS のすぐ後ろ（アミノ酸 63-73 領域）にタンパク質を核から細胞質に輸送するためのシグナルである核外輸送シグナル（NES）も存在しており（図 7-1），実際に機能していることが明らかになりました（190）。タンパク質の核から細胞質への輸送の研究は 1995 年に核外輸送を担う働きをする NES が発見されたことにより急速に進展しました。一般的な NES 構造はそのシグナル内に疎水性アミノ酸であるロイシンを多く含んでおり，かつ特徴的な間隔で配置されていることからロイシンリッチ NES とも呼ばれています。そのシグナルを目印として核外輸送受容体（エクスポーチン）が結合して核外輸送複合体を形成し，核膜孔を通過して細胞質に輸送されます。現在では核外輸送受容体を始めとする輸送装置とその輸送の分子機構を担う因子との相互作用も明らかに

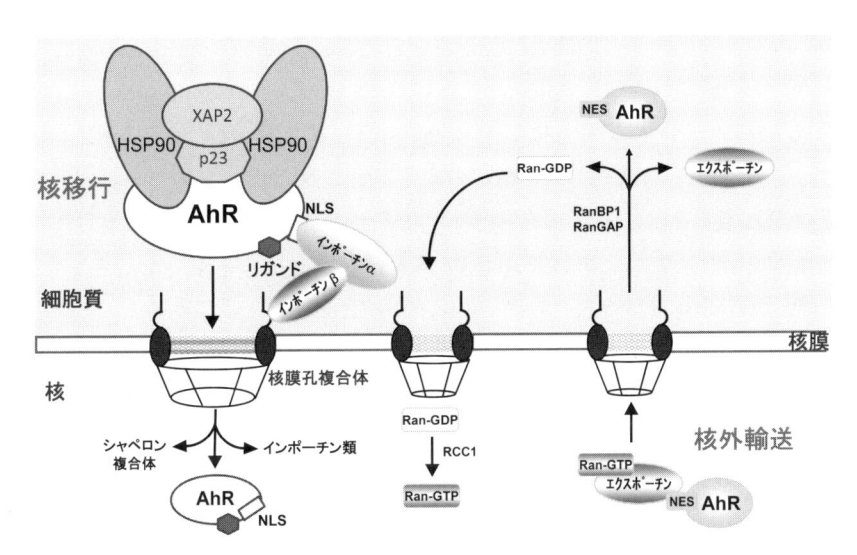

第7章　AhRによる遺伝子転写調節　　　　113

図7-5　AhRの細胞質・核間輸送［文献（190, 254）より引用，作成］
AhRは細胞質ではHSP90，XAP2，p23などと複合体を形成している。AhRにリガンドが結合するとNLSに核移行に関与する因子が結合して核膜孔を通過する。一方，核に存在するAhRはそのNESに核外輸送に関与する因子が結合して核外に輸送される。

なってきました（256）。図7-5にはAhRが核膜孔を通過するモデルを示してあります。

AhR分子内にNLSとNESが同時に存在することは，細胞質と核の間を行き来する（シャトル）性質があることを示唆するものです。実際，NLSとNESを含む領域の融合タンパク質を①多核細胞の細胞質に注入するとすべての核で検出される，②核の1個に注入すると一定時間後には全ての核に存在する，③核外輸送を阻害する物質を添加しておくと融合タンパク質の核外輸送は阻害されることから，AhRはシャトルタンパク質として機能することが明らかになりました（257）。さらに，ある種の細胞では培養する細胞密度条件でAhRの細胞内局在性が変化することからも，AhRがシャトルタンパク質であることが強く示唆されています（258）。AhRの核外輸送の意義として，転写終了後の細胞質での分解や転写因子としてリサイクルに使用されるなどの議論もありますが，その生物学的な意義については今後の問題です。

では，リガンドがAhRに結合するとAhR複合体にどのような変化が生じ

るのでしょうか？　この問いに答える確定的な結論は現在のところありませんが，その断片的な研究結果を示したいと思います。HSP90・XAP2・p23で構成されるシャペロン複合体がAhRの細胞質局在を保っており，リガンド結合によってAhR複合体の立体構造の変化が生じNLSとインポーチンαとの結合が高まることによりAhRの核への移行が促進される可能性が示されています (240)。また，マウスAhRのNLSに対する抗体を用いた研究から，XAP2がAhR複合体へのインポーチンβの結合を阻害することによって細胞質局在が保たれ，リガンドが結合することによりこの阻害が解除され，核に移行することが指摘されています (259)。また，タンパク分解酵素の感受性の変化によりAhRのアゴニスト結合によってその立体構造が変化することが確認されますが，アンタゴニストの結合ではこの変化が見られないという報告があります (260)。リガンドの結合によるAhR複合体のダイナミックな構造変化が近い将来において解明されることが期待されます。以前より，細胞を浮遊状態で培養するとリガンド非存在下においてもCYP1A1が誘導されることが報告されており (261)，細胞密度依存的にAhRの細胞内局在性が変化するという現象を考え併せると，細胞間接着のような細胞内シグナルの変化によってAhR複合体が活性化されるような分子機構も考慮する必要があるかもしれません。

　一方，O.ハンキンソンらによりARNTと命名されたAhRのヘテロ2量体のパートナーは，免疫染色法及び分子細胞生物学的な手法により恒常的な核タンパクであることが明らかにされました。ヒトARNTではそのN末端からbHLHにかけてのアミノ酸39~61領域がNLS活性を有しており，AhRと同様にインポーチンα及びインポーチンβの輸送システムで核に運び込まれることが報告されています (図7-1)(165)。HLH領域がタンパク質の2量体を形成する構造であることを考えると，AhRとARNTは核内で2量体を形成していることが強く示唆されます。

核内での AhR 転写誘導複合体形成

　AhRにTCDDなどのリガンドが結合するとAhR複合体の立体構造に変化

第 7 章　AhR による遺伝子転写調節

が生じ，NLS をインポーチン α が認識して結合すると核輸送を担うインポーチン β との協調的な働きのもとで，AhR 複合体は核膜孔を通過して核内に移行します。AhR 複合体が核内に存在している ARNT と出会うと，AhR から HSP90・p23・XAP2 のシャペロン複合体や核内輸送に働いたインポーチン類は遊離して，ARNT とヘテロ 2 量体を形成して転写因子として働くことになります（図 7-6）。また，真核生物の転写調節においてはそれ自身には DNA 結合能はありませんが，エンハンサーに結合する転写因子とプロモーターに結合する基本転写因子の両方に相互作用して転写の活性化に働くタンパク質が存在し，そのようなグループのタンパク質を転写共役活性化因子（コアクチベーター）と呼びます。逆に，両者に相互作用して転写の抑制に働く転写共役抑制因子（コリプレッサー）も知られています。このような因子群はヒ

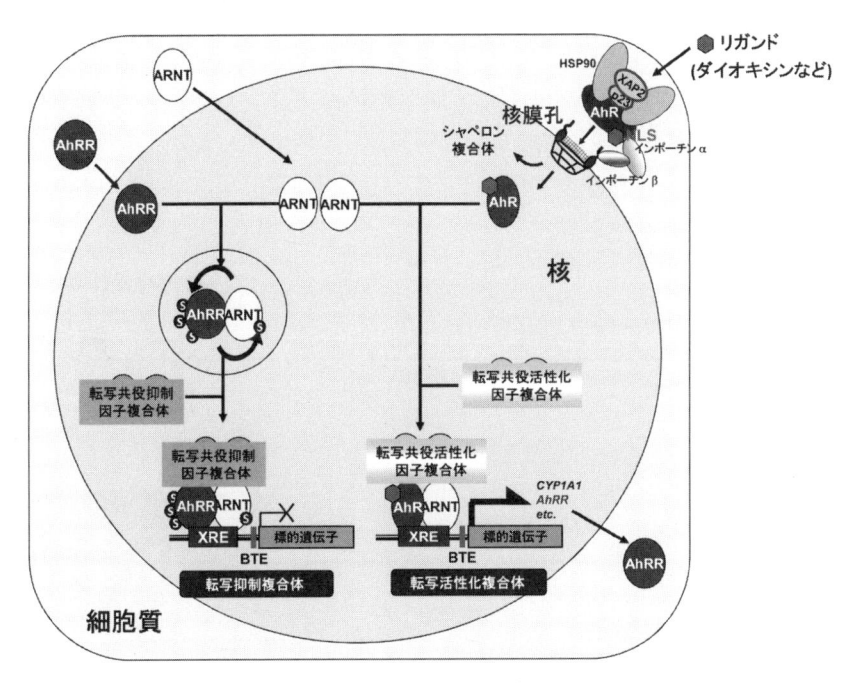

図 7-6　AhR を介した転写制御モデル［Fujii-Kuriyama Y, Kawajiri K. *Proc. Jpn. Acad. Ser.* **B 86**, 40-52（2010）より引用，作成］

AhR のリガンド依存的な転写活性化と AhRR による転写抑制のモデルを示す。それぞれ転写活性複合体，転写抑制複合体を形成し，遺伝子発現を制御する。詳細は本文を参照。

ストンのアセチル化やメチル化などの修飾に関与しており，エピジェネティック（遺伝子の発現がゲノムそのものの変化によらずに誘起されることを意味し，その機構としては DNA の修飾やクロマチンのリモデリングなどが重要とされている）な遺伝子発現制御の中心的な役割を果たしています。この項では AhR リガンド依存的な誘導的発現機構の研究が最も進展している CYP1A1 遺伝子を中心として説明をしたいと思います。また，同じ AhR/ARNT システムでリガンド依存的に誘導される CYP1A2, CYP1B1 遺伝子制御機構について現在までに解明されている研究の概略を紹介します。

a) CYP1A1 遺伝子

CYP1A1 遺伝子構造の解析から，転写制御に関与する領域は大まかに 2 つの領域に分けることができます（図 7-7）。1 つはプロモーター領域で，転写開始点近傍に存在し，ヒトでは TATA ボックスと BTE と呼ばれる特定の塩基配列が存在しており，基本転写因子群や RNA ポリメラーゼ II などが結合することにより遺伝子の恒常的な発現に関与しています。また，他の 1 つは「外」環境である TCDD や MC などに応答して誘導的発現に関与するエンハ

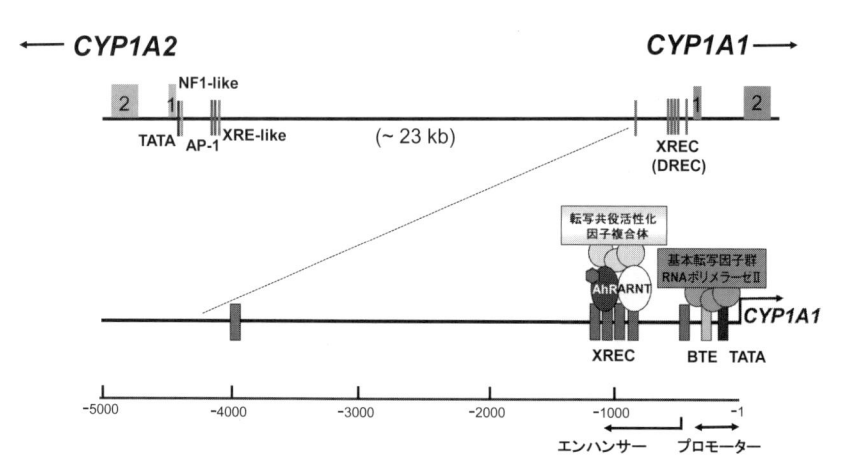

図 7-7　CYP1A の遺伝子調節領域の構造　［文献（268）より引用，翻訳］

ヒト染色体 15 では CYP1A1 および 1A2 遺伝子が転写方向を逆向きに向かい合っている。CYP1A1 遺伝子のリガンド誘導的発現に関与する領域（XREC）が 1A2 遺伝子の転写誘導にも関与している。

ンサー領域で，プロモーター領域からさらに1kb（1,000塩基）ぐらい5'上流側に位置しています．この領域にはAhR/ARNTの結合部位であるXRE配列が複数個並んでいるクラスター（XREC）が含まれています．リガンドが存在しない条件下では，*CYP1A1*遺伝子の転写調節領域やエキソン領域は共にヌクレオソームでマスクされています．従って，転写反応を促進するさまざまなDNA結合因子はいずれの領域にも結合できない状態にあり，遺伝子発現のスイッチは切れています（262）．

一方，リガンドが存在して形成されたAhR/ARNTヘテロ2量体はエンハンサー領域のXREに結合します．AhR/ARNTのXREへの結合は，恐らくこのヘテロ2量体の結合によってヌクレオソーム構造がほどけた結果，クロマチン構造の局所的な変化を起こし，さまざまな因子がDNAに近接しやすくなると考えられます．このようなクロマチン構造の変化はプロモーター領域でも生じると考えられますが，それはヌクレオソームの構造を変化させる働きを持つさまざまなコアクチベーターと呼ばれる因子群がAhRのC端側に存在している転写活性化ドメインに結合することにより反応が進行します（263）．このAhR/ARNTおよびコアクチベーターとの相互作用によって*CYP1A1*遺伝子調節領域のクロマチン構造の変化が生じ，転写開始に必要な基本転写因子群やRNAポリメラーゼIIなどがプロモーター領域へリクルートされ，転写開始複合体を形成して転写活性化が起こります．また，AhR/ARNTがXRECに結合する部位でクロマチン構造が折れ曲がり，エンハンサー領域に結合したAhR/ARNT及びコアクチベーターとプロモーター領域に結合した基本転写因子群やRNAポリメラーゼIIが互いに近接して相互作用を取りやすくなっています（264）．すなわち，TCDDやMCなどの化学物質による*CYP1A1*遺伝子の誘導的発現は，エンハンサー領域およびプロモーター領域にリクルートされたAhR/ARNTや各種の活性化因子群，基本転写因子群やRNAポリメラーゼIIなどの転写複合体によってヌクレオソームの破壊，クロマチン構造の変化と再構築を伴う過程を通してもたらされます（図7-7）（265, 266）．

b) *CYP1A2* 遺伝子，*CYP1B1* 遺伝子

　CYP1A2 遺伝子や *CYP1B1* 遺伝子も AhR リガンドで誘導される共通の性質を持っていますが，遺伝子の誘導的発現のパターンから見て *CYP1A1* 遺伝子とは異なった転写制御機構も存在するようです。たとえば，1A1 は恒常的な発現がほとんど見られませんが，1A2，1B1 はリガンドがない状態でも比較的高発現しています。1A2 ではイソサフロールでも特異的に誘導されます (267)。また，1A2 が主に肝特異的に発現しているのに比べ，1A1，1B1 は肝以外の多くの組織で発現が見られます。ファミリー1に属するこれら3種のP450 は発がん物質の代謝活性化の約 50% に関与していますが (図 6-8)，活性化について基質特異性が違います。例えば，1A1 は B[*a*]P などの多環芳香族炭化水素類を (図 6-9)，1A2 は芳香族アミンや PhIP のようなアミノ酸熱分解物で生じたヘテロサイクリックアミン類を活性化し (図 6-10)，1B1 は両者の中間的な性質を示します。さらに 1B1 は女性ホルモンのエストロゲンの4位を水酸化し，げっ歯類で発がん作用を示す 4-水酸化エストラジオールを産生します。ヒトにおいても，乳がんや子宮がんのがん部では周辺部に比べこの活性が亢進していることが知られています。

　ヒト染色体 15 においては，*CYP1A1* と *CYP1A2* 遺伝子が約 23 kb の非翻訳領域 DNA を挟んで向かい合って (転写の方向性が逆) 存在していることが明らかになりました (図 7-7)。このスペースには AhR/ARNT 結合領域である XRE のクラスター (XREC) が存在していることは *CYP1A1* 遺伝子構造の解析から明らかにされていました。山添らのグループは *CYP1A1* と *1A2* 遺伝子間のスペーサー領域を2種類のレポーター遺伝子に癒合させる方法を用いて，薬物による遺伝子転写誘導能を検討しました。その結果，2つの遺伝子が同時に誘導されることが観察され，共通の XREC で発現が調節されていることが示唆されました (268)。*CYP1A1* のエンハンサーとして同定された領域が逆向きに転写される *CYP1A2* の誘導的発現にも関与していることになります。また，同様なメカニズムが遺伝子改変マウスによって確かめられています。すなわち，XREC を欠失させたマウスを用いてリガンドによる薬物代謝酵素の誘導が検討された結果，両方の P450 に依存する酵素活性の誘導能が同時に低下したことが報告されています (269)。これらの研究より，2つの遺

伝子の間に見られる XREC に AhR/ATNT が結合して，両方の遺伝子発現誘導に関与していることが明らかになりました。一方，CYP1A2 遺伝子の転写制御領域には XRE とは異なる配列に未知のタンパク質を介して AhR/ARNT が結合して，転写共役因子的に誘導的発現に関与しているという報告もあります (270, 271)。誘導剤の特異性，組織特異的発現の相違及び恒常的発現などの相違についてのメカニズムの解明が期待されます。

CYP1A1 遺伝子と同様に CYP1B1 遺伝子の転写開始点から約 1 kb 5′ 上流域に XRE のクラスターが見られます (272)。TCDD 処理によって，乳がん由来の MCF-7 細胞では 1A1 及び 1B1 の両方の P450 が誘導されますが肝がん由来の HepG2 細胞においては 1B1 が誘導されないことが知られています。HepG2 細胞では TCDD 処理により AhR/ARNT のエンハンサーへのリクルートは 1A1 及び 1B1 遺伝子ともに誘導されますが，プロモーターへの TBP や RNA ポリメラーゼⅡのリクルートは 1B1 遺伝子では誘導されません。リクルートされない理由として，1A1 遺伝子プロモーターとは異なり，1B1 遺伝子のプロモーター領域に存在しているほぼ全ての CpG ジヌクレオチドのシトシンがメチル化されており，TBP やポリメラーゼⅡが適切な配置を取ることができないからであると考えられています。一方，エンハンサー領域では部分的にしかメチル化されておらず，AhR/ARNT のリクルートに支障はありません。さらに，TCDD 処理により p300 や PCAF などのコアクチベーターも 1B1 遺伝子エンハンサーにリクルートされますが，TBP や基本転写因子群，RNA ポリメラーゼⅡがプロモーター領域にリクルートされないために転写開始複合体が形成されず，誘導効果が示されないと考えられます。一方，MCF-7 細胞では 1B1 遺伝子のプロモーター領域はメチル化されていないため，2 つのタイプの P450 遺伝子は TCDD で転写誘導されることになります (273)。

遺伝子発現の抑制機構

これまでは AhR リガンド依存的な遺伝子発現機構について論じてきました。次に，AhR/ARNT シグナル伝達系の転写活性を抑制するためのメカニズムについて考えたいと思います。大きく分けて，転写のネガティブフィー

バック機構によるものと AhR の核外輸送に伴う分解という 2 つの分子機構が提起されています。

a) AhR 抑制因子（AhR Repressor: AhRR）による抑制機構

AhR の標的遺伝子の 1 つとして同じ PAS ファミリーに属する AhRR が同定されています (274)。AhRR の分子内ドメイン構造は図 7-1 に示してありますように bHLH-PAS 構造の部分で AhR とは類似していますが，PAS B は存在しません。NLS と NES は AhR と同じ部位に存在していますが，リガンド結合領域はありません。合成された AhRR は核内で AhR と拮抗して ARNT とヘテロ 2 量体を形成し，XRE に結合して転写抑制を誘導するわけです。AhRR の抑制作用に関与する領域は分子の C 末端側に存在し，相互作用を示すタンパク質も同定されました。これを中心として転写共役抑制因子複合体が形成され AhRR と相互作用することが示されました (275)。さらに，AhRR 分子の C 末端側には Sumo 化という分子内修飾を受ける決まったアミノ酸配列が 3 か所存在しており，この修飾によって転写抑制能が高まることが知られています。AhRR が ARNT と 2 量体を形成する際に，この配列中のリジンというアミノ酸に Sumo と呼ばれるタンパク質の結合が促進され，そのことによって ARNT も Sumo 化されるようです。この両者の Sumo 化は転写抑制作用に必須であると考えられています。Sumo 化された AhRR/ARNT 2 量体にコリプレッサーがリクルートされ，XRE 上で転写抑制複合体を形成して転写抑制反応が進行すると考えられます（図 7-6）(276)。また，*AhRR* 遺伝子の発現は遺伝子の転写制御領域に存在する 3 か所の XRE 配列を認識して AhR/ARNT がリクルートされてリガンド依存的に転写が促進されるので (277)，*CYP1A1* 遺伝子誘導発現機構には AhRR によるネガティブフィードバック機構が働いていると考えられます。

b) AhR 分解による抑制機構

AhR タンパク質の分解について研究がなされています。リガンドがなく細胞質に存在している時のこのタンパク質の半減期は比較的安定で約 28 時間と見積もられていますが，TCDD に暴露されると AhR は活性化されると同時

にユビキチン化とそれに続くプロテアソームによる分解が起こります。そして半減期が約3時間というように急激に分解されます。また，MG132添加で分解を阻害すると，AhR・ARNT・XRE複合体形成量が増加し，CYP1A1発現がTCDD単独に比べて過剰誘導されることが観察されています（278）。従って，AhR/ARNTによるリガンド依存的な転写反応系においては，プロテアソーム系での分解による転写抑制のシステムも働いているようです。

　AhRはNES依存的な核外輸送活性を持つことはすでに述べましたが，この活性を阻害するとAhRのリガンド依存的な分解が抑えられ，核内でのAhR/ARNT複合体の濃度の増加が見られます。また，NES配列に変異を導入してもAhRの分解は抑制され，核内における蓄積が観察されます（279）。従って，AhRはTCDDの結合によって遺伝子発現を促進した後に，細胞質に運ばれて直ちにプロテアソームによって分解されると考えられます。

マウスAhRの多様性とヒトAhR

　ダイオキシンなどによる環境毒性に対するマウスの遺伝的感受性はAhRの遺伝的多型により決定されることが示唆されていました。PAHs応答性のC57BL/6（B6）マウス（805アミノ酸）及び非応答性のDBA/2（D2）マウス（848アミノ酸）からAhR cDNAを単離して両者が比較されました（280）。その結果，両者間においては5つのアミノ酸置換と，終止コドンの変異によるC末端側のアミノ酸延長がD2で観察されました。TCDDに対するKd値はそれぞれ0.27 nMと1.66 nMであり，D2はB6マウスに比べ6倍ぐらい親和性が低いことが示されました。また両者間のキメラAhR cDNAを作製してそれらのTCDDとの親和性を検討したところ，B6のアラニン375からD2のバリンへの点変異と，D2のC端側43アミノ酸の延長がTCDD結合能に影響を与えていることが示されました（図7-8）。さらにヒトAhRではバリンであり，全長では848アミノ酸から構成されていることが示されました。すなわち，ヒトAhRはPAHsに非応答性のマウスDBA/2タイプであることが示されたわけです。このことは，TCDDに対するヒトAhRのKd値が1.58 nMとDBA/2マウスと近似していることからも裏付けられます。マウスでの*AhR*遺伝子座

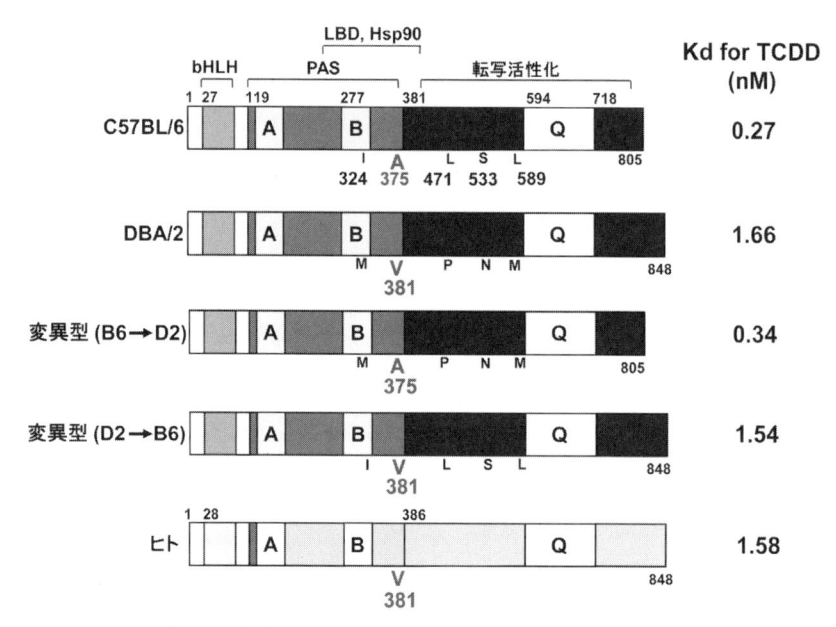

図7-8 マウスとヒトAhRの比較 ［文献（280）より引用，作成］
PAH応答性C57BL/6（B6）マウスと非応答性DBA/2（D2）のAhRを比べると，D2はB6と比べて5個のアミノ酸置換とC端側に43アミノ酸が付加されている。また，ヒトAhRはD2タイプであり，TCDDに対する親和性も同じレベルであることを示す。

の多型が個体レベルでの毒性発現の感受性を規定していることから，ヒト*AhR*遺伝子多型とAhR依存的な疾患発生への感受性が詳細に調べられました。ヒトAhRではアミノ酸残基554のArg/Lys多型を含めていくつかの多型が知られていますが，表現型に明白に影響を与える*AhR*遺伝子多型は現在までのところ，明らかになっていません（6）。

アラニン375が存在している領域はAhRのリガンド結合領域に属しており，TCDDとの親和性の差がその感受性の1つの表現型である急性毒性にも反映されていると考えられます。すなわち，感受性の高いB6マウスのLD$_{50}$は132 mg/kgに対し，感受性の低いD2では620 mg/kgという明白な相違を見て取れます。A. ポランドらもPAH応答性の数種類のマウスで検討しましたがAhR 375アミノ酸残基はすべてアラニンであり，非応答性のDBAのみがバリンでした（281）。一方，動物のTCDDに対する感受性試験から，最も

感受性の高い動物はモルモットであり（282），最も低いのはハムスターであることがわかっていますが（283），応答性マウスの AhR 375 に対応するアミノ酸は両者ともアラニンであることが明らかにされています。従って，TCDD に対する感受性は AhR の LBD 近傍のアミノ酸残基だけで決定されるものではないかもしれません。

AhR 遺伝子欠損マウスでの毒性評価

個体レベルでの特定のタンパク質の働きを知るためには，分子生物学的手法により作製された対応する遺伝子を欠損させたマウスを用いて研究が進められています。このようなマウスは遺伝子欠損マウスや遺伝子ノックアウトマウスと呼ばれ，1989 年に M. カペッキ博士により報告されたその方法論は生命科学研究におけるブレイクスルーとなった技術革新の 1 つです（284）。これまで述べてきた分子・細胞レベルでの AhR と化学物質との相互作用の研究成果が個体レベルに反映されるかについても AhR 遺伝子欠損マウスを使用して検討されています。

AhR 遺伝子欠損マウスは 3 つの研究グループにより作製され（285-287），その機能が調べられました。*AhR* 遺伝子欠損マウスでは TCDD や MC による P450 の誘導現象（Cyp1a1，Cyp1a2）が見られなくなります。このことは，これらの薬物代謝酵素誘導は AhR により直接的に調節されていることを示しています。妊娠マウスの 12.5 日目の母体に TCDD を経口投与し，18.5 日目における胎仔を調べたところ，口蓋裂及び水腎症は野生型のマウス胎仔（*AhR*$^{+/+}$）では全ての胎仔に発生しましたが，*AhR* 遺伝子欠損マウス（*AhR*$^{-/-}$）では奇形が全く見られなくなることがわかりました（287）。しかしながら，*AhR*$^{+/-}$ の胎仔では水腎症は 100% 発生するのに対し，口蓋裂は 24% と低い発症率が観察され，口蓋裂の発症には *AhR* 遺伝子の量依存性があることがわかりました。このことは，TCDD による 2 つの奇形の発症メカニズムが異なるためであると考えられています（表 7-2）。いずれにしても，これらの TCDD による奇形は AhR により仲介されていることは確かと思われます。

化学物質による発がんと AhR との関係について *AhR* 遺伝子欠損マウスを

表7-2 TCDDによる口蓋裂・水腎症の発生とAhR ［文献（287）より引用，作成］

胎仔の 遺伝子型	TCDD (μg/kg)	母体数 (n)	死亡胎仔 初期(n)	死亡胎仔 後期(n)	胎仔数 (n)	口蓋裂(n)	口蓋裂(%)	水腎症(n)	水腎症(%)
$AhR^{+/+}$	0	4	3	0	23	0	0	3	19
$AhR^{+/+}$	40	6	5	0	38	38	100	33	91
$AhR^{+/-}$	40	5	0	0	35	10	24	35	100
$AhR^{-/-}$	40	4	8	1	28	0	0	0	0

交配後，妊娠12.5日に母体にTCDDを経口投与し，得られた胎仔へのTCDDの影響を18.5日目における口蓋裂，水腎症の有無で調べた。

用いて検討されました。B[a]Pを1週間の間隔をおいて2回皮下注射すると，最初の投与後から12週で皮下に腫瘍が発生しはじめ，17週ではすべての$AhR^{+/+}$，$AhR^{+/-}$マウスで腫瘍の発生が確認されています。一方，$AhR^{-/-}$マウスでは腫瘍の発生は全く見られませんでした。また，B[a]Pの連続塗布実験によっても$AhR^{-/-}$マウスだけは腫瘍の発生はありませんでした。なお，この処理によって$AhR^{+/+}$マウスではほぼ100％に腫瘍が発生し，その80％以上では扁平上皮がんの発生が観察されています（表7-3）(288)。従って，$AhR^{-/-}$マウスで発がんが観察されなかったことはB[a]PによるCyp1a1の誘導がなく，B[a]Pの代謝的活性化が起こらなかったことに起因すると考えられ，従来からの研究成果を個体レベルでも証明することになりました。

前項においてPAHs応答性，非応答性のマウスAhRとヒトAhRのTCDDとの親和性について比較しましたが，ヒトAhRはDBA型の低感受性タイプに近いものでした。そこで，C57BL/6JマウスのAhRアレルを分子生物学的手法でヒトAhRアレルに置き換え，ヒト型のAhRを持つB6マウスがノックイン法で作製されました(289)。TCDD及びMC処理によってB6マウスではCyp1a1，1a2のいずれも高発現を示します。D2マウスにおいては予想通りMC誘導効果が見られず，TCDD処理では大幅な誘導が観察されます。一方，ヒト型AhRを持つB6マウスではMC誘導はD2マウスと同様ですが，TCDDでも1a1，1a2ともに全く誘導がかかりません。TCDDに対する親和性はヒトAhRとDBAマウスAhRとでは類似したレベルですので（図7-8），この実験結果は予想外のことのように思われます。このようなヒト型マウスモデルを

表7-3 ベンゾピレン連続塗布による腫瘍形成と AhR［文献（288）より引用，作成］

| 腫瘍 | \multicolumn{3}{c}{*AhR* の遺伝子型} |
	+/+	+/−	−/−
扁平上皮がん	13	12	0
パピローマ	1	1	0
ケラトアカントーマ	1	0	0
合計	15/16 (93.8%)	13/14 (92.4%)	0/10 (0%)

ベンゾピレン（200 μg）を皮膚に毎週1回局所塗布して25週後の発がん状態を野生型，*AhR* 遺伝子欠損マウスで比較したもの。

使用してTCDDによる口蓋裂及び水腎症発症への感受性実験が試みられました。その結果，水腎症はD2マウスとヒト型マウスでは同程度に発生しました（~81%）。口蓋裂はD2マウスでは30%（9/30）でしたが，ヒト型マウスでは発生しませんでした（0/37）。

すでに前述しましたようにC57BL/6マウスAhR NLSに変異を導入した遺伝子改変マウスを作製してその性質を検討したところ，TCDD暴露による口蓋裂は野生型，およびヘテロ型では100%のマウスで発症しましたが，NLS変異型マウスでは全く発生しないことが示されています。このことはAhR依存的な生物応答の多くはTCDDによる毒性も含めて，AhRの核への局在が必要な条件であることを示唆しています（255）。また，マウスの染色体9上の *Cyp1a1* と *Cyp1a2* 遺伝子間にある非翻訳領域に見られるXREC（DREC）を欠失させると，TCDDによるCyp1a1とCyp1a2の誘導は低下しますが肝障害は生じており，TCDDによるAhR/ARNT系を介した薬物代謝酵素の誘導現象と肝障害は異なるメカニズムによって引き起こされると考えられます（269）。

P450の超遺伝子族としての確立

P450が発見されてから50年，P450の一次構造が遺伝子レベルで決定されてから30年が過ぎました。この間，ヒトゲノム計画により遺伝子解析技術が進展し，さらにその技術が他の生物種に利用されて多くの生物のゲノム解析

の結果が報告されてきました。その結果，P450遺伝子は動物のみならず植物や微生物に至るまで生物界を通して最大級の構成メンバーからなる（~20,000）超遺伝子族を形成していることが明らかになりました（72）。表7-4にはさまざまな生物のP450遺伝子数を示してありますが，それは生物の種類によって非常に大きな違いがあることがわかります。たとえば，原核生物では大腸菌などの一部の細菌は全くP450遺伝子を持たないのに対し，結核菌にはかなりの数のP450が存在しています。真核生物ではすべてP450遺伝子が存在し，分裂酵母のように少ないものから50~100遺伝子を持つ動物，300~400という非常に多くのP450遺伝子を有する高等植物まで，生物の種によってきわめて変化に富む数の遺伝子が存在していることがわかります。これはP450の生理機能が生物によって大きく異なっていることを示唆しているもので，P450が真核生物の進化と多様化に大きな役割をはたしていると考えられます（73）。

真核生物には細胞膜の必須成分としてステロールが存在していますが，その合成には酸素を利用する反応を触媒するP450の一種であるCYP51が関与

表7-4 さまざまな生物のP450遺伝子数 ［文献（73）より引用，改変］

生物種	学名	P450遺伝子数	
大腸菌	Escherichia coli	0	
ラン藻	Synechocystis	2	
枯草菌	Bacillus subtilis	9	
結核菌	Mycobacterium tuberculosis	20	
分裂酵母	Schizosaccaromyces pombe	2	
白色腐朽菌	Phanerochaete chrysosporium	155	(11)
シロイヌナズナ	Arabidopsis thaliana	249	(21)
イネ	Oryza sativa	458	
線虫	Caenorhabditis elegans	76	(3)
ショウジョウバエ	Drosophila melanogaster	89	(1)
ハマダラカ	Anopheles gambiae	109	(5)
ナメクジウオ	Branchiostoma florida	255	
ユウレイボヤ	Ciona intestinalis	73	(2)
フグ	Fugu rubripes	49	(10)
ハツカネズミ	Mus musculus	102	
ヒト	Homo sapiens	57	

完全長P450遺伝子数のみを数えたもの。（ ）内は不完全なもの及び欠陥を含む真偽の疑わしい遺伝子の数を示す。

し，ラノステロールの14α-脱メチル化反応を触媒しています（75）。一方，原核細胞では細胞膜にはホパノイドが存在し，その生合成にはスクワレンからの一連の嫌気的反応で合成されます。従って，真核生物の誕生には酸素添加反応酵素であるP450の存在が不可欠であったことが示唆されます（74）。表7-4に示しましたように，真核生物の真菌類に属し単細胞生物である分裂酵母（*Schizosaccharomyces pombe*）には2種類の*P450*遺伝子が存在していますが，それはステロール合成に必要なP450（CYP51A1, CYP61A1）であることが明らかにされています。また，*P450*超遺伝子族において最も保存性の高いのはCYP51であり，それに対応する遺伝子（オーソロガス遺伝子）が真核生物に広く分布していることが確認できる唯一のP450であることから，真核生物へと進化する直前に生じた最も古いP450分子である可能性が示唆されています（290）。

　図Ⅱ-2にヒトP450の系統樹を示しましたが，57種類のP450がそれぞれ内在性，外来性化学物質の代謝反応に関与しています。その中で，異物代謝型P450はファミリー1, 2, 3, 4に属する分子種が知られています。第6章でも述べましたが，ヒトの発がん物質の活性化代謝に関与するのはCYP1（1A1, 1A2, 1B1），CYP2A6, CYP2E1, CYP3A4で全体の77％を占め，とりわけCYP1ファミリーで50％の反応に関与しています（137）。CYP1はPAHsやアミノ酸熱分解物などに働いて代謝的に活性化します。CYP2A6はニコチン由来のニトロソアミン類を活性化し，この活性が遺伝的に欠損している人では喫煙由来の肺がんのリスクが低いことが示唆されています（291）。CYP2E1はジメチル（エチル）ニトロソアミン類を，CYP3A4はアフラトキシンB_1などを活性化することが知られています。これらの*P450*遺伝子が進化の過程でいつ，どのような理由で生じてきたかについての詳細は今後の研究を待たねばなりませんが，P450の進化におけるアミノ酸置換速度をもとに哺乳類のPB誘導型P450とMC誘導型P450の分岐は古生代のデボン紀（約4億年前）に（146），そしてMC誘導型のCYP1A1と1A2は中生代の白亜紀（約1.2億年前）に分岐したと見なされています（147）。

AhR の分子進化と生物進化

　bHLH-PASファミリーに属する受容体型転写因子であるAhRによってファミリー1に属する*P450*遺伝子の誘導的発現が調節されていることはすでに述べました。bHLH-PASタンパク質をコードしている遺伝子は後生動物の初期から存在していたことが示唆されていますが（292），AhRについてもさまざまな動物の遺伝子やそのホモログ（相同遺伝子）が明らかになってきました（293）。なお，ホモログのうちで同一種内での遺伝子重複産物をパラログ，異なった種間で対応している遺伝子産物をオーソログと呼びます（294）。多細胞体制を有する動物の総称は後生動物（Metazoa）と命名され，現生では三十余の動物門に分類されます（295）。真正後生動物（Eumetazoa）は後生動物から，海綿・板形動物などの4つの門を除いて構成され，さらに真正後生動物から左右相称動物（Bilateria）と放射相称的な体制を持つ刺胞動物，有櫛動物が分岐します（約6億年前）。左右相称動物は5.7億年前に旧口動物（脱皮動物，冠輪動物）と，新口動物に分岐しました。最も祖先型後生動物と考えられる海綿動物ではAhRオーソログは見出されていませんが，板形動物である繊毛ヒラムシ（296）や刺胞動物のイソギンチャク（297）ではAhRオーソログの遺伝子配列が確認されています（表7-5）。また，旧口動物に属し，脱皮動物を構成する線形動物門の線虫（*C. elegans*）（298）や節足動物門のショウジョウバエ（299），冠輪動物を構成する軟体動物門のハマグリなどの二枚貝類（300）からはAhR cDNAが単離され，研究が進展しています。さらに，新口動物を構成する棘皮動物門のウニ（301），半索動物のキタギボシ，尾索動物のホヤなどでもAhRオーソログの存在が明らかになっています。従って，板形動物や刺胞動物，左右相称動物にAhRのオーソログの存在が確認されたことより，AhRは動物進化の非常に初期の段階（真正後生動物）から存在していたことが強く示唆されています（302）。

　次に脊椎動物でのAhRの多様性について述べたいと思います。脊索動物から進化した脊椎動物の最も初期の生物である無顎類のヤツメウナギには1つの*AhR*遺伝子が存在することが明らかにされています。魚類は約4.5億年前に分岐したと考えられますが，硬骨魚類の海産メダカ（マミチョグ）では哺

表7-5 さまざまな生物の *AhR* 遺伝子 ［文献（293, 302）より引用，作成］

生物群	生物名	*AhR* 遺伝子数	リガンド結合能
板形動物	繊毛ヒラムシ	1	?
刺胞動物	イソギンチャク	1	No
線形動物	線虫	1	No
節足動物	ショウジョウバエ	1	No
軟体動物	ハマグリ	1	No
尾索動物	ホヤ	1	No
無顎類	ヤツメウナギ	1	Low affinity
軟骨魚類	サメ・エイ	4	Yes
硬骨魚類	海産メダカ・ゼブラフィッシュ	4	Yes
両生類	カエル・イモリ	2	Yes
爬虫類	カメ	2	Yes
鳥類	ニワトリ	3	Yes
原始卵生・後獣哺乳類	カモノハシ・オポッサム	2	Yes
哺乳類	マウス・ヒト	1	Yes

乳類とは異なり，複数個の AhR ホモログ（*AHR1*, *AHR2*）の存在が初めて報告されました（303）。*AHR1* は哺乳類に存在している *AhR* のオーソログであり，*AHR2* は転写活性化に関与するドメインが欠損していることなどから *AHR1* のパラログであることが示されました（304）。その後の解析により，硬骨魚類のゼブラフィッシュでは3種類，メダカでは4種類，フグでは5種類の *AhR* 遺伝子パラログが存在するといわれています。同様に，アブラザメやツノザメ，エイなどの軟骨魚類でも *AHR1*, *AHR2* に相当する少なくとも2種類の *AhR* 遺伝子の存在が示唆されています。両生類ではカエルで2種類の *AHR1* パラログの存在が（305），爬虫類では2.5億年前に分岐したカメなどで *AHR1*, *AHR2* の存在が確認されています（306）。鳥類ではニワトリ，アジサシ（カモメの一種）で AHR1, AHR2 が確認されています（307）。水鳥であるカモメは環境中の HAHs に暴露されるリスクが高いにもかかわらずニワトリに比べて TCDD 感受性が低いことが知られています。カモメ AHR1 の LBD にはニワトリと比較して3か所のアミノ酸置換があり，そのうちの2アミノ酸の置換が TCDD 親和性や転写活性に強く影響していることが示されています（308）。一方，ヒトを含むマウス，ラット，ウサギなどの哺乳動物では単一の *AhR*（*AHR1*）遺伝子が存在していますが，原始卵生哺乳動物（カモノハシ）（309），後獣下綱のオポッサム（310），真獣下綱に属するある種の哺乳動

物（ウシ）などでは*AHR2*遺伝子も存在しているといわれています。

　*AhR*遺伝子とそのホモログの解析及び生物の系統進化学から，AhRの分子進化と生物進化についての研究が進展してきました。現在までの研究では，無脊椎動物の線虫に存在しているAhR（CeAHR）を先祖型AHRと見なすことができます。尾索動物のホヤにも単一の*AHR*遺伝子が存在しています。CeAHRとホヤAHRにはTCDDの結合能は見られません。また，脊椎動物のアミノ酸配列に基づく系統樹から，AhRファミリーは少なくとも3つの遺伝子［*AHR1*（*AhR*），*AHR2*，*AHRR*］で構成されていると見なすことができます。まず，脊索動物から脊椎動物進化のごく初期にかけて先祖型CeAHRは遺伝子重複により2つの*AHR*ホモログ（*AHR/AHRR*）が出現したと考えられます（~5.1億年前のカンブリア爆発）。1つは転写活性化能を消失し，さらに抑制作用を獲得することにより*AHRR*（*AhRR*）として変化を遂げ，もう1つはHAHsおよびPAHsに対する結合能を獲得し，現在の*AHR/AhR*遺伝子の原型が出現したと思われます。脊椎動物である無顎類のヤツメウナギAHRには低いながらもTCDD結合能があることが示唆されています。恐らく，自然界に存在した海産ハロゲン化化学物質の出現によって，AHR/AhRの基質特異性が形成されたのではないかと指摘されています（293）。次いで，2度目の遺伝子重複は脊椎動物の進化の初期（無顎類から軟骨魚類が分岐する以前の約4.5~4.1億年前）に生じ，*AHR*遺伝子から分岐した2種類の*AHR1*，*AHR2*遺伝子は魚類，両性類，爬虫類，鳥類では保存され，哺乳類のある時期で*AHR2*遺伝子は消失したと考えられています。軟骨魚類のAHR1とAHR2にはTCDD結合能が存在することが示されています。一方，TCDDなどのAhRリガンドで誘導されるCYP1の遺伝子は約4億年前のデボン紀に出現したと見積もられており，その時期にはAhRのTCDDリガンド結合能はすでに獲得されていたと考えられます（図7-9）。今後，さらに多くの動物の*AhR*遺伝子のホモログが解析されることにより，AhRファミリーの系統的進化が明確になることが期待されます。

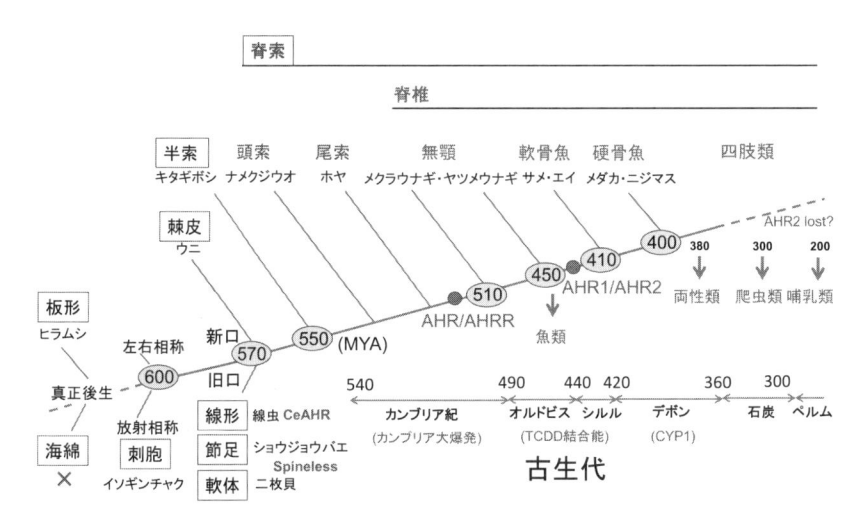

図 7-9 脊索／脊椎動物進化での *AhR* 遺伝子重複［文献（293）より引用，作成］
AhR は脊椎動物では無顎類のヤツメウナギからその遺伝子の存在が明らかにされている。図中の数字は推定される進化の分岐時で，単位は MYA（Millions of Years Ago：100 万年前）。

核内受容体による P450 転写制御

　核内受容体はステロイドホルモン，レチノイン酸やビタミン D を生理的リガンドとする古典的ステロイドホルモン受容体と，その内因性リガンドが不明である核内オーファン（孤児）受容体で構成されており（311），その構造と機能は類似しています。細胞の恒常性の維持のために，ステロイドホルモン受容体はホルモンによる遺伝子の活性化機構において重要な役割を果たしています。一方，オーファン受容体はリガンドが同定されていない受容体として定義されていますが，cDNA クローニングされた後に同定された例も見られます。しかしながら，ヒトの 48 種類の核内受容体のうちでかなりの数のオーファン受容体の生理的なリガンドがいまだ明らかになっていません（312）。

　私たちの身の回りに存在しているさまざまな化学物質の解毒，活性化代謝に関与する異物代謝型 P450 分子の生化学的研究が進むにつれ，核内オーファン受容体が外来性化学物質のセンサーとして機能し，異物代謝型 *P450*

名称	標的 P450 遺伝子	AGGTCA-Based DRE	誘導剤
PPARα	CYP4A	DR1	フィブレート
PXR(SXR)	CYP3A, CYP2B	DR3, ER6	リファンプシン, PCN
CAR	CYP2B, 2C, 2H, CYP3A	DR4	フェノバルビタール, TCPOBOP
HNF4α	CYP2A, 2C, 2D, CYP3A	DR1	

[核内受容体のドメイン構造]

NH₂—AF-1—DBD—LBD—AF-2—COOH
         CTE

AF-1: Activation function 1 (リガンド非依存的活性化)
DBD: DNA結合ドメイン
CTE: C末端延長
LBD: リガンド結合ドメイン
AF-2: Activation function 2 (リガンド依存的活性化)

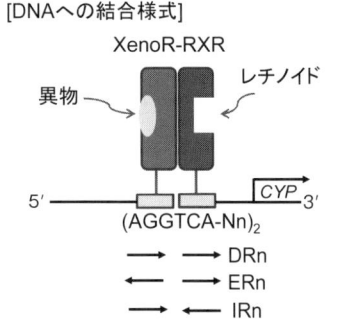

[DNAへの結合様式]

XenoR-RXR
異物 ← → レチノイド

5′ (AGGTCA-Nn)₂ CYP 3′

→ → DRn
← → ERn
→ ← IRn

図7-10 異物代謝型 P450 の誘導に関わる核内受容体 ［文献 (313, 314) より引用, 作成］
オーファン核内受容体で転写制御される異物代謝型 P450 と誘導剤を示す。同時に, 一般的な核内受容体の構造及び DNA との結合様式を模式的に示す。

遺伝子の誘導的発現に中心的な役割を果たしていることがわかってきました。図7-10にはファミリー2,3,4に属するP450を転写誘導する核内オーファン受容体とその標的となる P450 遺伝子及び誘導物質を示しています (313)。なぜ, ファミリー1のP450だけがPASファミリーに属するAhRで転写誘導され, 他の2~4ファミリーのP450はオーファン受容体により誘導が調節されるかについては不明ですが, 今後の研究の進展を期待したいと思います。オーファン受容体の多くは約500アミノ酸で構成されており, 高度に保存されている DNA 結合ドメイン (DBD) とリガンド結合ドメイン (LBD) を持っています。DBD は一般的に約80アミノ酸残基から構成されており, 2つのZnフィンガー構造を形成しています。そのうちのN末端側Znフィンガー内の4個のシステインの周囲のアミノ酸が標的遺伝子の核内受容体結合配列への結合特異性を決めています。LBDは約250アミノ酸から構成されている機能ドメインで, リガンド依存的な転写活性化に関与するAF-2を含んでいま

す。DBD と LBD の間には RXRα とのヘテロ 2 量体を核内受容体結合配列に正確に結合させるための C 末端延長（CTE）と呼ばれる蝶番の役目をする領域（ヒンジドメイン）があります。また，DBD の N 末端側にリガンド非依存的転写活性化領域（AF-1）を持つ受容体もあります。核内受容体結合配列はコンセンサス配列である AGGTCA が数塩基を挟んで繰り返されている構造をしています。その繰り返し配列の示す方向性によって，同方向の繰り返し（DR），外向きで相補的繰り返し（ER），内向きで相補的繰り返し（IR）があり，n 個（n = 0~8）の塩基を挟んだモチーフを DRn, IRn, ERn と表記します（図 7 - 10）。リガンド結合により活性化されたオーファン核内受容体は AhR と同様に核移行し，LBD の構造的変化に伴って AF-2 ドメインがコアクチベーターなどと結合しうる状態になります。コアクチベーターは分子内の NR ボックスと呼ばれるモチーフを介して核内受容体と結合して転写活性化が促進されることになります。クロマチン抑制作用の解除などはAhR転写誘導複合体形成の項で述べたメカニズムと類似していますので省略します。また，オーファン核内受容体による *P450* 遺伝子の誘導的発現については根岸らの総説を参照していただきたいと思います（77, 314）。

第8章

AhRの本来的な生物機能と毒性発現

　AhRは芳香族炭化水素（PAHs）やTCDDによるP450の誘導的発現を担う受容体型転写因子として発見され，これらの化学物質の示す薬理学的・毒性学的な側面から研究が発展してきました。しかしながら，生物進化の初期の動物にもAhRが存在することや，その発生過程における役割も明らかにされました。また，高等動物でも*AhR*遺伝子欠損マウスを用いてその本来的な生物学的機能が研究され，細胞増殖，免疫，炎症，発がん抑制などに働く多機能調節因子として生体の恒常性維持に重要な役割を演じていることが明らかにされました（図8-1）。さらに，リガンド依存的な転写因子の働き（表8-1）のほかにもある種のタンパク質の分解を担う働きがあることが明らかになってきました。本章においては，AhRの生理的機能と毒性発現についての最近の研究を概説したいと思います。

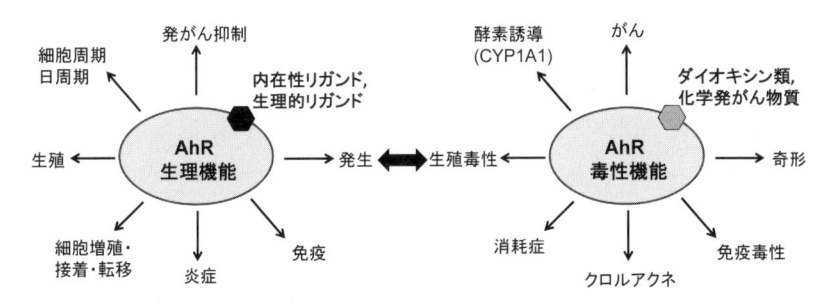

図8-1　AhRの多様な機能

AhRの多彩な機能を模式的にまとめてある。生理的機能については生理的，内在性リガンドがその活性化に関与し，毒性的発現には環境変異原や発がん物質，ダイオキシンが活性化に寄与すると考えられる。

表 8 - 1　AhR の標的遺伝子 [*The AH Receptor in Biology and Toxicology* (ed. Pohjanvirta, R.), John Willey & Sons（2012）の p.36 及び p.41 より抜粋し，本書で記載した新たな標的遺伝子をつけ加えて作成。（　）内の数字は本書の参考文献番号を示す。]

遺伝子産物	生物機能	文献
CYP1A1	PAHs の代謝的活性化	(265, 266)
CYP1A2	ヘテロサイクリックアミンの活性化	(268)
CYP1B1	PAHs の代謝的活性化	(272)
CYP19	エストロゲン合成反応	(354)
GSTA1	グルタチオン抱合化	#1
UGT1A1, 1A6	グルクロン酸抱合化	#2
NQO1	キノン類の還元化反応	#3
ALDH3A1	アルデヒド脱水素化	#4
MRP2,3,5,6	薬剤トランスポーター	#5
AhRR	AhR 転写抑制因子	(274)
Pai-2	カスパーゼⅠ抑制因子で炎症抑制	(331)
Bax	アポトーシス促進因子	(417)
Epiregulin	EGFR リガンドで増殖シグナル活性化	(398)
c-Myc	がん原遺伝子産物で皮膚幹細胞制御	#6
Vav3	がん原遺伝子産物で細胞骨格調節	(387)
Kit	受容体型チロシンキナーゼで幹細胞因子	(352)
IL22	病原菌防御サイトカイン	(352)
IL10	炎症抑制サイトカイン	(338)
Slug	EMT 誘導の転写抑制因子	(383)
Blimp1	c-Myc を抑制する転写抑制因子	(436)
p27^{Kip1}	サイクリン依存性キナーゼ阻害因子	(400)

#1: *Proc. Natl. Acad. Sci. USA.* 87, 3826-3830 (1990)
#2: *J. Biol. Chem.* 278, 15001-15006 (2003); *J. Biol. Chem.* 271, 3952-3958 (1996)
#3: *J. Biol. Chem.* 266, 4556-4561 (1991)
#4: *Pharmocogenetics*, 9, 569-580 (1999)
#5: *Drug Metab. Dispos.* 33, 956-962 (2005)
#6: *Oncogene*, 24, 7869-7881 (2005)

無脊椎動物 AhR の生理機能

　約 5.7 億年前に出現した線形動物の線虫や節足動物のショウジョウバエにも AhR は存在しており，それらは AhR の生物学的機能を知るうえでの重要な実験動物として利用されています。両者の AhR は哺乳類 AhR と類似した性質を保持しており，AhR/ARNT のヘテロ 2 量体は XRE 配列を持つ DNA と DNA 結合複合体を形成することが示されています。しかしながら，哺乳類などの AhR は TCDD などのリガンド結合能がありますが，線虫，ショウジョ

ウバエ AhR にはこのような化学物質に対する結合能がありません。無脊椎動物の AhR は，環境に応答するための細胞の機能と構造の形成に重要な役割を持っていることが明らかにされつつあります。一方，AhR の TCDD 結合能は脊椎動物の初期に出現した最初の魚類である無顎類（約 4.7 億年前のオルドビス紀に出現）において初めてその性質が獲得されたようです。

a）線虫（*C. elegans*）

雌雄同体の動物である線虫は体長が ~1 mm で 302 個のニューロンを含む 959 個の体細胞で構成されています。線虫の個々の細胞はその形態と位置，細胞特異的なマーカーによって同定されており，細胞レベルでの遺伝発生学に有効なモデルシステムを提供しています。線虫の AhR 及び ARNT オーソログはそれぞれ *ahr-1* と *aha-1* 遺伝子にコードされています。AHR-1 タンパク質は 602 アミノ酸で構成されており，哺乳類 AhR と同様に HSP90 とは結合しますが，XAP2 とは結合しません。AHR-1 タンパク質の唯一の結合パートナーは AHA-1 であり，XRE 配列を認識して DNA 結合複合体を形成することが示されています（298）。AHR-1 は主に神経ニューロンに発現しているので，*ahr-1* 遺伝子欠損の線虫では特定の神経系の機能が欠損している個体が出現します。たとえば，線虫の GABA 可動性介在ニューロンでは RMED，RMEV，RMEL，RMER と呼ばれる 4 種類のニューロンで神経伝達物質である γ-アミノ酪酸（GABA）を発現して頭部の筋肉運動を調節しています。AHR-1 タンパク質は RMEL と RMER ニューロンで発現しています。*ahr-1* 遺伝子欠損の線虫は致死性ではありませんが，RMEL と RMER ニューロンが RMED，RMEV ニューロンのような細胞に変化し，他方，RMED，RMEV ニューロンに *ahr-1* 遺伝子を過剰発現させると RMEL と RMER ニューロンのように細胞が変化をきたします。このように，線虫の AHR-1 はニューロンを構成している細胞の運命を決定する役割を持っていることが示唆されています（315）。

b）ショウジョウバエ（*D. melanogaster*）

哺乳類の AhR と ARNT に対応するショウジョウバエのオーソログはそれ

ぞれ *spineless* 及び *tango* 遺伝子にコードされています。Spineless タンパク質は 884 アミノ酸で構成されており，bHLH，PAS ドメインなども保存され，哺乳類 AhR と構造的に類似しています (298)。Spineless のリガンド結合ドメインには哺乳類 AhR での TCDD 結合に重要なアミノ酸残基が保存されておらず，TCDD などのリガンド結合能がありません。しかしながら，Spineless は Tango タンパク質とヘテロ 2 量体を形成し，昆虫細胞の XRE 依存的な標的遺伝子を活性化します (316)。*spineless* 遺伝子欠損動物の研究から，AHR のいくつかの生物的機能が示唆されています。

　その 1 つは，ショウジョウバエの AhR オーソログは触覚と脚の末端部の境界を明確にする重要な役割を果たしていることです (299)。*spineless* 遺伝子欠損によって引き起こされる触覚の変化と脚部の欠損は恐らく先祖がえりと考えられ，Spineless は節足動物での四肢の末梢構造の進化に中枢的な役割をはたしていることが示唆されています。また，神経細胞の持つ樹状突起は固有な形態を有し，その樹状分枝パターンは固有な神経連結の重要な決定因子となっていますが，発生に伴って神経細胞に特有な樹状分枝がどのようなメカニズムで形成されるかについてはよくわかっていません。最近の研究によると Spineless (AHR) は樹状突起の多様性発現に必要な因子ではないかと示唆されており (317)，さらに，別の生物機能として色覚の決定に重要な役割を演じていることも報告されています (318)。

AhR・ARNT の発生過程での発現

　AhR の生物学的機能を明らかにするためには，動物の発生過程での AhR 及びそのパートナーである ARNT の発現についての情報が必要となります。B. アボットらはマウスの妊娠後 (Gestation day: GD) 10-16 日の胎仔での両者の mRNA，タンパク質の発現形態を主に組織化学的手法で調べています。AhR は GD10 において，発生途上である脳の神経上皮，内臓弓 (広義の鰓弓で，発生的に咽頭弓内に発した骨格成分で内臓頭蓋の構成要素)，心臓で高発現しています。神経上皮の陥入により神経管が形成され，神経管を構成する神経上皮細胞の増殖と分化によりニューロンが産生されます。鰓弓細胞でも発

現が観察されますが，この細胞の由来は神経上皮です．神経上皮細胞では核内に AhR が確認されます．GD11 においては，GD10 のパターンと類似して，脳，内臓弓，内耳や眼の原基となる初期胚プラコード（感覚器官や神経節の起源となる外胚葉性の肥厚），心臓に発現しています．mRNA は神経上皮及び三叉神経プラコードで高発現しており，肢芽（四肢類外肢の原基）や外胚葉性細胞でも中程度の発現です．この時期の肝での発現は低いようです．GD12 においては脳，顎骨弓，心臓，肝で発現しています．GD13 では初期に比べて脳や心臓での発現は減少しています．それに比べて肝での発現は発生の経過と共に増加し，核での分布が亢進しています．メッケル軟骨などの骨形成領域でも AhR が発現しています．肺や腎での気管支上皮や尿管芽での AhR mRNA はそれぞれが隣接している間充組織（間葉）よりも強く発現していることが観察されています．GD14-16 にかけて，肝及び副腎の発現が亢進しています．さらに外胚葉由来の組織（表皮・神経系），骨，筋肉にも AhR 発現が見られます．AhR の発現は細胞，器官・組織，発生時期特異的であることから，正常マウスの発生において重要な役割をはたしていることが示唆されています (319)．しかしながら，これらの発現が機能とどのように結びついているか，これまでの *AhR* 遺伝子欠損マウスの解析からは明らかにされていません．意味のない発現なのか，AhR の機能が他の因子によって代替されているのか，さらに詳しい解析が期待されます．

　ARNT についても同様な研究がなされています．GD10-11 においては神経管の神経上皮細胞，内臓弓，耳及び目のプラコードに強い発現が見られ，心臓でもかなりのレベルで発現しており核での存在が確認されています．GD11 を過ぎると心臓と脳での発現レベルは低下します．GD12-13 では，肝での発現は最も高く，発現は発生の経過に伴って増加します．GD15-16 においては副腎と肝で高い発現が観察されます．また，顎下腺，外胚葉，舌，骨，筋肉などでも観察されています．ARNT の発現パターンは必ずしも AhR とは一致しない場合も見られることから，その発生学的な役割は AhR 以外の PAS タンパク質と結合して機能を発現することである可能性も示唆されます (320)．

　成体マウス，ラット及びヒトにおける AhR/ARNT の発現についても検討

されており，肺，心臓，肝，腎，腸，胸腺，脾臓，卵巣，精巣など幅広い組織にその発現が確認されています。

脊椎動物 AhR の生理機能

第7章において述べましたが，*AhR*遺伝子欠損（*AhR*$^{-/-}$）マウスは1995年から1997年にかけて3つのグループで作製されました。遺伝子欠損マウスは比較的に小型ですが生育可能であり，繁殖能を有しているという基本的な性質は共有しています。*AhR*遺伝子欠損マウスが作製されてから20年近く経ちますが，野生型（*AhR*$^{+/+}$）マウスとの比較から AhR の持つさまざまな発生学的，生理的機能が明らかになってきました。

1）正常肝の成長・発生における AhR の役割

*AhR*遺伝子欠損マウスの肝臓は野生型マウスに比べ重量比で25~50%減少していることが観察されています（285-287）。ヘテロ型（*AhR*$^{+/-}$）マウスの肝重量は野生型と差はありません。肝葉などの形態的構造には大きな異常はみられませんが，肝門脈系で顕著な線維化が生後2~3週齢ぐらいから観察されます。マウスの自然発症的な肝線維化はごくまれな所見であり，特殊な肝毒性を示す化学物質で誘導できることが知られています（321）。さらに輸胆管に中程度の炎症が生じている（胆管炎）ことも見られます。また，一過性の小胞状の脂肪変性や髄外造血期間が長引くことなどから，AhR は正常な肝臓の成長・発生に関与していることが示唆されています。

C.ブラッドフィールドらは*AhR*遺伝子欠損マウスでの肝縮小メカニズムの研究を進めています。肝臓の縮小は遺伝子欠損マウスの肝実質細胞が小さく，細胞質の占める割合が低下していることに由来すると考えられます。肝重量の相対的な低下や肝細胞の大きさの縮小は飢餓などの栄養条件や，門脈系と全身性静脈系との間に短絡血管ができ異常な血流の交通路が形成されたことにより生じることが知られています。解析の結果，遺伝子欠損マウスの肝では60%近くの門脈血流が肝の洞様毛細血管を迂回していることが示され，短絡血管が形成されていることが示唆されました（322）。野生型マウス

では血液は門脈から毛細血管をへて下大静脈に流れますが，欠損動物では門脈から直接的に下大静脈に流れ込み，両者をつなぐ短絡血管が実際に存在していることが確認されています．この短絡血管は胎仔期の肝に接する静脈で，出産直後に退化してしまう静脈管の遺物であることが示唆されています（323）．さらに，AhR NLS（255）や DNA 結合領域（324）に変異を導入して AhR の機能を抑制させたマウスや，ARNT の発現レベルを低く制御したマウス（325）においても同じような静脈管を持つ肝臓が観察されています．また，遺伝子欠損マウスの洞様血管構造は複雑な網状連絡構造を示し，この特徴は野生型マウスの胎仔型と類似しています．これらの結果から AhR は胎仔型肝から正常な成人型肝への成長・発生に重要な血管構造の形成に関与していると考えられ，AhR の発生学的なシグナリングにおいても ARNT が必須であることも明白になりました．

これまで肝臓では AhR が関与する反応として，薬物の誘導的代謝，TCDD による毒性発現，そして発生における血管系の構築などが検討されてきました．肝臓は肝実質細胞のほかに，非実質細胞としてクッパー細胞，洞様内皮細胞など異質な数種類の細胞から構成されており，肝臓での AhR の多彩な機能が細胞特異的な AhR シグナル経路によって担われるかどうかを明らかにすることが必要です．この問題を解決するために，特定の細胞で選択的に *AhR* 遺伝子発現を抑制制御できるシステムを導入したマウス（コンディショナル遺伝子欠損マウス）を利用した研究が行われています．その結果，肝実質細胞の AhR シグナル経路で化学物質の薬物代謝や TCDD 暴露による毒性発現への応答作用が担われ，門脈体静脈短絡を形成する胎仔型静脈管の除去作用には内皮細胞・造血細胞系の AhR シグナル経路が必要なことが示唆されています．すなわち，細胞特異的な AhR シグナル経路で異なった AhR 依存的な生物現象が担われていることがわかってきました（326）．

しかしながら，AhR と結合している XAP2 の遺伝子欠損マウスは心臓奇形などで致死性であることが知られており（327），肝実質細胞で選択的に XAP2 の発現を抑制したマウスの研究結果からは ①肝実質細胞の細胞質に高発現している AhR は XAP2 発現抑制で減少すること，② XAP2 発現抑制で TCDD 暴露による毒性発現が抑制されるが，化学物質を代謝する P450 の TCDD に

よる誘導は遺伝子間で違いがあり，Cyp1b1，AhRR は XAP2 の発現を必要とするが，Cyp1a1，Cyp1a2 では必要としないことが報告されています (328)。これらのことから，肝実質細胞での AhR シグナル系はさらに XAP2 依存性，非依存性に分かれる可能性がありますが，今後の研究の進展が期待されます。

2）造血系細胞での AhR の発現と機能
a. 単球・マクロファージ細胞系列での AhR 発現

　血球の新生は一般的には造血と呼ばれますが，個体発生の面からは，胎生期造血，成人期（出生後）造血及び出生後の髄外造血に分けられます。胎生期造血は卵黄嚢造血（ヒト胎生2週齢ごろから卵黄嚢で有核の原始赤芽球を生成），肝・脾造血（胎生2か月ごろから卵黄嚢造血が衰退し，肝での赤芽球の生成と無核赤血球への成熟，白血球や血小板などの前駆細胞の出現，脾臓でのリンパ球の生成），骨髄造血（胎生3〜5か月から骨髄での造血が開始されて7〜8か月で肝・脾造血を上回り，リンパ組織・胸腺でのリンパ球生成が始まります。肝・脾造血は低下します）と変遷します。成人期造血はこれを引き継ぎ，骨髄で赤血球，白血球や血小板などを産生し，胸腺・リンパ組織がリンパ球中のT細胞，B細胞の成熟に関与しています。また，髄外造血は出生後に肝・脾蔵などで造血される状態をさし，胎生期造血を担った組織の先祖返りとも見られます。図8-2には造血系細胞の分化模式図を示しています。血球はすべて共通の多分化能造血幹細胞に由来し，多分化能造血幹前駆細胞，リンパ系・骨髄系共通前駆細胞から多くのサイトカインの作用によって分化した血球細胞が生成されると考えられています。

　ヒトの末梢血で AhR/ARNT が発現しており，主に単球成分の画分に AhR が存在していることが見出されました (329)。また，単球由来の白血病細胞である U937, THP1, HEL/S では AhR が高発現しており，前骨髄性白血病細胞株である HL60 や HEL では中庸な発現が観察されました。HL60 や HEL はそれぞれ TPA やビタミン D_3 + TGF-$β_1$ 添加という異なった処理で単球に分化誘導できることが知られており，処理後の AhR 発現を調べたところ TPA 処理した HL60 では5〜20倍，ビタミン D_3 + TGF-$β_1$ 処理した HEL では5〜7倍

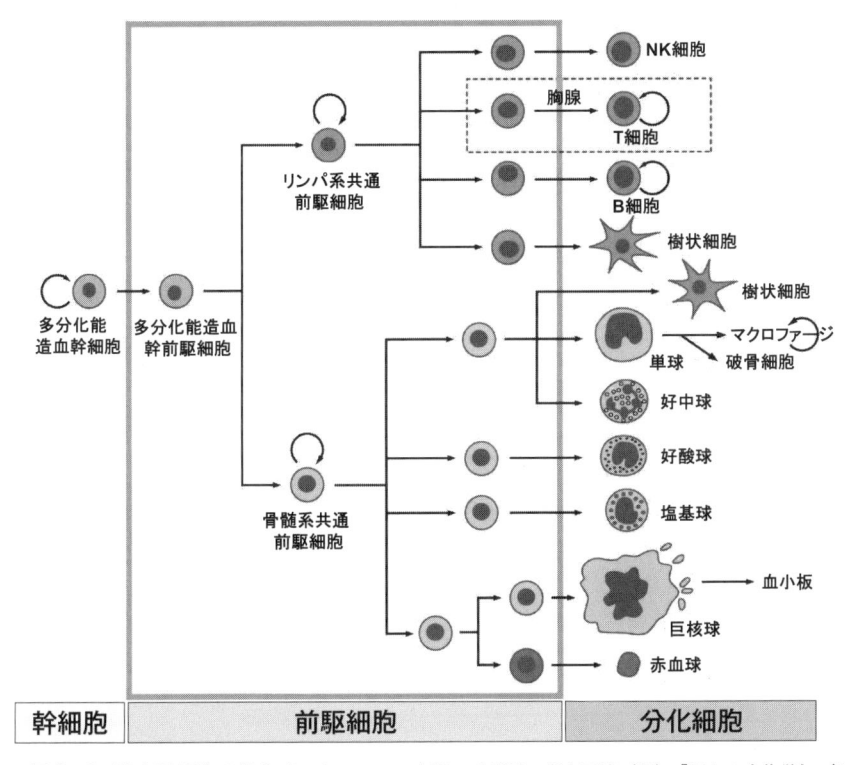

第 8 章　AhR の本来的な生物機能と毒性発現　　143

図 8-2　造血系細胞の分化［ワインバーグ（著），武藤誠・青木正博（訳）：『がんの生物学』，南江堂（2008），p.469 より引用，作成］

多分化能造血幹細胞（HSC）が免疫系および血中のほとんどすべてのタイプの細胞を産生できることを示している．1 つのタイプの HSC からリンパ系および骨髄系の細胞タイプを産生することを運命づけられた 2 つのタイプの前駆細胞が形成され，前者からはさまざまなタイプの免疫細胞が，後者からは赤血球，血小板，白血球が分化してくる．

の AhR mRNA の発現誘導が確認されました．AhR の発現誘導は単球・マクロファージ細胞系列特異的な血球分化に連動した現象であり，AhR が血液細胞の分化誘導において重要な調節因子として機能することが示唆されるとともに，生物現象で AhR の誘導的発現が明らかにされた最初の例となりました(330)．

b. マクロファージでのAhR発現と炎症抑制

LPS（リポ多糖でグラム陰性菌の外膜成分として存在する毒性物質エンドトキシンの本体）はTLR4（Toll-like receptor 4）を介して免疫細胞を活性化することが知られていますが、特にマクロファージが活性化された場合には炎症性サイトカイン［インターロイキン(IL)-1β/IL-18、IL-6など］がマクロファージから多量に産生され、敗血症を引き起こします。そのメカニズムとして、①LPSによってASC（Apoptosis-associated Speck-like protein containing a Card）やカスパーゼ-1前駆体などによるインフラマソーム複合体形成の促進とカスパーゼ-1の活性化が生じ、IL-1β/IL-18前駆体のプロセッシングと成熟型サイトカインの分泌がマクロファージで促進されること、②LPSでNF-κBによる *IL-6* 遺伝子の転写誘導が促進され、炎症性サイトカインIL-6が血清中に多量に分泌されること、などが示唆されています。単球・マクロファージ細胞系列特異的な分化においてAhRは発現誘導されることは述べましたが、LPSや腸内細菌によってもマクロファージでのAhRの誘導が見ら

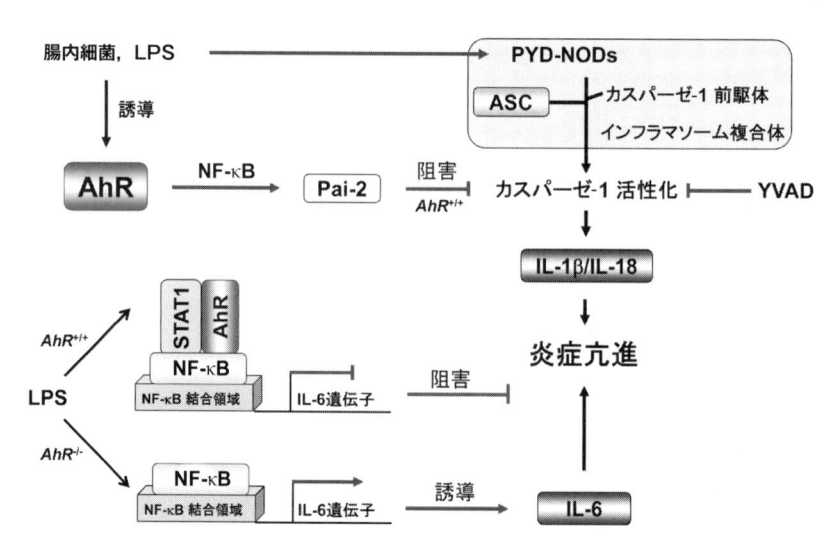

図8-3 マクロファージでの炎症抑制とAhR ［文献（334）より引用、作成］

マクロファージではLPSにより活性化され炎症性サイトカインが分泌されるが、AhRはカスパーゼ-1の活性化を抑制するPai-2発現を促進して炎症を抑制する。

れます．*AhR* 遺伝子欠損マウスではLPSによる敗血症ショックに対する感受性が顕著に亢進していることから，AhR はマクロファージにおいて炎症抑制の働きをすると考えられます（図8-3）．そのメカニズムとして，野生型マウスにおいては，① AhR がカスパーゼ-1 の活性化を抑制する作用をもつ *Pai-2*（Plasminogen activator inhibitor-2）遺伝子発現を促進し，インフラマソーム依存的な炎症を抑制する（331），② LPS による NF-κB 依存的な *IL-6* 遺伝子転写誘導を AhR と Stat1 との複合体によって抑制する（332），③リステリア菌などの感染で AhR が活性化されると，抗アポトーシス因子である AIM の誘導が起こり，NADPH オキシダーゼの誘導による活性酸素分子種（ROS）の産生でリステリア菌が殺菌される（333），ことなどが考えられます．なお，*AhR* 遺伝子欠損マウスで観察される LPS による敗血症ショックは，*ASC* 遺伝子と *AhR* 遺伝子との二重遺伝子欠損マウスにおいてその亢進から回復することが最近の研究によって明らかにされました（334）．

c. ヘルパー T 細胞分化における AhR の役割

図8-2に示しましたように，胸腺でT細胞としてプログラムされ末梢に流れ出たナイーブT細胞（CD4$^+$T：胸腺で成熟し一度も抗原刺激をうけていないリンパ球）はそのままでは感染などの非常事態に対応する能力はなく，抗原提示細胞（樹状細胞など）で活性化され，特殊なサイトカインの存在下でヘルパー T 細胞へと分化する必要があります．ヘルパー T 細胞にはその特性によって数種類の亜系（サブセット）が存在することが知られています．代表的なものとして，Th1 細胞（T-Bet）は IL-12 で分化誘導され，IFNγ，TNFα を産生して抗細菌免疫や抗ウィルス作用に機能します．Th2 細胞（GATA-3）は IL-4 で分化誘導され，IL-4，IL-13 を産生して抗体産生，アレルギー，液性免疫に関与します．Th17 細胞（RORγT）は TGFβ と IL-6 の共存下で誘導され，IL-23 で Th17 細胞の増幅と維持がなされて IL-17，IL-22 が分泌され，炎症反応，自己免疫疾患，感染免疫に関係します．Treg 細胞（Foxp3）への分化は TGFβ で誘導され，抑制性サイトカイン IL-10 や TGFβ を発現して免疫抑制，免疫寛容に機能します．タイプ1型の制御性 T 細胞である Tr-1 細胞（c-Maf）は TGFβ と IL-27 の同時存在下で誘導され，IL-10 を発現して炎症抑

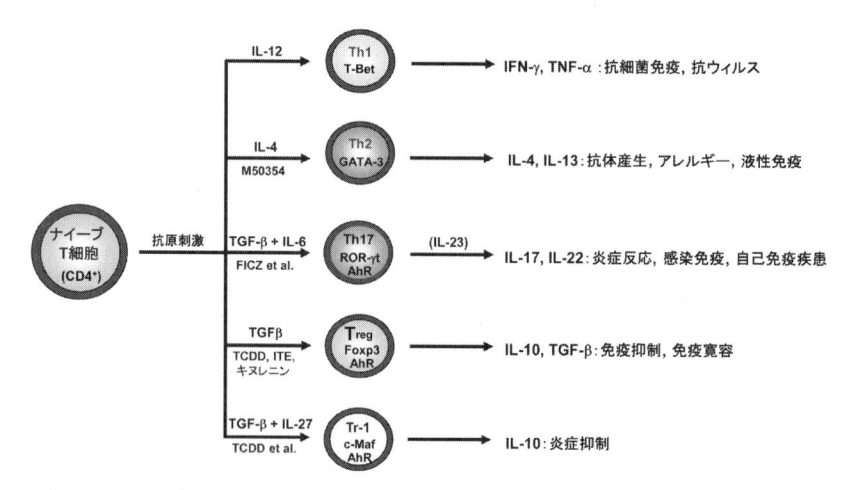

```
                                IL-12        ┌─────┐
                    ┌──────────────────────→  │ Th1 │  ──→  IFN-γ, TNF-α：抗細菌免疫，抗ウィルス
                    │                         │T-Bet│
                    │                         └─────┘
                    │           IL-4          ┌─────┐
                    │    ──────────────────→  │ Th2 │  ──→  IL-4, IL-13：抗体産生，アレルギー，液性免疫
                    │         M50354          │GATA-3│
  ┌──────┐          │                         └─────┘
  │ナイーブ│  抗原刺激 │      TGF-β + IL-6       ┌─────┐
  │ T細胞 │─────────┤    ──────────────────→  │ Th17│    (IL-23)
  │(CD4⁺)│          │       FICZ et al.       │ROR-γt│  ──────→  IL-17, IL-22：炎症反応，感染免疫，自己免疫疾患
  └──────┘          │                         │ AhR │
                    │                         └─────┘
                    │         TGFβ            ┌─────┐
                    │    ──────────────────→  │Treg │  ──→  IL-10, TGF-β：免疫抑制，免疫寛容
                    │       TCDD, ITE,        │Foxp3│
                    │        キヌレニン         │ AhR │
                    │                         └─────┘
                    │     TGF-β + IL-27       ┌─────┐
                    └──────────────────────→  │Tr-1 │  ──→  IL-10：炎症抑制
                           TCDD et al.        │c-Maf│
                                              │ AhR │
                                              └─────┘
```

図 8-4　ナイーブ T 細胞分化での AhR 発現と免疫制御［文献（345）より引用，作成］
ナイーブ T 細胞から T 細胞サブセットが分化する。AhR は Th17, Treg, Tr-1 細胞で発現しており，異なった AhR リガンドで T 細胞サブセット分化の方向性が異なることが指摘されている。

制に関与します。なお，サブセット名の下にはマスター転写因子を示しています（図 8-4）。このようにナイーブ T 細胞から異なったサイトカインの存在下で特異的機能を有するヘルパー T サブセットに分化しますが，この際にも AhR の発現が誘導されることがわかってきました。Th17 細胞への分化において野生型マウスのナイーブ T 細胞では TGFβ と IL-6 の同時存在により AhR の発現誘導と IL-17, IL-22 の分泌が促進されること，*AhR* 遺伝子欠損マウスでは Th17 への分化が抑制され IL-17 の発現誘導が低下することなどから，AhR の存在が Th17 分化に必要であることが示唆されました（335, 336）。AhR がどのようなメカニズムで Th17 細胞の分化に関わるかについては，AhR が STAT との相互作用によって Th17 分化を調節することや（336），Notch シグナリングで AhR が活性化されて IL-22 産生が誘導されること（337）などが示唆されています。また，Tr-1 細胞は TGFβ と IL-27 の同時存在下で誘導されますが，この分化においても AhR が誘導されることが確認されています。Tr-1 細胞では炎症抑制の IL-10 を発現することが知られていますが，これは *IL-10* 遺伝子のプロモーターに存在する XRE と c-Maf 結合配列（MARE）にそれぞれ AhR

とマスター転写因子 c-Maf が結合し，その相乗作用で IL-10 の発現が亢進すると考えられています（338）。AhR は環境の変化をモニタリングして T 細胞の分化の方向性に重要な役割を果たしており，分化に伴う AhR 発現誘導の分子機構の解明が期待されます。

d. AhR リガンドは免疫に影響を与える

AhR は免疫促進と抑制という対照的な機能を持つ Th17 と Treg への分化の方向性を，リガンド特異的に調節していることが示唆されています。例えば，マウスにミエリン塩基性タンパク質を投与して発症させる自己免疫疾患マウスモデルであるアレルギー性脳脊髄炎（Experimental Autoimmune Encephalomyelitis: EAE）の系において，TCDD や内在性リガンドである ITE（第 7 章）は Treg の分化誘導を促進して EAE を改善し（339），同じく内在性リガンドの FICZ（図 7-3）は Th17 を誘導して EAE を悪化させることが示されています（335, 340）。また，抗アレルギー薬である M50367 の代謝産物 M50354 は AhR アゴニストであり，ナイーブ T 細胞の Th2 細胞への分化を抑制して，Th1/Th2 バランスを Th1 が優勢の方向に導くことが示唆されています（341）。強い抗炎症性低分子化学物質である VAF347 は樹状細胞とナイーブ T 細胞の相互作用に介入して機能性 T 細胞分化に影響を与え，その分子標的は免疫モデュレーターとして AhR シグナル伝達系を活性化するアゴニストであることが示唆されています（342）。さらに，コラーゲン処理での実験的リューマチ誘発マウスモデルにおいて，AhR 遺伝子欠損マウスではリューマチの発生が抑制され，特に T 細胞で特異的に AhR を欠損させたマウスで効果的であることが示されています（343）。適切な AhR アゴニストやアンタゴニストを使用することにより，さまざまな免疫疾患治療への応用が進展することが期待されます。同時に，人々の食生活や生活習慣，環境中の TCDD などの汚染物質によって，私たちの健康を支える重要な免疫システムの基盤が影響を受けることが危惧されます（344, 345）。

e. TCDD による免疫抑制作用—キヌレニンによる AhR 依存的 Treg 分化促進
インドールアミン 2,3-ジオキシゲナーゼ（IDO）は樹状細胞（Dendritic cells:

DCs）に存在しアミノ酸のトリプトファンからキヌレニンに至る分解の最初の反応を触媒する免疫抑制酵素であり，~6億年もの長い期間にわたってさまざまな生物に保存されています (346)。マウスに TCDD を投与すると AhR 依存的に胸腺縮退が生じて，免疫抑制反応を引き起こし，また，Treg 細胞への分化には IDO が関与することも知られていました。トリプトファンの分解産物であるキヌレニン（図7-3）は内在性 AhR リガンドとして知られており，キヌレニンが AhR を活性化してナイーブ T 細胞から Treg 細胞を誘導することが一連の研究から明らかにされました。すなわち，① TCDD 暴露により樹状細胞では AhR 依存的な IDO の発現誘導が見られる，② IDO の働きで生成したキヌレニンは AhR 依存的にマスター転写因子 Foxp3 の発現を誘導してナイーブ T 細胞から Treg 細胞への分化を促進し，この誘導は TGFβ が存在すると最大になる，③ *AhR* 遺伝子欠損マウスのナイーブ T 細胞ではキヌレニンは Treg 分化を導かない，④ TGFβ の存在により AhR の発現も誘導され，キヌレニンによる AhR 依存的な転写活性が誘導されることなどが明らかになりました (214)。TGFβ と IL-6 の同時存在下での Th17 への分化は FICZ では誘導され，キヌレニンでは誘導されません。このように，TCDD は樹状細胞で AhR 依存的に IDO を誘導して内在性 AhR リガンドのキヌレニン産生を促進させ，これが AhR を活性化して Treg 細胞への分化を誘導し免疫抑制作用が増強されることが考えられます。

f. AhR と造血幹（前駆）細胞の増殖維持

　白血病を含むある種の血液疾患の治療に造血幹細胞（HSCs）・造血前駆細胞（HPCs）（図8-2）の移植は効果的ですが，移植組織の供与者と受容者間の組織適合抗原の相違による拒絶反応や HSCs/HPCs の細胞数が極めて少ないという量的問題が存在しています。後者の問題を解決するために，HSCs/HPCs の数を特異的に増加させる化合物の同定が検討されてきました。HSCs/HPCs の細胞表面に発現している CD34 や CD133 をマーカーとして，プリン誘導体である StemRegenin 1（SR1）という化合物がある種のサイトカイン存在下で効果的に HSCs/HPCs 細胞を増加させることが明らかにされました (347)。

SR1の作用機構の研究からSR1はAhRのアンタゴニストであることが明らかになりました（図7-4）。この結論は，AhRとの結合実験及びAhR依存的な遺伝子発現の阻害効果から示唆されたものであり，別のAhRアンタゴニストであるα-ナフトフラボンやCH223191の添加や，AhR shRNAsによるAhR発現抑制でもHSCs/HPCs細胞を増加させることが確認されています。さらに，*AhR*遺伝子欠損マウスのHSCs/HPCs細胞では増殖速度の増加などの異常な性質が観察されています（348）。従って，HSCs/HPCsに発現しているAhRは造血幹（前駆）細胞の増殖速度を維持するという重要な役割を持っていることが示唆されています（349, 350）。

　g. AhRによる自然免疫リンパ球様細胞の維持とリンパ濾胞形成
　腸粘膜における上皮細胞の恒常性維持や適応の促進，病原菌からの防御という重要な生体防御反応はレチノイド受容体関連オーファン受容体（RORγt）を発現している自然免疫リンパ球様細胞（Innate Lymphoid Cells: ILC）により担われており，それによって腸の炎症性疾患から宿主（ヒト）は守られています。RORγt$^+$ ILCの働きは環境因子によって大きな影響を受けていますが，そのシグナルとそれに対応する分子センサーについてほとんどわかっていませんでした。最近になり，AhRが腸でのRORγt$^+$ ILCと上皮内リンパ球の生誕後の維持を司る中枢的な調節因子であることが明らかになってきました（351-353）。リンパ球の発生と分化を司る骨髄や胸腺を一次リンパ組織といい，成熟したリンパ球やその他の免疫細胞が組織化されて集積し，獲得免疫応答が誘導される組織を二次リンパ組織と呼びます。これには脾臓やリンパ節，各種粘膜付属リンパ組織が含まれます。RORγt$^+$ ILCはリンパ組織誘導機能を有し，リンパ節やパイエル板などの二次リンパ組織の出生前の発生に必須ですが，その発生にはAhRシグナルは無関係です。誕生後には腸での吸収上皮細胞による再吸収の開始によって，緑黄色野菜などに由来するインドール-3-カルビノール（図7-3）などのAhRリガンドが腸組織で増加します。RORγt$^+$ ILCはCD4$^+$を発現しているものとしていないもの（CD4$^-$）に分けられ，胎仔では主にCD4$^+$RORγt$^+$ ILCとして存在し，誕生後の小腸などでは90％近くがCD4$^-$RORγt$^+$ ILCとして存在しています。CD4$^+$RORγt$^+$ ILCは増

殖速度も遅く，絶対数は誕生後もほとんど変化しませんので CD4⁻ の性質を持つ RORγt⁺ ILC が爆発的に増加することになります。AhR 発現は CD4⁻ タイプの方が多く，活性化された AhR シグナルは CD4⁻ RORγt⁺ ILC の増加を誘導し，クリプトパッチと呼ばれる粘膜固有層のリンパ組織やリンパ濾胞（lymphoid follicle）の形成が促進されます。*AhR* 遺伝子欠損マウスにおいては CD4⁻ RORγt⁺ ILC の増加が見られず，クリプトパッチやリンパ濾胞などの形成欠失につながると考えられます（図 8 - 5）。従って，AhR は誕生後の RORγt⁺ ILC のプールサイズの調節・維持と誕生後に発生する二次リンパ組織の形成に関与していると考えられますが，実際に関与している AhR リガンドの同定は今後の課題です（352）。

AhR はさらに，① RORγt⁺ ILC の性質を維持するための遺伝子発現の調節や，② RORγt と協調的に作用して IL-22 産生を誘導し，病原菌からの保護作用を強化する働きをしています（図 8 - 6）。①の例として，粘膜での RORγt⁺ ILC の維持に重要である幹細胞因子受容体である Kit は，AhR リガンドによ

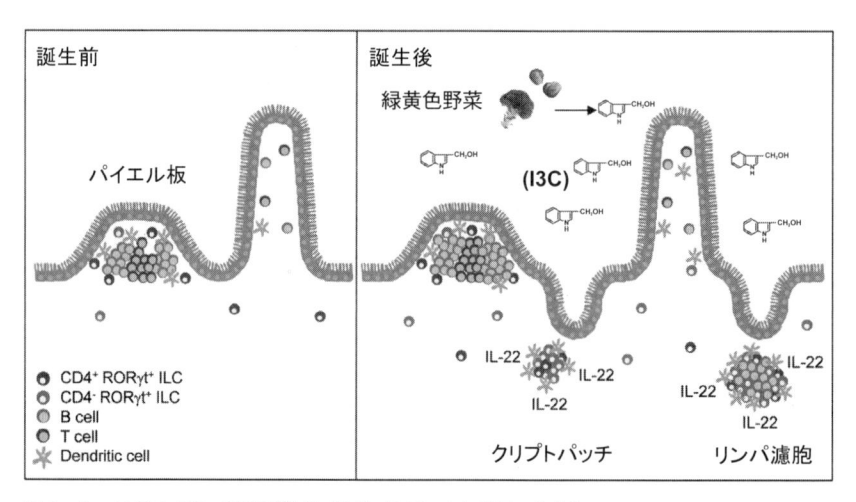

図 8 - 5　AhR とリンパ濾胞形成 ［文献（352）より引用，作成］

レチノイド受容体関連オーファン受容体（RORγt⁺）を発現している自然免疫リンパ球様細胞（ILC）は腸における感染防御に重要な働きをする。AhR は腸での RORγt⁺ ILC と上皮内リンパ球の生誕後の維持を司る中枢的な調節因子であり，二次リンパ組織（クリプトパッチ，リンパ濾胞など）の形成に関与する。

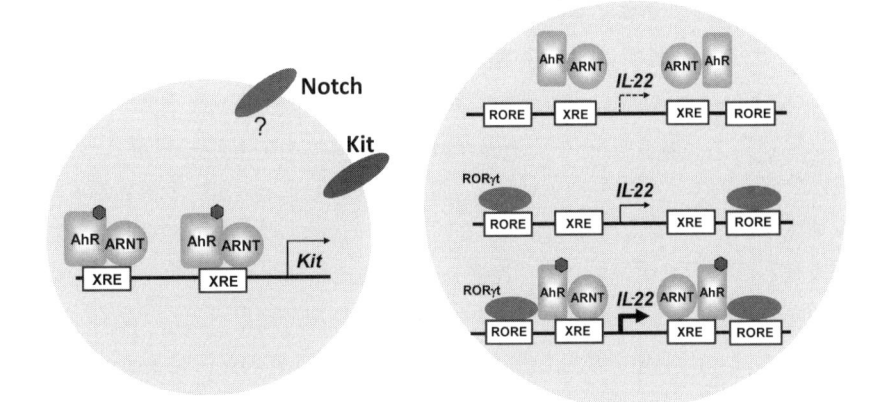

図 8-6 AhR による *Kit* 及び *IL-22* 遺伝子の転写制御［文献（352）より引用，作成］

AhR は RORγt⁺ ILC の性質を維持する上で重要な受容体型チロシンキナーゼ *Kit* 遺伝子の転写を促進し，RORγt と協調的に作用して IL-22 を誘導して感染防御に関与する。

り発現が誘導されること，*Kit* 遺伝子プロモーターには XRE が存在し実際に AhR/ARNT が結合していること，*AhR* 遺伝子欠損マウスでは Kit の発現が低下することから *Kit* 遺伝子は直接的に AhR の制御を受けるようです。Notch も AhR の標的遺伝子として同定されていますが，RORγt⁺ ILC で直接的な制御を受けているかについては不明です。②については，AhR と RORγt による協調的発現が提案されています。*AhR* 遺伝子欠損マウスでは誕生後の CD4⁻ RORγt⁺ ILC の増加と二次リンパ組織が共に欠如し，IL-22 の発現低下により，マウス腸病原菌（*Citorobacter rodentium*）に対する感染の感受性が著しく高まることが確認されています。図 8-6 に示されたメカニズムは T 細胞株により導かれた結果ですので，同じことが RORγt⁺ を発現している自然免疫リンパ球様細胞で見られるかについての検証が必要です（352）。

3）生殖腺での AhR の発現と機能

この項では雄と雌の生殖システムで見られる発生学的及び機能発現における AhR の役割について概説します。

a. 雌の生殖システムにおける AhR の役割

　雌の生殖系の機能は視床下部（Hypothalamus）・下垂体（Pituitary）・卵巣（Ovary）という HPO 軸による高度に調節されたフィードバックシステムで担われています。視床下部では生殖腺刺激ホルモン放出ホルモン（GnRH）の合成と分泌をして下垂体前葉を刺激し，濾胞刺激ホルモン（FSH）と黄体形成ホルモン（LH）の合成と分泌を促進します。FSH はその受容体と結合して卵胞の成長とエストロゲンの産生を促進します。LH は卵巣で受容体と結合して排卵を刺激します。下垂体ホルモンに応答して卵巣で産生されたステロイドは視床下部，下垂体前葉に作用し，GnRH，FSH，LH の産生はネガティブフィードバックによって抑制されることになります。また，卵巣で産生されたステロイド（エストロゲン，プロゲスチン，アンドロゲン）は雌の生殖腺付属器官（輸卵管，子宮，膣など）の機能維持に重要な役割を持っています。AhR は HPO 軸における全ての部位で発現しており，雌の生殖系でのさまざまな機能に関与していると考えられます。

　AhR 遺伝子欠損雌マウスでの生殖能について検討されています（354）。遺伝子欠損マウスでは野生型マウスと比較して，① 1 回の妊娠での産仔数は約 40% に低下しておりその頻度も減少していること，②卵巣の大きさの低下，性周期の異常，卵胞の成長異常（黄体の形成欠失），排卵数の減少なども観察され，卵巣内でのエストロゲン濃度が減少していることが示されています。エストロゲンはコレステロールから P450 を中心とした多くの代謝酵素によって段階的に合成されますが，*AhR* 遺伝子欠損雌マウスではその最終ステップを触媒するアロマターゼと呼ばれる P450 分子（Cyp19）の発現が mRNA，タンパク共に減少していることが明らかにされました。減少のメカニズムとして，① AhR とアロマターゼ（Cyp19）は発情前期のマウス卵巣顆粒層細胞に共局在すること，②アロマターゼ遺伝子（*Cyp19*）の転写制御領域に XRE が存在することから，AhR/ARNT 複合体がアロマターゼ遺伝子の転写活性化に関与している可能性が示唆されました。その結果，ステロイドホルモン産生に重要な核内受容体である Ad4BP (SF-1) と AhR/ARNT 複合体が協調的に作用してアロマターゼの発現量を誘導していることが証明されました（図 8-7）。この協調的発現誘導はヒト細胞でも確認されています。AhR/

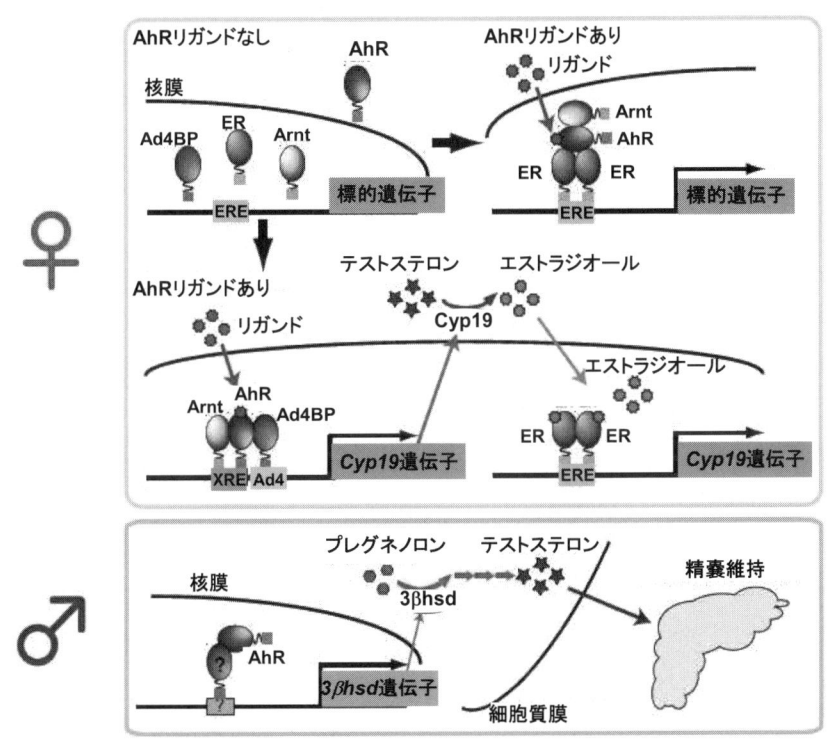

図 8 - 7　AhR の生殖における役割［馬場崇，諸橋憲一郎：『細胞工学』Vol.26 No.12（2007），p.1370 より引用，作成］

AhR は卵巣顆粒層細胞において Ad4BP/SF-1 と協調的に *Cyp19*（アロマターゼ）遺伝子の転写を活性化してエストロゲン産生を誘導する。他方，雄においても *AhR* 遺伝子欠損マウスでは精嚢腺の消失や精子数の減少が観察される。

ARNT によるアロマターゼ発現への関与については，正常ではアロマターゼ発現が見られない発情間期の雌マウスに AhR リガンドである DMBA（図 6 - 4）を投与すると顕著なアロマターゼの発現誘導が確認されることからも支持され，TCDD による内分泌攪乱のメカニズムの 1 つともなると思われます。

b. 雄の生殖システムにおける AhR の役割

精巣の一義的な機能は精子形成で，視床下部（Hypothalamus）・下垂体（Pituitary）・精巣（Testis）という HPT 軸によるフィードバックシステムで担わ

れています。視床下部からの GnRH 分泌は下垂体前葉を刺激し，LH と FSH を血流中に分泌します。LH の標的は精巣中のライディヒ細胞で，男性ホルモンのテストステロン合成を指示します。テストステロンはアロマターゼにより一部，エストラジオールに変換されます。一方，FSH は精巣のセルトリ細胞を刺激し，精子形成を支えます。ライディヒ細胞で産生されたテストステロンとエストラジオールは共に精子形成に関与すると同時に，下垂体，視床下部のネガティブフィードバックに作用し，GnRH，LH，FSH 分泌を阻害します。セルトリ細胞では生殖細胞の成長を促し，成熟した精細胞放出を調節します。ライディヒ細胞はステロイドを産生して精子形成を支え，同時に，産生された男性ホルモンは雄の生殖腺付属組織（精巣上体，前立腺，精嚢腺など）の成長や機能維持，周生期（マウス出生前後の短い期間）での脳の性分化と性行動の確立に必要です。

　雄の生殖系での AhR の役割についてはほとんど解明されていませんが，*AhR* 遺伝子欠損マウスでの解析により研究が進展しつつあります。加齢に伴って約 50% の遺伝子欠損雄マウスでは精嚢腺の消失が観察され，精巣上体内の精子数も減少していることが報告されています (355)。血清中のテストステロンの濃度も野生型雄マウスに比べて有意に低く，ステロイド産生に関与する代謝酵素の中で 3β-ヒドロキシステロイド脱水素酵素の発現が低下していることが示唆されています。ライディヒ細胞では AhR の発現も確認されていますので，AhR の 3β-ヒドロキシステロイド脱水素酵素発現へのメカニズム研究は今後の課題と思われます。

4) AhR ユビキチンリガーゼ複合体によるタンパク質分解と生物機能

a. AhR ユビキチンリガーゼ複合体

　ユビキチン (Ub) は真核生物に普遍的に存在する 76 個のアミノ酸から構成されているタンパク質で，細胞内で選択的に分解されるべきタンパク質に標識され，その後にプロテアソーム経路で分解されることになります。このような選択的タンパク質分解（ユビキチン・プロテアソーム分解経路）は多彩な生命現象を司っており，シグナル伝達，転写，DNA 損傷修復などの制御に関与していることが知られています。分解される基質タンパク質は，Ub 活性

化酵素（E1），Ub結合酵素（E2），Ubリガーゼ（E3）の連続した反応でユビキチン化され，26Sプロテアソームで分解されます（図8-8）。最初のユビキチン化は基質タンパク質のリジン残基のε-アミノ基がUb分子のC末端のカルボキシル基と結合する反応で開始されます。また，選択的分解は多数の分子種が存在しているE3リガーゼが特異的に基質タンパク質を認識してその選択性が決まることになります（356）。

リガンド依存的な受容体型転写因子としての分子特性とは異なり，AhRにはリガンド依存的なE3ユビキチンリガーゼとしての機能が備わっていることが明らかにされました（357）。これは，リガンドで活性化されたAhRが標的遺伝子の転写反応を促進してタンパク質レベルを高める現象とは逆に，リガンド依存的にAhR E3ユビキチンリガーゼ複合体の形成と基質タンパク質のユビキチン化反応が促進され，プロテアソーム経路での分解が生じることによりタンパクレベルを減少させます。すなわち，AhRにはリガンド依存的に転写と分解を促進して特定のタンパク質の細胞内レベルを調節する機能があるわけです。AhR E3ユビキチンリガーゼ複合体の構成因子が解析され，CUL4BやDDB1，TBL3，Roc1と呼ばれる因子がこの複合体に含まれていることが明らかにされましたが（図8-8），これらの構成因子はAhR転写誘導

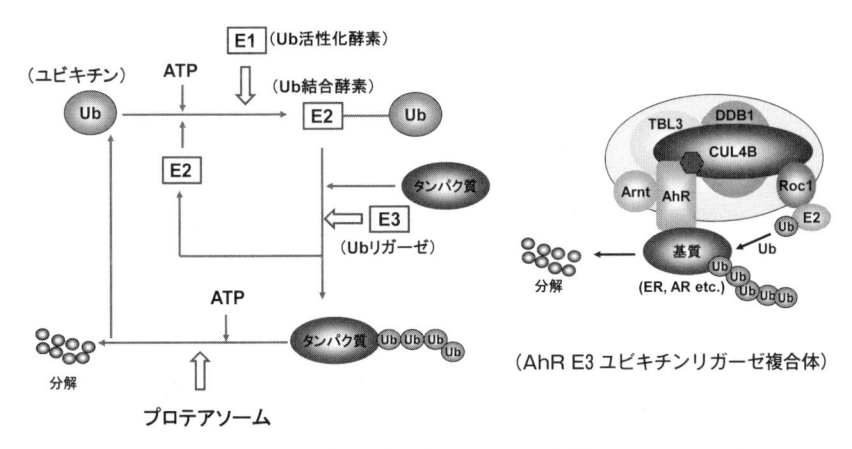

図8-8 AhR E3ユビキチンリガーゼ複合体とタンパク質分解［文献（70，357）より引用，作成］
ユビキチン化によるタンパク質分解のモデルとAhR E3ユビキチンリガーゼ複合体の構成成分。

複合体とは全く異なっています.現在までのところ,基質タンパク質としてエストロゲン受容体(ERα, ERβ),アンドロゲン受容体(AR)が知られており,ダイオキシンによる性ホルモン攪乱作用の一端を説明できる可能性があります(358).また,次項で述べるβ-カテニンも AhR による分解を受ける基質であることが明らかにされました.

b. AhR による発がん抑制機能

B[a]P による皮膚がん発生に AhR が関与していることはすでに述べましたが(表7-3),AhR には大腸がん(特に回盲部)の自然発症を抑制する働きがあることが報告されています(359).すなわち,① *AhR* 遺伝子欠損マウスでは生後10週齢以降で回盲部に腫瘍が自然発症し最終的には腺がんに至ること,② *AhR* 遺伝子欠損マウスでは腸上皮細胞にがん遺伝子産物である β-カテニンの異常な蓄積が見られること,③ IAA や I3C などの内在性 AhR リガンドが β-カテニンの分解を促進することから,*AhR* 遺伝子欠損マウスの腸における発がんには AhR 依存的な β-カテニン分解活性の消失が重要な意味を持つと考えられます.

大腸がん抑制の分子機構としては,*APC* 遺伝子産物を中心とした β-カテニン分解系がよく知られています(360).APC 経路と AhR 経路の β-カテニン分解系を比較すると,①遺伝子異常により APC 経路が働かない大腸がん由来の培養細胞でも AhR リガンド依存的な β-カテニンの分解が促進されること,②2つの分解複合体の構成因子は異なり,AhR 系はリガンド依存的に核内で働くのに対し,APC 系は細胞質で働くこと,③腸に腫瘍を多発する $Apc^{Min/+}$ (Min) マウス(361)と *AhR* 遺伝子の2重遺伝子欠損マウスを用いて腫瘍発生を検討したところ,2重遺伝子欠損マウスでは腫瘍発生率が増強されること,などが観察されています.したがって,2つの β-カテニン分解系は独立的,かつ協調的に発がん抑制に働くことが示唆されます(図8-9).また,野菜類の体内代謝成分である I3C や DIM を Min マウスに与えて飼育したところ,小腸,盲腸における腫瘍発生が顕著に抑制され,腸における β-カテニンの分解が促進されていることが観察されます.したがって,AhR は腸内で産生されるリガンドに依存して,β-カテニンの分解を促進することにより発がんを抑

第 8 章　AhR の本来的な生物機能と毒性発現　　157

制する作用があることを示しています。これらの結果から，自然界や化学的に設計された安全な AhR リガンドの使用により，大腸がんの発生を効果的に予防できる可能性が示唆されます。

では，*AhR* 遺伝子欠損マウスでの発がんにおいて，β-カテニンの蓄積から直ちに発がんにいたるのでしょうか？　この疑問を解決するために，無菌 *AhR* 遺伝子欠損マウスや *AhR* 遺伝子と *ASC* 遺伝子（図 8 - 3）との 2 重遺伝子

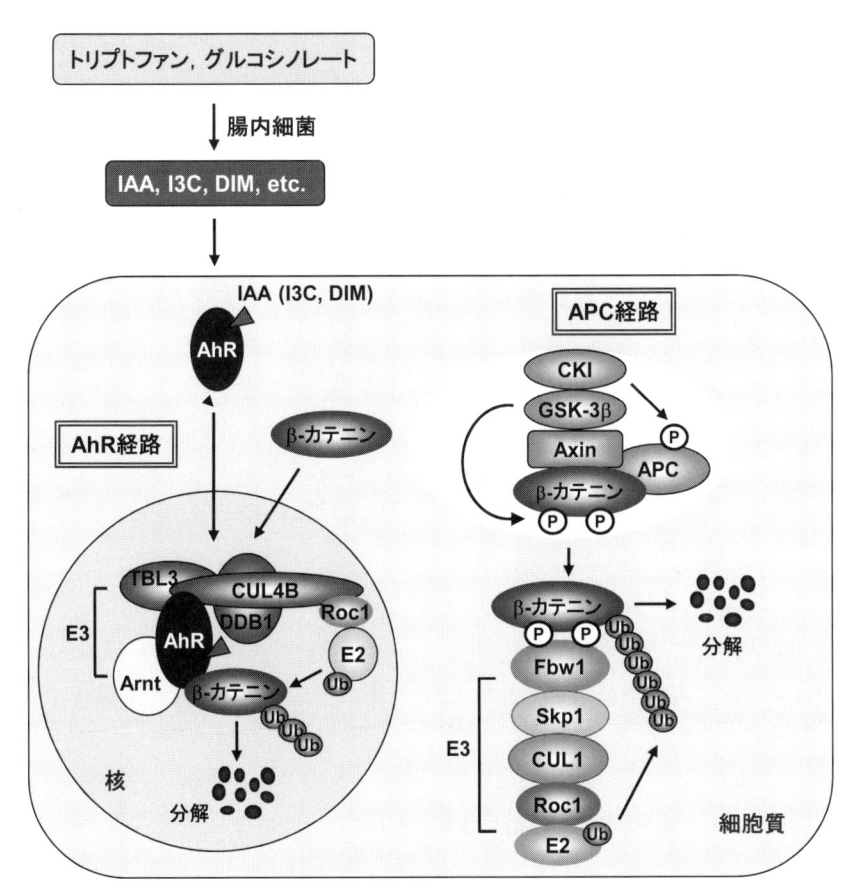

図 8 - 9　AhR- 及び APC 経路による β-カテニン分解のモデル［文献（359）より引用，作成］
APC は分解複合体を形成して β-カテニンを細胞質で分解し，大腸がんの抑制作用に関与する。一方，AhR はリガンド依存的に核内で分解複合体を形成し，β-カテニンを分解して発がん抑制に関与する。

欠損マウス（マクロファージの炎症亢進を低下させた状態）での腫瘍発生を検討したところ，β-カテニンの腸上皮細胞における異常蓄積は見られますが，腫瘍発生の消失と有意な発症遅延がそれぞれ観察されました（334）。したがって，AhR 遺伝子欠損マウスでの発がんは β-カテニンの異常蓄積だけで起こるのではなく，AhR 欠損マウスでの炎症亢進によって発がんが促進されることが示唆されます。同様に Min マウスにおいても，炎症が腫瘍の発生を促進していることが報告されています（362）。

近年，ノトバイオートマウス（持っている微生物がすべてわかっているマウス）を用いた方法により特定の腸内細菌が腸のどの領域に局在して生育し，どのような働きをしているかについての研究が進展しています（363, 364）。その結果，細菌種特異的に腸粘膜固有層での生育場所やナイーブT細胞から Th17/Treg 細胞への分化の方向付けがされることが示唆されています。すでに述べましたが，腸内細菌によっても AhR が誘導され，内在性，外来性 AhR リガンドでT細胞分化の方向性が影響を受けることも知られています（図8-4）。腸における発がん感受性の個人差や発がん部位は，ヒトに共生している腸内細菌の種類や生活習慣による食べ物，暴露されている環境化学物質などの相違により免疫機能が影響を受け，遺伝子変化の蓄積とあわせて変わると考えられます。ヒトの大腸がん発生と AhR の関連性の研究が期待されます。

また，AhR はマウスの自然発症リンパ腫や肝がんにおけるがん抑制機能を持つことも報告されており，AhR がゲノムの安定化に関与していることに関連するとされています（365）。さらに，がんの進展の際に AhR が消失することからもがん抑制機能が指摘され（366），その抑制のメカニズムも組織により異なるようです。

5）AhR と核内受容体との相互作用

AhR は外来性異物と結合して多彩な薬理学的・毒性学的な影響を生物にもたらすことのほかに，多機能性タンパク質として生物の本来的機能に対しても重要な役割を演じています。その広範な働きを支えるものとしてシグナル伝達系を構成している他の因子との相互作用があり，生物応答反応の幅の広

がりと質の変化をもたらしています。この項ではAhRと核内受容体（NRs）によるクロストークについて最もよく研究されているエストロゲン受容体（ER）を中心として概説します。NRsは生殖，代謝，発生など生命の維持に必要な過程を制御しており，AhRと相互作用することにより生物機能にさまざまな変化をもたらします。

　a. AhRとERのクロストーク

　エストロゲン（女性ホルモン）は卵巣からおもに分泌され雌の生殖腺付属器官を発育させてその機能を営ませる性ホルモンの総称ですが，その生理作用はERαとERβの2種類のエストロゲン受容体によって担われています。ERの分子構造もオーファン受容体と同様にいくつかの分子内ドメイン構造で構成されています（図7-10）。ERは主に17β-エストラジオールなどの内在性ホルモンによって活性化されますが，それ以外にも食物や薬品，ある種の環境汚染物質などの広範な天然および人工化学物質によっても活性化されることが知られています。活性化されたERは核内でホモ2量体を形成し，標的遺伝子のエストロゲン応答配列（ERE）上で転写複合体を形成して転写反応を行います。AhRと同様にERも種々の転写共役因子群のタンパク質，すなわち，転写を促進するコアクチベーター，抑制するコリプレッサーなどがAF-1ドメインを介して複合体を形成しており，その転写共役因子群タンパク質の組み合わせは細胞，組織，存在しているリガンドの種類などに依存すると考えられています。ERによる転写活性化はその標的遺伝子に直接的に結合して転写調節する作用機構で行われますが，そのほかに間接的に結合して反応を促進させることや，転写や翻訳を介さない即効性の反応で，膜に存在するERと細胞質に存在するチロシンキナーゼ，STAT分子などのシグナル分子との相互作用による作用機構も知られています。

　ダイオキシン類にはエストロゲン攪乱作用があり，その中でもエストロゲン様作用，抗エストロゲン作用と異なった効果を示すことが以前より報告されています。ダイオキシン類はERに直接的に結合しませんので，そのエストロゲン攪乱作用メカニズムとして，以下のようなものが提案されています。①ある種のER標的遺伝子の転写調節領域にはEREと並列してXREが

存在しており，ダイオキシン類が存在するとAhR/ARNT転写複合体が形成されてER転写複合体の形成を阻害し，標的遺伝子の転写活性化が抑制され抗エストロゲン作用を示します。*c-fos*遺伝子（367）やカテプシン*D*遺伝子（368）などで報告されています。②ダイオキシン類はCYP1A1，1A2，1B1を誘導し，循環エストロゲンは肝臓でP450による代謝を受けてその濃度が低下します（369）。またAhRは卵巣ではアロマターゼを誘導してエストロゲンレベルを高めます（354）。従って，誘導されたP450によってエストロゲン濃度変化が生じ，その影響は異なった方向に及ぶことが考えられます。③AhRはリガンド依存的にERαと結合し，AhR・ERα複合体がEREに結合します。エストロゲンが存在する時には転写反応は部分的に負になり，エストロゲンが非存在の際には一部，正の転写反応が起こります。従って，このメカニズムではエストロゲンの存在状態によってダイオキシンの効果は異なります（370）。④ダイオキシン類はAhR E3ユビキチンリガーゼ複合体形成を促進し，基質であるERをプロテオソーム依存的に分解してエストロゲン作用を低下させます（357）。⑤AhRとERの転写制御では共通した転写共役因子群が関与することが知られており，リガンドが同時に存在するとその転写反応に混乱が生じる可能性があります（371）。このようにして，AhRはダイオキシンなどの環境変異原物質に結合してエストロゲンシグナル系に介入し，エストロゲン攪乱作用を示すものと考えられます（図8-10）。

b. AhRとARのクロストーク

アンドロゲン（男性ホルモン）は前立腺，精嚢，精巣，精巣上体などの雄の生殖腺の発生と機能維持に重要です。主な男性ホルモンであるテストステロンは精巣で合成され，AR（アンドロゲン受容体）により強い親和性を持っているジヒドロテストステロンに代謝されます。ARの作用機序もERと類似しており，活性化されたARはホモ2量体で標的遺伝子のアンドロゲン応答配列（ARE）に結合し，転写複合体を形成して転写活性化を促進します。AhRとARとの相互作用としてERで観察された現象と同様に，AhR E3ユビキチンリガーゼ活性に依存したARタンパク質の分解促進，あるいはAhRのリガンドによって，AhRを介して誘導されたP450によるアンドロゲンの代謝に

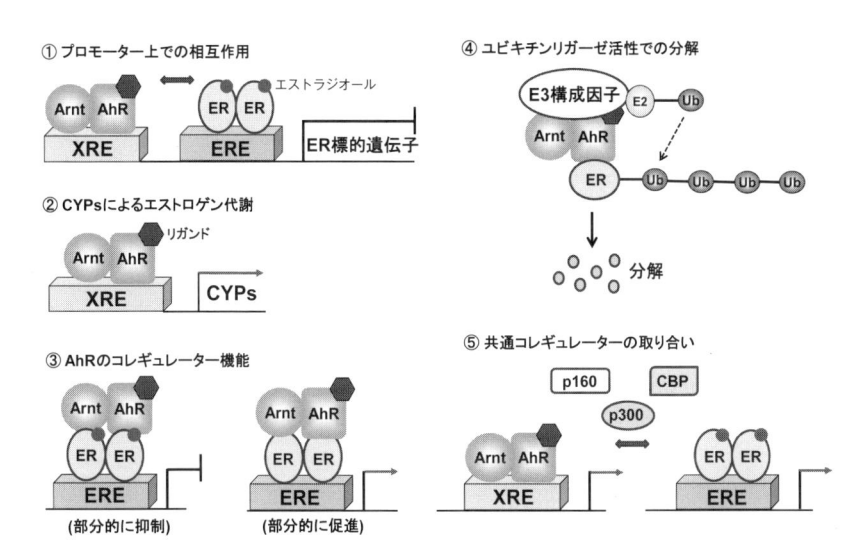

① プロモーター上での相互作用
② CYPsによるエストロゲン代謝
③ AhRのコレギュレーター機能
④ ユビキチンリガーゼ活性での分解
⑤ 共通コレギュレーターの取り合い

図8-10　AhRとERとのクロストーク［文献（371）より引用，作成］
ダイオキシンはAhRに結合してエストロゲン系に介入してエストロゲン撹乱作用を示す。

よる減少などが報告されており，ダイオキシン類のアンドロゲン撹乱作用の一因と考えられます。

6) AhRと細胞接着・上皮間葉転換・転移—がん遺伝子産物，増殖因子との相互作用

a. 細胞接着の変化とAhRリガンドを介しないAhRの活性化

ヒトの正常皮膚ケラチノサイト（角化細胞）やマウスのHepa-1細胞を浮遊状態で培養するとリガンド非存在にもかかわらずAhR標的遺伝子産物のCYP1A1が顕著に誘導されるという研究結果から，AhRの活性化は細胞間接着の欠損によっても生じることが示唆されました（261, 372）。同様に，細胞間接着の消失によるAhRの転写活性化の促進はC3H10T1/2線維芽細胞の浮遊培養においても確認され，一般的な反応であることが明らかになりました（373）。また，細胞間接着の欠損によってAhRシグナル伝達系が活性化されることは，以下の研究からも裏付けられています。すなわち，ケラチノサイトHaCaT細胞を高密度で培養するとAhRはおもに細胞質に，低密度では核

に局在し，それに見合って転写活性能も変化することが観察されています(258)。AhR はシャトルタンパク質の性質を持っており (374)，レプタマイシン B (核外輸送阻害剤) を添加すると細胞密度に無関係に核内に AhR の蓄積が観察されたことから，細胞密度の変化により核外輸送の調節機構が変化することが示唆されています。AhR の NES の中には p38 MAPK 依存的にリン酸化されるセリン残基 (S68) が存在しており，これを負の電荷を持ちリン酸化状態を反映するアスパラギン酸に置換すると，AhR の核外輸送能の消失が観察されます。従って，低密度状態では AhR の NES はリン酸化されて核に蓄積し，高密度状態では脱リン酸化されて AhR が細胞質に輸送されることが考えられます。この仮説は，p38 MAPK 阻害剤で AhR の細胞質への促進，オカダ酸の添加で核への蓄積が確認されることからも支持されました。

　細胞間接触の破壊された領域で AhR の転写活性化が促進されていることを明らかにするために，XRE 配列と緑色蛍光タンパク質 (GFP) の融合タンパク質を細胞内で発現している HaCaT 細胞が単離され，その細胞が損傷治癒モデルに応用されました。シャーレで高密度培養した細胞に機械的に傷口をつけて GFP の発現を観察すると，傷口の周辺部で，細胞密度が疎らな領域でのみ GFP の発現が見られ，AhR の転写活性化を可視化することができました (258)。カドヘリンで維持されている細胞間接着の破壊には，細胞の浸潤などの形質転換と関連しているチロシンキナーゼ型がん原遺伝子産物の c-Src が必要であると考えられています (375, 376)。細胞間接着の消失によってどのような因子が AhR を活性化するかは現時点では不明ですが，それと連動して活性化型 p38 MAPK が核内に移行し，最終的に AhR NES の S68 リン酸化に関与すると考えられます (図 8-11)。さらに，p38 MAPK によるリン酸化は細胞間接着の破壊後の短時間で起こり，引き続いて CYP1A1 の誘導が観察されています。AhR のリン酸化・脱リン酸化による細胞内局在変化に伴う活性化メカニズムは可逆的で即効性があり，急速な環境や生理的変化に対応する重要な AhR シグナル伝達システムと考えられます。

b. AhR と上皮間葉転換・転移

　細胞密度が高密度から低密度状態に変化する生物学的現象は，①上皮性細

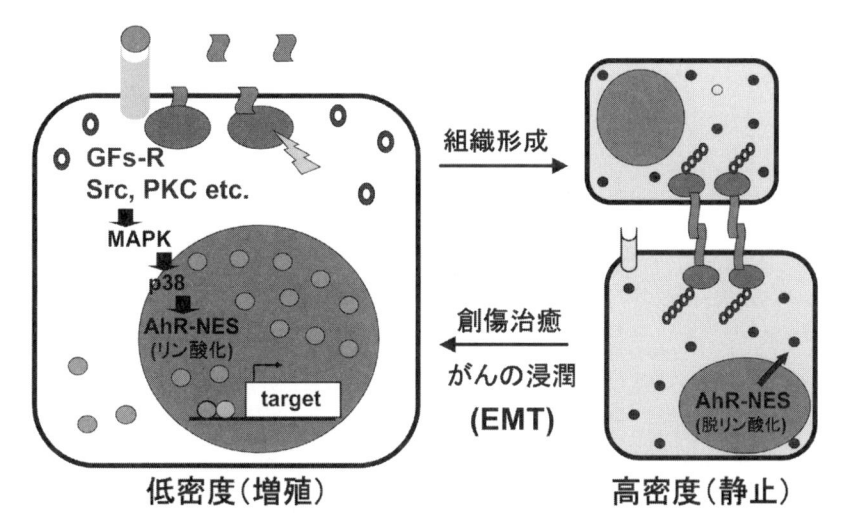

第8章　AhRの本来的な生物機能と毒性発現　　163

図8-11　細胞間接着とAhRシグナル伝達系の活性化

ある種の細胞では（ケラチノサイトなど）細胞密度の変化に伴いAhRの細胞内局在性が変化する。これにはAhR NESのリン酸化・脱リン酸化による核外輸送機構の調節変化があり，この生物現象は上皮間葉転換（EMT）に反映されていると思われる。詳細は本文を参照。

胞がさまざまなタイプの細胞に分化する胎児発生時期，②がん細胞が浸潤能や転移能を獲得するがんの進展期における上皮間葉転換（Epithelial-Mesenchymal Transition: EMT）において観察されることが知られています (377)。EMTは上皮細胞が間葉細胞に変わることで，細胞は上皮の特徴である隣接細胞との密な接着や基底膜などを失い，間葉の特徴である運動性や移動性などを獲得します。E-カドヘリンは細胞間の接着に関係する膜貫通型糖たんぱく質で接着帯などに分布しており，カルシウム依存的に作用して同一分子の相互作用により細胞間接着を保っています (378)。組織の形態形成・損傷治癒においても最も重要な分子の1つであり，その発現低下は胎児発生時やがん細胞の浸潤時のEMTにおいて見られています (379)。E-カドヘリンのタンパク分解による濃度の低下は急速な細胞接着の変化を引き起こしますが，E-カドヘリンの発現抑制は転写抑制因子として知られているSnail/Slugスーパーファミリーによってなされています (380)。E-カドヘリンによる細胞間接着を破壊するとその裏打ちタンパクであるβ-カテニンの核局在が促進され，

Slug の転写誘導と E-カドヘリンの発現が抑制されることが示唆されています (381)。

ケラチノサイトを通常培地 DMEM で培養し，カルシウム欠損の S-MEM 培地に移して培養を継続することにより細胞間接着の破壊を容易に引き起こすことができます。この培地の変更で HaCaT 細胞の AhR の局在性は細胞質から核へと劇的に変化し，XRE 依存的なレポーター活性も誘導されます。このような環境の変化によって Snail/Slug などの転写抑制因子が AhR 依存的に誘導されているのでしょうか？　私たちは遺伝子転写調節領域に複数個の XRE が存在している Slug 遺伝子に注目しました。Slug 遺伝子プロモーターのレポーター活性，ゲルシフト，ChIP アッセイなどの解析から，カルシウム欠損培地への交換により① AhR は Slug 遺伝子の XRE に直接に結合して Slug を誘導する，② Slug の誘導は MC によっても起こる，③ siRNA での AhR 欠損により Slug, CYP1A1 の誘導が消失することが観察されました。損傷治癒モデルによっても AhR と Slug は傷口周辺に存在している細胞の核に共局在していることが明らかになりました。さらに培地交換によって，上皮細胞マーカーであるサイトケラチン 18 の発現が消失し，逆に間葉細胞マーカーであるフィブロネクチンの発現が誘導されることが確認されました。これは EMT 誘導の引き金として従来から知られている TGFβ (382) の添加効果と類似した現象であったことから，AhR は細胞間接着の消失によって E-カドヘリンを転写抑制する Slug の発現を高めることで，EMT や転移などに関連していることが示唆されました (383)。AhR は TGFβ と相互作用をして TGFβ 依存的な EMT を阻害することが最近の論文で報告されています (384)。また，ゲノムワイド解析から XRE 配列 (5′-GCGTG-3′) と Slug 結合配列 (5′-CAGGTG-3′) が並列して存在している DNA エレメントが同定され，このエレメントはマウスゲノム中に 14,000 か所も存在しており，しかも遺伝子プロモーター領域に多く見られることから，この配列を有する遺伝子では AhR と Slug が協調的に結合して遺伝子転写機能に関与していることが示唆されています (385)。

細胞の接着は細胞間接着のほかに，細胞と細胞外マトリックスとの接着 (細胞・基質接着) によっても維持されていることが知られています。おもに

細胞膜の接着点に存在しているインテグリンなどの複合体に細胞内のアクチンフィラメントとフィブロネクチンなどの細胞外マトリックスが連結し，細胞・基質接着を形成しています．接着点には接着点キナーゼ（FAK）と呼ばれるチロシンキナーゼが存在しており，細胞がインテグリンを介して基質と接着すると自己リン酸化が生じ，各因子間のリン酸化反応カスケードによって細胞の増殖，生存，運動などの多様なシグナル伝達を担っています．一方，細胞の移動・転移の一部は接着点の再分布で説明されると考えられています．AhR リガンドや紫外線（UVB: 290~320 nm）などで AhR から離脱して活性化された c-Src（AhR の付属タンパク質の1つ）は接着点でリン酸化された FAK にリクルートされ，FAK 分子内の多部位のリン酸化によって接着点の解離を促進し細胞移動が導かれることが指摘されています（386）．また，AhR は細胞骨格の調節因子でがん原遺伝子の Vav3（低分子量 Rho タンパク質 GTP/GDP 変換因子）を転写誘導し，Vav3 で活性化された Rac1 や RhoA の作用で細胞の形や細胞の移動能などが影響を受けることが示唆されています（387）．

c. TCDD による口蓋裂発生と EMT の変化

口蓋は脊椎動物における口腔の背壁であり，哺乳類では食べ物が鼻腔に入るのを防ぐために生誕前の胎仔期に閉じられます．この過程が欠損するとヒトやげっ歯類では口蓋裂という奇形が生じます．口蓋裂の発生は多くの遺伝子と環境因子との相互作用で生じることが報告されており（388），口蓋部の融合に確実に関与している調節因子として AhR と TGFβ3 が知られています．妊娠中に TCDD を暴露させた野生型マウスからは高頻度に口蓋裂の仔マウスが誕生しますが，*AhR* 遺伝子欠損マウスでは見られません（287, 389）．一方，*TGFβ3* 遺伝子欠損マウスからはマウス新生仔の 100% で口蓋裂が観察されています（390, 391）．二次口蓋の形成においては，TGFβ による EMT が必要であると報告されており（392），口蓋の融合には上皮細胞と間葉細胞との相互作用と口蓋に沿った細胞の移動が必要とされます．また，TCDD 添加により口蓋裂を模倣させるモデル系では，TGFβ3 を共存させると口蓋裂を防げることが示唆されています（393）．AhR と TGFβ はともに EMT を促進させます

が，口蓋裂発生には正反対の作用が示されています。これは TCDD によって AhR の本来的機能が攪乱されて生じるものです。すなわち，口蓋の融合は生理的状態での AhR 活性化レベルに依拠した EMT により制御されており，TCDD による AhR シグナリングの過剰な活性化は EMT を混乱させ，適切な細胞の移動が阻害されて口蓋裂が発生すると考えられます。

d. AhR とがんの進展における転移

ヒトのがん組織での AhR の発現誘導は上部消化管の発生，前立腺，肺，膵臓などのがんの悪性度と関連すると報告されていますが，今日までのところ AhR が発がんの促進や進展にどのようなメカニズムで影響を与えるかについての知見はありません。しかしながら，がん細胞それ自身とその周辺部の間葉での AhR 発現が高まることは以下の研究から示唆されています。① AhR 発現のないがん化した線維芽細胞ではヌードマウスへの異種間移植によるがん形成能と転移能とが低下することから，AhR の発現はがんの進展に必要であること (394)，② AhR を発現しているマウスメラノーマ細胞では *AhR* 遺伝子欠損マウスでの腫瘍形成能が低下することが見られ，これは AhR 欠損の間質での血管形成能が効率的にいかないことによると考えられています (395)。がんの進展に伴った AhR の誘導は恐らく Snail/Slug と協調的に機能して EMT を促進し，細胞の浸潤・転移能を獲得すると考えられます。また，ヒト脳腫瘍ではトリプトファン-2,3-ジオキシゲナーゼ（TDO）によってキヌレニンが恒常的に産生されており，キヌレニンが AhR を活性化して抗腫瘍免疫応答を抑制し，腫瘍細胞の運動能を促進して腫瘍の悪性化や生存率低下と関連することが示唆されています (396)。

7）AhR と細胞増殖，細胞周期，アポトーシス

a. AhR と細胞増殖

AhR リガンドや紫外線（UVB）に応答して表皮増殖因子受容体（Epidermal Growth Factor Receptor: EGFR）経路が活性化されることが報告されています。表皮組織を構成するケラチノサイトに UVB が暴露されると，トリプトファンから AhR リガンドである FICZ（図 7-3）が合成され，AhR は活性化され

てCYP1A1を誘導することは前述しました（第7章）。この際に，AhRの付属タンパク質として存在しているc-Srcは細胞膜に移り，細胞膜でEGFRを活性化してEGFR下流のMAPKにその増殖シグナルが伝わるというものです（216）。また，TCDD依存的なEGFRの活性化は，EGFRリガンドであるアンフィレグリン（397）やエピレグリン（398）の発現がAhR依存的に誘導されることと関連することが示唆されています。EGFファミリーのリガンドがEGFRのN末端側に存在する細胞外ドメインに結合すると，細胞膜を通って伝えられたシグナルでC端側に存在するキナーゼ活性が活性化されます。このキナーゼがEGFR自身のチロシン残基をリン酸化し，その後にRas-Raf-ERK経路などを経て細胞増殖を引き起こすシグナルが伝達されると考えられています。

b. AhRと細胞周期

細胞周期はM期（Mitosis: 分裂期），G_1期（Gap1），S期（Synthesis: DNA合成期），G_2期（Gap2）の4相から成り，M期以外は一括して間期と呼びます。また，細胞が本来の周期から逸脱して休止している時期をG_0期（休止期）と呼び，静止，終末分化，老化，アポトーシスなどがG_0から移行すると考えられています。細胞周期の進行を制御する主な因子群はサイクリン依存性キナーゼ（CDK），サイクリン，CDKインヒビター（CKI）であり，CDKがタンパク質リン酸化酵素の触媒サブユニット，サイクリンはその調節サブユニット，CKIは活性阻害因子に相当します。CDKとサイクリンはそれぞれファミリーを構成し，複合体を形成してその組み合わせに応じて細胞周期の進行を促す時期が異なります。これらの複合体の活性制御は①サイクリンの合成・分解と，②複合体中のCDKのリン酸化・脱リン酸化が重要です。CKIはG_1~S期の進行の抑制及びG_0期への離脱を促進します。細胞周期の制御破綻は染色体異常やがん化の原因となります（図8-12）。

RBタンパク質（網膜芽細胞腫の原因遺伝子産物）はG_1期においては主に転写因子E2Fと結合してその活性を抑制し，細胞をG_1の状態に留めています。E2FはDNA複製系の酵素類やサイクリンEなどの遺伝子発現に必要であるからです。G_1~Sの移行期ではRBタンパク質のリン酸化が起こり，E2F

が解離されて活性型になり，DNA 複製が開始され S 期に進めます。RB のリン酸化は最初にサイクリン D-CDK4,6 でなされ，次いでサイクリン E-CDK2 でもたらされます。これらのサイクリン D-CDK の活性は CKI により調節をうけています。CKI は INK4（Inhibitor of CDK4）ファミリーの 4 種類と Cip/Kip ファミリーの 3 種類があり，INK4 ファミリーはサイクリン D と拮抗して CDK4 と CDK6 を特異的に結合して活性型複合体を阻害し，Cip/Kip ファミリーは全種類のサイクリン-CDK 複合体に結合して阻害効果があることが知られています（399）。

TCDD 処理によってさまざまな細胞の細胞周期が抑制されることが報告されていますが，以下のメカニズムが提起されています。① CKI である p27^{Kip1} が転写誘導されてサイクリン E-CDK2 への結合が高まり，RB のリン酸化が阻害されて G$_1$ arrest による細胞周期の遅れが生じます（400）。p27^{Kip1} 遺伝子プロモーターには XRE が存在しており（401），AhR/ARNT 複合体に RB が結

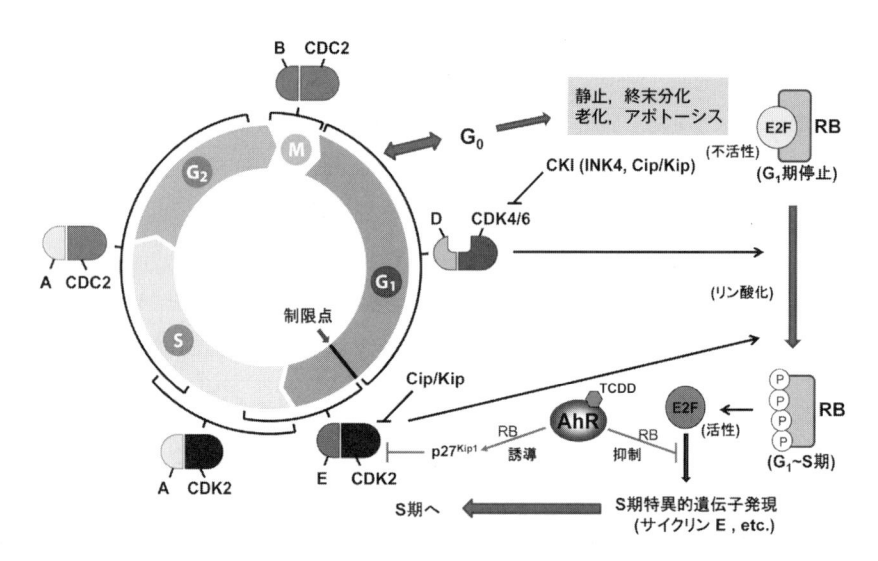

図 8-12 AhR と細胞周期［ワインバーグ（著），武藤　誠・青木正博（訳）：『がんの生物学』，南江堂（2008），p.264 より引用，作成］

リガンドで活性化された AhR は CKI の p27^{Kip1} 遺伝子を転写誘導して細胞周期を遅らせる。RB タンパク質のリン酸化で遊離した転写因子 E2F は S 期特異的な遺伝子発現を促進するが，活性化された AhR はこの反応も抑制する。詳細は本文を参照。

合して遺伝子発現を促進することが報告されています（402）。AhR は RB タンパク質と直接的に分子内の LXCXE モチーフを介して結合するようです（403, 404）。② RB タンパク質のリン酸化により解離された転写因子 E2F は S 期特異的に遺伝子発現されるサイクリン E，CDK2，DNA 合成酵素 α などのプロモーター上で転写誘導複合体を形成しますが，それに含まれるヒストンアセチル転移酵素 p300 と AhR/ARNT 複合体が置換してこれらの遺伝子発現が抑制されます（405, 406）。いずれのメカニズムにおいても G_1~S 期の進行が抑制されることにより細胞周期の遅延につながります。細胞がある種の環境毒物に曝されたときに細胞周期の停止を指示するシグナルを提示する環境センサーとしての役割を AhR が保有していることを示すものです。

一方，何ら外来性リガンドが存在しない条件下でも AhR は細胞周期の調節を担う役割があることが示唆されています。J. ウィットロックらは AhR が欠損しているマウス Hepa 1 細胞（AhR-D）では細胞が 2 倍になるのに必要な倍加時間が野生型細胞に比較して長いこと，AhR cDNA を AhR-D 細胞に導入すると野生型細胞と同様の倍加時間に戻ることを観察し，G_1 期の延長を示唆しています（407）。同様に，*AhR* 遺伝子欠損マウスからの繊維芽細胞においても細胞周期の延長が確認されており，AhR による細胞周期の調節はリガンドに無関係であることが示唆されています（408）。*AhR* 遺伝子欠損の繊維芽細胞では細胞周期を促進しているサイクリンや CDK などの発現が低下し，増殖を抑制する TGF-β や細胞外マトリックス関連遺伝子，CKI などの発現が上昇しているようです。また，この反応における中心的な役割は上皮細胞などで抗分裂物質として知られている TGF-β が担っていることが示唆されています（409, 410）。

c. AhR とアポトーシス

アポトーシスとは細胞膜や細胞内小器官などが正常な形態を保ちながら核内のクロマチンが凝集し，細胞全体が委縮しつつ断片化してアポトーシス小体を形成し細胞死に至る現象であり，このような状態の細胞では DNA の断片化が見られるのが特徴です。これに対して，細胞膜などの形態的変化が起こり，核や核膜などは正常な形態を保つような細胞死の形態を壊死（ネク

ローシス）と呼びます．細胞は内外のさまざまな刺激・要因によりアポトーシスが誘導され，カスパーゼ経路やミトコンドリアでの Bcl-2 ファミリーによる経路などが関連しながらその実行に関与しています．個体発生における形態形成の過程や成長した個体の組織の恒常性の維持などにおいて，アポトーシスが重要な役割を果たしています．アポトーシスの欠如はがん，奇形，自己免疫疾患などの発症原因にもなり，一方，病理的要因によりアポトーシスが過剰に起こることで虚血性疾患，神経変性疾患などの疾患発症の一因ともなります．化学物質や UV 照射などによって細胞の DNA 修復機能に重い負担がかかるような損傷を受けた時には「ゲノムの護衛者」である p53 がアポトーシスに中心的な役割をし，細胞のゲノムに突然変異が蓄積することを防ぐことが知られています（411）．p53 は代表的ながん抑制遺伝子産物であり，*p53* 遺伝子変異がヒトの多くのがんで観察されています．化学発がん物質である MC 添加により HepG2 細胞では p53 のセリン 15 位のリン酸化と p53 の安定化が生じアポトーシスが誘導されること，p53 欠損の MG63 細胞ではアポトーシスが見られず野生型 p53 を過剰発現させると回復することなどから，MC によるアポトーシスは p53 依存性であることが確認されています（412）．また，p53 のリン酸化は PAHs により活性化された p38 MAPK（413）で修飾され，同時に MC で誘導されたアポトーシスは αNF により阻害されることから AhR 依存的であると考えられます．PAHs はリンパ球に細胞毒性を示すことはよく知られていますが，B[*a*]P やその代謝体をバーキットリンパ腫由来の細胞に添加するとアポトーシス促進性の Bax の誘導と生存促進性の Bcl-2 の抑制を引き起こしてアポトーシスが観察されます（414）．PAHs 投与したマウスでは卵母細胞の破壊と卵巣の欠損が見られ（415），喫煙する女性では閉経時期が早いという報告があります（416）．実際に DMBA などをマウスに投与すると卵母細胞で Bax の発現とアポトーシスが誘導され，この細胞障害は AhR かつ Bax 依存的であることが示されています（417）．*Bax* 遺伝子プロモーターには XRE（AHRE）が 2 つ並列しており，*Bax* 遺伝子発現誘導は PAHs 特異的，AhR 依存的になされます．TCDD では *Bax* 遺伝子誘導が見られませんが，卵母細胞では TCDD による細胞毒性が見られないことと見合う現象です．*Bax* プロモーター領域で並列している XRE は 6 塩基のスペーサー

で隔たっていますが，このうちの中央の2塩基を置換するとTCDDに応答性を示すことが示唆されています．

8) AhRと概日リズム

環境の変化を排除した恒常条件のもとにおいて概ね1日の周期で変動する生物現象を概日リズムといい，生物活動の日周期性の多くは概日リズムの環境サイクルへの同調の結果として考えられています．概日リズムは藍色細菌からヒトに至るまで広く生物界に見られる現象であり，哺乳類では視床下部にある視交叉上核（Suprachiasmatic nuclei: SCN）の神経細胞の活動によって担われています．代表的な同調因子は明暗のサイクルであり，概日リズムのタンパク質・遺伝子レベルのメカニズム研究は多くの生物で進展しています（418, 419）．概日リズムはSCNの中枢時計により制御されていますが，それ以外の末梢組織にも自律的に振動する末梢時計が存在し，さまざまな神経系・ホルモンシグナルを通して概日リズムがSCNから末梢時計に伝達されています．従って，中枢時計と末梢時計との機能的連動性が生理的機能の恒常性維持に重要であり，その同調性の消失は疾患の原因になるともいわれています．すなわち，概日リズムの調節は，環境からの光による明暗への適応現象だけではなく，睡眠・覚醒，ホルモン分泌，肝での物質代謝など多くの生物の行動，生理現象と密接に関連しています．

1971年にショウジョウバエの概日リズムに異常を示す変異体の研究からその変異の見られる遺伝子として period （per）遺伝子が発見され，1984年に初めてクローニングされました（420）．その後，哺乳動物においても概日リズムに関係する多くの遺伝子が単離され，それらを総称して時計遺伝子と呼んでいます．時計遺伝子の多くはPASファミリーに属することが示されており，複数の時計遺伝子による転写・翻訳・修飾のフィードバックループ制御によって持続性が保たれています．その中枢であるClockとBmal1（ARNT3）タンパク質はPASドメインを介してヘテロ2量体を形成し（図7-2），時計標的遺伝子のE box上でコアクチベーターをリクルートして転写複合体を形成して Period （Per1~3）, Cryptochrome （Cry1~2）などのリズム抑制性の遺伝子やリズム性のある代謝，摂食，睡眠などの遺伝子転写を促進します（421）．哺

乳類では *Per1*, *Per2* とも強い発現リズムがあり，それぞれ午前，午後の日中にピークがあることが報告されています。細胞質に蓄積した Per/Cry はカゼインキナーゼによってリン酸化を受け，核内に移行して抑制複合体を形成し，Clock/Bmal1 複合体による転写を抑制します。また，細胞質でリン酸化された Per/Cry はその後にユビキチン化されて最終的には 26S プロテアソームにより分解されます。Per と Cry タンパク質の分解は夜間になされ，そのネガティブフィードバックは終了して新たな日周期のサイクルが開始されます。すなわち，フィードバックの間に生じる時間的遅れの結果として時計遺伝子の発現や時計タンパク質の量に約24時間周期の振動が起こることで，概日リズムが駆動されるわけです。また，Clock/Bmal1 転写誘導体はオーファン核内受容体である *Rev-erbα* 遺伝子とレチノイン酸受容体関連オーファン受容体α（*Rorα*）遺伝子の発現を高め，Rorα は *Bmal1* の転写を促進させるのに対し（422），Rev-erbα タンパクは *Bmal1* 転写を抑制（423）することにより，相互に Bmal1 レベルを制御しています（図8-13）。

　時計遺伝子で中枢的な役割を果たしている Clock と Bmal1（ARNT3）は薬物反応系を担う AhR と ARNT と同じ bHLH-PAS ファミリーに属しお互いに構造的類似性を有しています。従って，AhR シグナル系の活性化によって概日リズムが影響を受ける可能性と，薬物代謝における日周変化の影響という視点から2つのシステムの相互作用についての研究がなされています（424）。造血幹細胞，幹前駆細胞においては TCDD 処理によって Per1，Per2 の発現や日周変化が変化することや（425），*Per1* 遺伝子プロモーターにおいては活性化された AhR（TCDD 処理）により AhR/Bmal1 の結合が誘導され，Clock/Bmal1 による転写活性化を阻害して Per1 の発現抑制とそれに起因する日周期の大幅な変化が報告されています（426）。しかしながら，TCDD や光照射産物 FICZ は時計遺伝子の転写に AhR 依存的に介入してそのリズムに影響を与えるという指摘とは異なり，影響は与えないという報告もあります（427）。また，AhR/ARNT やその標的遺伝子の発現が日周変化するという研究もなされています。恒常的な環境条件で，光照射を明（CT_{0-12}）暗（CT_{12-24}）の12時間サイクルで繰り返した際には（CT はサーカディアンタイムを意味し，CT_0 で光照射を開始し12時間後の CT_{12} に暗条件にシフトする），AhR mRNA 発現は

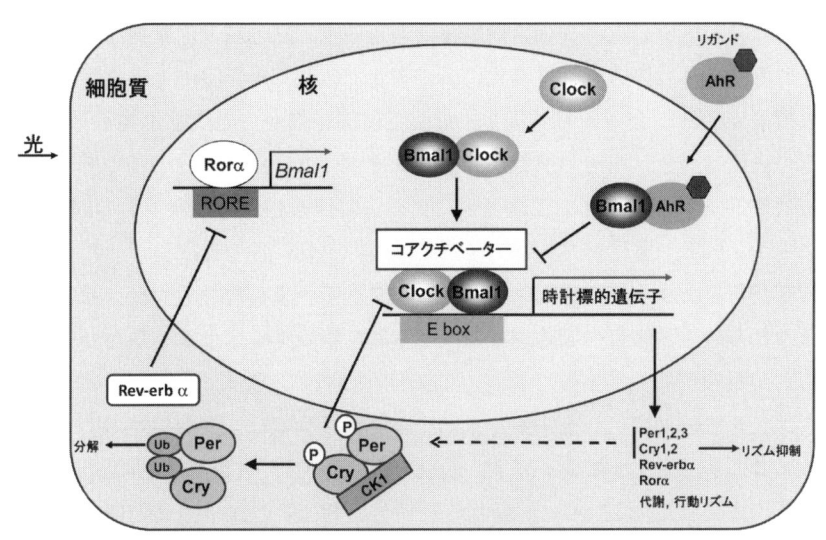

第8章　AhRの本来的な生物機能と毒性発現　173

図8-13　AhRと概日リズム［文献（177）より引用，作成］
時計遺伝子の多くはAhRと同じPASファミリーに属しているタンパク質であり，複数の遺伝子の転写・翻訳・修飾のフィードバックループ制御でその持続性が保持されている。なお，Bmal1はARNT3であり，リガンドで活性化されたAhRが結合してClock/Bmal1による転写制御を阻害するともいわれている。詳細は本文参照。

CT_{12}にピークを示し，暗条件のままで飼育すると発現周期のずれと発現レベルの減少が起こることがSCNで観察されています（428）。一方，Bmal1のmRNA発現はCT_{12}で最低レベルを示し，CT_{20}で最高レベルというAhRとは対照的な発現であることが示されています。さらに，時計遺伝子の異常によりAhRシグナル経路の変化が誘導されるとも指摘されています。すなわち，*Per*遺伝子をsiRNAでノックダウンした場合や変異型*Per*遺伝子を導入した動物においては，AhR標的遺伝子の発現が亢進していることが指摘されています（429, 430）。従って，AhRと時計遺伝子とは相互に関連してその発現が制御されていると考えられ，化学療法も含めた薬物療法においては薬効の日周変化を考慮する必要性があることが示唆されています。

9）TCDDによるクロルアクネの発生メカニズム

クロルアクネはダイオキシン類に起因する代表的なヒト疾患です。臨床的

な特徴は，皮膚の毛・皮脂腺構成体（毛，毛包，立毛筋，皮脂腺などで構成される構造体）の非炎症性変化による角化であり，皮脂腺の上皮化生による皮膚病変であると考えられます．拡張毛包漏斗部からの吹き出物が発生し，その表面は黒色，白色の膿疱が観察されます．この症状についての最初の記載は19世紀後半のドイツ工場労働者において観察されたものです．塩化フェノール，PCB，塩化ナフタレン産生工場の労働者に多く発症しましたが，これを引き起こす本当の原因物質は謎に包まれていました．その後，原因物質はこれらの化学物質の製造過程で生じる副産物のダイオキシン類などであることが明らかにされました (11)．この症状は食物，吸入，皮膚からのダイオキシンの被曝で発生しますが，単に皮膚症状だけでなく全身に及ぶ中毒症状の1つとして発生するようです．「油症」患者ではクロルアクネは顔，首，生殖器に顕著に発生し (431)，症状の長期化とPCDFの血中濃度の関連性が指摘されています (432)．ダイオキシン類によるクロルアクネ発症の細胞・分子レベルでのメカニズムは解明されていませんが，現時点での考え方を概説します．

多分化能を有する皮膚幹細胞はバルジと呼ばれる毛包に見られる隆起構造の領域に存在しており，皮膚のような新陳代謝が激しい組織ではその子孫細胞である過渡的増殖性細胞（Transit-amplifying cells: TA細胞）がそれぞれの細胞の供給源となっています．バルジ上方に移動したTA細胞は表皮細胞や皮脂腺細胞へと分化し，下降したTA細胞は多くの因子を動員して種々の毛包細胞へと分化します．近年，c-Mycと呼ばれるプロトがん遺伝子（遺伝子異常が起こる前の正常細胞で遺伝子機能を有するがん遺伝子）が皮膚幹細胞の運命決定に重要な役割をしていることが示唆されています (433)．すなわち，c-Mycは皮膚幹細胞から毛包分化の方向を犠牲にして，上皮細胞や皮脂腺分化の方向に向かうようなTA細胞を刺激・誘導し，c-Mycの不活性化は皮脂腺の形成不全を誘導することが知られています．他方，毛包分化には主にWnt/β-カテニン経路が重要な役割を担っていることが示唆されています（図8-14）．

ヒトやマウスの皮膚へのTCDDの影響は上皮，皮脂腺管，毛包漏斗部の過形成，皮脂腺，毛包の形成不全が知られています．普通のニキビは皮脂腺過

形成であるのに対し，クロルアクネは毛包・皮脂腺分化から上皮細胞分化へと幹細胞分化の方向が変化することに関連しており，過度の角質化と，皮脂腺から角質化した膿胞の形成が生じると考えられます（434）。ダイオキシン類が結合した AhR は皮膚上皮細胞の過形成を誘導しますが，それは Wnt, c-Src, TGFβ 経路などに作用して c-Myc の発現レベルが誘導されて生じることが考えられます。近年，多分化能を有する皮膚幹細胞から皮脂腺への分化傾向を有する皮脂腺前駆体細胞においては，c-Myc を転写抑制する働きを持つ Blimp1 が時空間的な特異性も持って発現することが指摘されています。しかしながら，その後の増殖性を有する皮脂腺細胞では Blimp1 の発現消失と c-Myc の存在が観察され，前駆細胞での Blimp1 の欠損は細胞増殖や皮脂腺過形成をもたらすことが報告されています（435）。また，① Blimp1 が AhR と皮脂腺細胞で共局在し，その発現は AhR 依存的，リガンド依存的に転写誘導されること，②その誘導は XRE 依存的ではなく，タンパク質のリン酸化を介する反応で生じることが報告されています（436）。さらに，造血幹細胞やそ

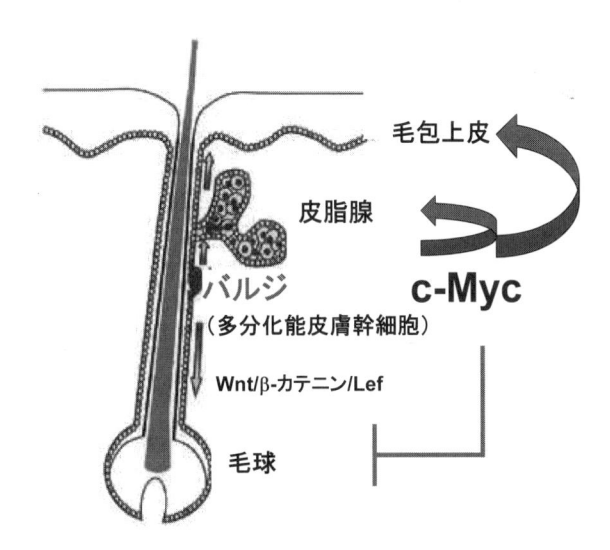

図 8-14　皮膚幹細胞はバルジに存在 ［文献（433）より引用，作成］

皮膚幹細胞はバルジと呼ばれる領域に存在している。皮膚幹細胞の運命決定に c-Myc が重要な役割をしていることが示唆されている。

の前駆細胞において AhR はその増殖速度を維持するという重要な役割も持つことも示唆されており (347, 348)，ダイオキシン類が皮膚幹細胞・前駆細胞の増殖速度に影響を与えてクロルアクネの長期症状に関与しているのかもしれません (図 8 - 15)。以上のようにダイオキシン類は皮膚 (幹前駆) 細胞の複数の作用点で影響を与えて相互に関連しながらクロルアクネを引き起こすことが考えられます。

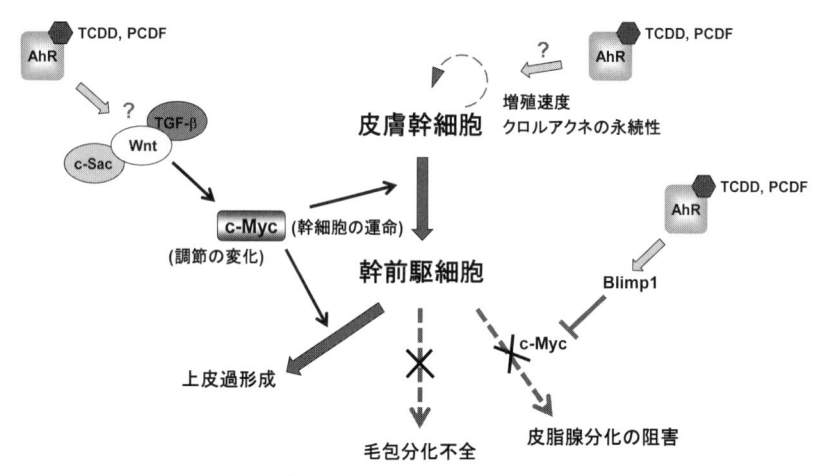

図 8 - 15 クロルアクネの発症メカニズム ［文献 (434, 435) より引用，作成］

皮膚幹細胞の子孫細胞である過渡的増殖細胞 (TA 細胞) がそれぞれの細胞の供給源である。TCDDは上皮，皮脂腺管などの過形成，皮脂腺・毛包の形成不全を導くことが知られており，クロルアクネは TA 細胞の分化の方向性が変化して生じると考えられる。説明は本文に記載。

考察
「科学者・専門家」と「市民」

　「科学・技術」は国家と一体化すること（科学の体制内化）により発展し，その優位性によって戦後の日本は世界有数の経済大国にまで成長しました。「科学・技術」の社会における位相も時代と共に移り，大学での基礎研究の推進と企業での技術革新・製品開発から，国家主導による原子力，宇宙，情報，がん，ゲノム，ナノテクノロジー，再生医療などの推進へと変化してきました。その中でも「原発」は国策的に開発・推進され，その「安全性神話」は「原子力ムラ」の「科学者」によって担われてきました。しかしながら，「メルトダウン」に至るまでの「原発推進論者」の対応を通して「市民」からの信頼感は完全に消失しました。「福島」原発事故は「科学者・専門家」と「市民」，ひいては現代における「科学」と「社会」との関係を本質的に問い直す戦後最大の出来事となりました。ここでは「原発」事故や「ダイオキシン」被曝と「専門家」の対応例をあげながら，現在の「科学者・専門家」と「市民」との関係を考えるうえで重要と思われる①「科学の体制内化」と「大学」の変遷及び②「科学」の「細分化・専門化」と国家によるコントロールなどについて歴史的に検証し，③人口減少社会における両者のあるべき関係について考えることにします。

「原発」事故と「放射線医療専門家」

　「原爆」の恐怖は瞬時の爆発的な核エネルギーによる強烈な火球，熱線，衝撃波と爆風，建物の破壊や大量の原爆放射能による短期急性疾患であり，瞬

時の死から生き残った被爆者の中には，数十年後に白血病などのがんを発症した人々が少なくないことも広島・長崎の歴史は示しています (437)。一方，「原発」事故の場合は大量の放射能被曝による急性疾患よりも，低容量の放射線に長期にわたって被曝することによってさまざまな慢性的疾患を発症し，生涯にわたってストレスや不安に悩まされることも問題視されています。「原発」事故による急性疾患の例は，① 1986 年の「チェルノブイリ」原発事故直後に被曝した人々の治療に従事したアメリカ人医師の記録や (438)，② 1999 年に起きた茨城県東海村の核燃料加工施設「JCO 東海事業所」臨界事故で大量被曝した 2 名の技師の被曝治療ドキュメントに述べられています (439)。また，イタリアのフォトジャーナリストによって報告された「チェルノブイリ」事故 20 年後の記録には，低レベルの放射線の外部被曝を起因とする白血病，甲状腺がんなどのほかに，放射性核種の摂取と吸入による内部被曝で広範な慢性疾患が発症していることが述べられています。無力症状，貧血，神経症，甲状腺疾患，心臓血管系の疾患や，遺伝子変異や染色体異常によるダウン症，小脳髄症，知的障害，口蓋裂，手足の形成不全などの先天性異常，乳児死亡率や早産の増加が見られ，「チェルノブイリのエイズ」と呼ばれる免疫機能の低下で多くの人々が苦しんでいることも報告されています (440)。さらに，ロシア・ウクライナ・ベラルーシの医療機関や研究者からは，原子力を推進する立場の国際原子力機関 (IAEA) などの調査・報告 (441) とは異なり，さまざまな健康被害の実態が明らかにされており，「チェルノブイリ」事故による「被害の全貌についての調査報告書」として翻訳・出版されています (442)。その中で，「甲状腺がんについての予測はすべて誤っていた。事故に関連した甲状腺がんは被曝後短期間で発症し，進行が速く，子供も成人も発症する」と記載されています。

　東日本大震災は巨大地震の発生とそれに伴う大津波で引き起こされましたが，私たちはその後に発生した福島第一原子力発電所の「メルトダウン」という最悪の事態（レベル 7）にいたる大事故をリアルタイムで目撃することになりました (53, 443)。多くのテレビ局では東京大学大学院教授を中心とした「原発推進論者」のみが「専門家」として登場し，「日本の原発は安全にで

きており，心配はない」と希望的観測を国民に語りかけていました。「原発」が相次いで水素爆発を起こし，放射性物質が環境中に大量に放出された後でも，「メルトダウンには至らず，チェルノブイリのようにはならない」ことを彼らは強調しました。政府・東電と共に意図的に事実を隠蔽し，「原発は安全」と主張してきた「専門家」は国民からの信頼性を完全に失うことになりました (53)。また，被災した福島住民の困難な生活が報道されているにもかかわらず，「専門家」から国民に向かって何ら謝罪の言葉はなく，彼らはいつの間にかテレビ画面から消えていきました。これらの経緯を通して，「原子力ムラの専門家」の「社会的責任」や，マスメディアの「報道の在り方」が厳しく問われることになりました。

「原発」事故直後には「政治家」が，「直ちに人体に影響を及ぼす数値ではない」という決まった表現をしていたことはいまだ記憶に留まっています。この発言は「被曝による急性疾患を引き起こすレベルではないけれども，蓄積によって将来的にはわからない」ことを意味していました。しかしながら，「放射線医療専門家」が「ニコニコ笑っている人には放射線は来ません」，「タバコの方がリスクは高い」，「塞ぎ込むと病気になる」というような発言を被災者にしたことにより多くの住民の怒りを引き起こしました (53)。彼らの発言は，「専門家の知識と経験からの現状分析，および将来的に起こり得る被害（特に子供たち）を最小にするための具体策」を知りたかった人々の願いに背き，「原発事故を過小評価し，原発を守る役割」を演じることになりました。また，「事故」から約2か月後に放射線医学総合研究所は「ウェブ上で事故直後の自らの行動を打ち込むだけでどれだけ外部被曝をしたかを推計できるシステムを公開する」とホームページで公表しましたが，「不安をあおる」という福島県の要請で公開が中止されたことが報告されています (54)。放射能の大規模汚染で対象者が多数であったことを考えれば，効果的なウェブ上での推計システムを「なぜ中止した」かを国民に説明する責任があったのではないでしょうか。これは，国・東電・福島県による「放射能影響予測システム (SPEEDI) で得られた放射能拡散データ」を隠したこと (443) と同様に批判せざるを得ませんし，「研究所の存在意義」を自ら放棄したと思うのが市民感

覚ではないでしょうか。

　最も懸念されていたところですが,「原発」事故後に「甲状腺がん」の可能性が高い子供の割合が福島県で増加していることが報道されています。政府・福島県・福島県立医大は「被曝との因果関係は考えにくい」との見解を示していますが,健康調査をしている福島県・県立医大と調査結果を「評価する組織」の独立性に問題があることが指摘されています (54)。この見解の「正当性」はいずれ歴史的に検証されることになりますが,「原発推進」の「専門家」の評価だけではなく,「原発」に慎重な立場である「専門家」やNGOなどによるセカンドオピニオンも必要とされ,県立医大に集約されている住民の「検査情報」を一定の条件下で公開することが求められます。「チェルノブイリ」事故では慢性疾患や先天性異常も発生しており,その視点からの長期にわたるフォローアップも必要です。「国策的」に推進された「原発」による事故で健康被害をうけた国民が,一方的に「因果関係はない」と切り捨てられ,「多重被害」を受けることは絶対にあってはならないことです。他方では,戦後最大の「人災」となった「原発」事故にもかかわらず (7),直接的な当事者である国（政府・行政）,電力会社（東京電力）,「原子力ムラ」を中心とする「科学者・専門家」は何ら責任を取らないままに「再稼働」に邁進しています。

「ダイオキシン類」被曝と「科学者」

　ダイオキシン被曝においても「科学者」が「政治権力」に迎合し,ダイオキシンの毒性を「過小評価」したことがさまざまな事実から明らかにされています。「枯葉作戦」ではベトナムの人々,アメリカやその同盟軍の帰還兵とその家族に深刻な後遺症が現れています。帰還兵と疾患の因果関係はおもに80年代に検討され,それを担ったアトランタの防疫センターの疫学調査では「帰還兵の発症率は一般人と比べて有意の差はない」とし,「枯葉剤（TCDD）の影響はない」というものでした。しかしながら,この結論は「データ操作」されたものであったことが後に証明されました。また,工場災害でのダイオ

キシン被曝調査においても，アメリカ，西ドイツでの意図的なデータ改ざんにより，「がん」の発生率には TCDD 被曝による影響はないとされたことが指摘されています。このような政府系研究機関の研究者によるダイオキシン類の「過小評価」は 90 年のアメリカ下院で「断罪」されました (19)。「セベソ」事故でもイタリア州政府が，事故発生から 2 年目の先天異常発生率を偽って発表し，「事故の影響はなかった」として事実を隠匿したことが知られています (27)。

　一方，「カネミ油症」食品公害事件ではどうだったのでしょうか？　1 万 4,000 人を超える人々が被害を訴えたにもかかわらず，厚生（労）省や九州大学を中心とする「油症研究班」による「狭義の認定基準」のために，「油症認定患者」とされたのはその 1 割程度に過ぎなかったことは第 2 章で述べました。「油症」の原因として「PCB 説」が当初は採られましたが，毒性の強い「PCDFs」が患者の組織中から同定され (34)，ダイオキシン類が「主原因」と認識されたのは 1988 年のことでした (5, 32)。しかしながら，2001 年の坂口厚労大臣による「カネミ油症の主原因はダイオキシン類であり，診断基準を見直す」という国会答弁にいたるまで，厚生（労）省は「主原因」に沿った「被害者の掘り起こし」と「患者救済」に否定的でした。「専門家」の科学的見解を厚生行政に反映させず，「政治的」判断で取り仕切っている「官僚」の姿勢が患者の救済を遅らせました。一方，「班長見解」さえ受け入れられなかった「油症班」は厚生（労）省とどのように折り合っていたのでしょうか？
　「社会的病気」において速やかな患者救済をするためには，「情報公開」によって「行政」と「専門家」の「なれ合い」を監視することも必要です。

「体制内化された科学」

　「福島」原発事故での「原子力ムラの研究者」や「放射線医療専門家」の情報隠しを含めた対応の仕方で「市民」の「科学者・専門家」に対する信頼性の喪失は決定的になりました。しかしながら，それは戦後から現在にいたるまで長い期間をへて変遷した「科学者・専門家」の「社会的存在」に対する

「市民」の疑問・拒否感の現れの象徴とも考えることができるのではないでしょうか。すでに日本では，1950 年代から 1970 年代にかけて水俣病を始め，イタイイタイ病，大気汚染，薬害（サリドマイド禍など），農薬汚染，食品公害などの「公害」が社会問題化していました（444）。このような「公害」を発生させながら急成長する経済至上主義への反発とそれを支える「科学・技術」への不信が生まれており，多くの人々の心を捉えるようになっていました。「科学」そのものは無条件に「善」であり，その悪用だけをチェックすればよいと多くの人々が考えていた時代から，「科学」の影響をいやがうえでも日常の生活に受けざるを得ない現代の「市民」にとっては，「科学者・専門家」の「無責任さ」と自分たちの「既得権」に固執する姿には怒りを通りこしたものがあるのでしょう。「科学者・専門家」個人の人間性や「研究分野の違い」による程度の差はあるにしても，彼ら（私も含めて）に対するこのような感情は「市民」に共通した認識として少なからずあるものと思われます。

　科学史家であった廣重徹は 1973 年に出版された『科学の社会史』で，第二次大戦後に国家を中核とした国家（軍事を含む）・産業界・科学界の一体化と呼ばれる「体制的構造」が構築されたと論じています（8）。「国家が科学を支援するのは単に科学的成果だけではなく，軍事への貢献，国家威信への寄与，経済的発展や外交政策の武器，支配体制維持のイデオロギーの一端といったあらゆるレベルにおける役割が科学に期待され，その結果の逆として，科学の全活動はこの体制に全面的に依存し，それに規定されることになった」と分析しています。このような状況を廣重は「科学の体制内化」と呼びました。戦後の復興を切り抜けた日本は，池田内閣により 1960 年に導入された所得倍増計画で飛躍的に成長することになりました。それは産業構造の高度化と貿易の拡大により 10 年間に国民所得を 2 倍に引き上げようという日本資本主義の強化・膨張計画でした。その目的の達成のためには科学技術の振興と人的能力の向上に努めることが必要とされ，研究・開発活動及び教育を全面的に編成しなおすという方向性が打ち出されて，「科学技術振興 10 年計画」として答申されました。この「答申」では基礎研究から開発までの一貫した研究活動を促進し，大量に不足すると見積もられる科学技術者の供給を増やすた

めに理工系学部を拡張し，大学の学部・学科の再編と「産学共同」を要請することが盛り込まれました (8)。60年代の花形新技術であったエレクトロニクス，宇宙，原子力，情報化ブームが大学での基礎科学者にも多大な恩恵を与えると同時に，産業界への科学技術労働者の供給に貢献したことがわかります。このように，60年代において国家・政府は大規模な研究開発に自ら関与し，方向づけをすることにより科学と技術の全体を資本の利益に見合うように編成することが加速されました。「科学の体制内化」が進行する過程で科学・技術は政府主導の「課題達成型」へと変化を遂げ，研究費も飛躍的に増大して「ビッグ・サイエンス」が全盛の時代を迎えることになりますが，原子力研究は当初から「潜在的核兵器保有国としての外交・安全保障政策」の一側面を持つものとして「国策的」に促進された特有な歴史を持っていることが指摘されています (445, 446)。

　生物学はこの時代では脚光を浴びませんでしたが，遺伝子クローニングと塩基配列決定の進歩，ポリメラーゼ連鎖反応などの一連のバイオテクノロジー技術の確立を通してヒトゲノム計画として結実することになります。90年代以降には産業構造の変化をもたらすようなライフサイエンスとして社会に定着し始め，それに合わせて多くの大学でバイオ関連の学生数が拡充されたことは記憶に新しいことです。これを文部科学省科学研究費 (平成26年度) の分野別配分状況の視点から見ると，医学・薬学を含めた生物系が全体の約41%（679億円）を占め，ライフサイエンスが科学研究の大きな柱として成長したことが示されています (図Ⅲ-1) (447)。しかしながら，近年の生物科学研究の進展が著しいとしても，その産業化には「ヒト」を対象とするが故の制限と慎重さがおのずと求められます。ましてや，「マスメディア」と「世論」を動員しながら，「基礎研究」が始まったばかりの「再生医療」を日本経済の「成長戦略」として利用しようとしている「政府・行政」と一部の「科学者」の姿勢はあまりにも性急すぎると思われます。

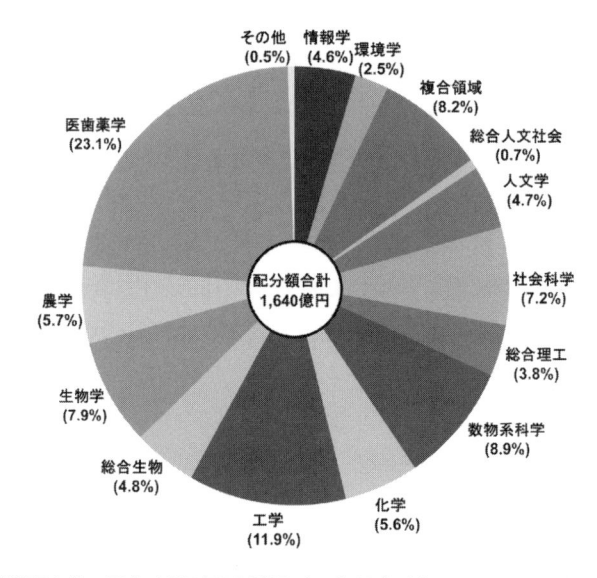

図Ⅲ-1　科学研究費の研究分野別配分状況（平成26年度）［文献（447）より引用，作成］

「帝国主義的再編」に反対する戦い

　60年代から70年代にかけては第1部に述べたようにベトナム戦争の長期化と拡大に対する反対運動が世界的に広がっていました。このような政治的・社会的な状況のもとで「科学の体制内化」が本格的に政府により導入されたわけですが，東京大学をはじめとする全国の大学の学生や大学院生，若手研究者を中心として「大学（教育）の帝国主義的再編反対」のスローガンのもとに「大学立法」や「産学共同路線」に反対する闘争が展開されました。結果的には敗北しましたが，「大学・科学とは何か」「自己にとって学問とは何か」という根源的な問いが提起され，現在に通じる本質的な問題が時代を先取りして指摘されました（448）。しかしながら，国家・大学・マスメディアにより「大学闘争で提起された諸問題」は「過激派」の要求と見なされ，歴史的にも，思想的にも，かつ人材的にも切り捨てられました。それから半世紀が過ぎ去った現在の「大学・科学者・専門家」が抱える劣化現象は，「国

家」と安易に一体化して大学闘争を終焉させた「大学人」と，その「総括」をなし得なかった私たち「団塊世代」にその萌芽を見出せるのではないでしょうか。

　一例として，大学と企業との共同研究の問題を挙げたいと思います。「産学共同路線」が「答申」で要請された60年代においては，大学が特定企業と共同研究を進めることは原則的に自粛されていました。しかし，現在ではむしろ大学が産学連携を推進するような状況にあり，それを積極的に進める教官ほど評価が高いようです。企業の「寄付講座」や企業スタッフから「教授」になることもめずらしくはないようです。「外部資金を獲得」，「新たな産業の起業」，「地域活性化」のためなど，さまざまな理由づけがされていますが，なし崩し的で無節操と批判されても致し方ありません。大学と企業が「境界をなくす」ことにより，大学は「実用化」「商業化」に席巻されてしまうのでしょうか？　また，「大学発」や「研究所発」の「起業」がもてはやされている「科学の商業化」に問題はないのでしょうか？　「役に立たない」学問・科学は淘汰され，消失して当然なのでしょうか？　昨今，企業からの出向職員による薬効データ捏造や「原子力ムラの専門家」と「電力会社」との癒着した関係も問題にされています。それは国家に領導された「産・官・学」の一体化構造が抱く問題の一側面といわざるを得ません。『福島の原発事故をめぐって』の著者である山本義隆は，「国は税金をもちいた多額の交付金によって地方議会を切り崩し，地方自治体を財政的に原発に反対できない状態に追いやり」，「電力会社は潤沢な宣伝費用を投入することで大マスコミを抱き込み，頻繁に生じている小規模な事故や不具合の発覚を隠蔽して安全宣言を繰り返し，寄付講座という形でボス教授の支配の続く大学研究室をまるごと買収し」，こうして，「地元やマスコミや学界から批判者を排除し翼賛体制を作り上げていったやり方は，原発ファシズムともいうべき様相を呈している」と明確に問題点を指摘しています (446)。「産・官・学」の無節操な癒着の構造は，時として多くの「市民」の健康や日常生活の破壊，インサイダー取引などの経済犯罪の誘発，軍事研究への協力促進をもたらすと同時に，教育の場で学生・大学院生をこれらのために動員する可能性があることを大学は重

く受け止めるべきでしょう。「大学人」の「社会的倫理観」が厳しく問われています。

大学闘争後の大学の質的変遷

　70年代の中頃には大学は「正常化」され，多くの大学では何もなかったかのような平穏な日常に戻りましたが，国家・行政からはそれに対応するさまざまな政策が打ち出されました（449）。その中で，現在の「科学者・専門家」と社会との関係に影響を与えたものとして，1971年に中央審議会でまとめられた「今後における学校教育の総合的な拡充整備のための基本的施策について」の答申（四六答申），91年の大学審議会による「大学教育の改善について」の答申，2004年の国立大学の独立法人化があり，それについて少し触れたいと思います。「四六答申」は60年代後半の大学闘争で学生により厳しく問われた戦後の大学教育に対する行政側からの総括と見なされており，90年代以降の国家・行政主導による教育改革の先触れとなったことが指摘されています（450）。それには，①高等教育の大衆化と学術研究の高度化の矛盾，②高等教育の専門化と総合化，③教育・研究と管理体制の問題，④大学の自主性と閉鎖性排除の問題，⑤大学の独自性と国家による調整機能に関する問題などが提起され，それらの矛盾に対する改革案が提案されました。しかしながら，大学側は従来からの既得権の要求や個別問題での反対に終始し，建設的な提案がなされませんでした。

　中曽根内閣では臨時教育審議会が設置され，その影響下で大学審議会による大学設置基準の「大綱化」と自己点検・評価の導入が提案されて国家により大学改革が促進されることになりました。それは1991年に「大学教育の改善について」の答申として具現化され，一般（教養）教育と専門教育の区分を廃止するという「規制緩和」が提言されました。大学での一般教育は「戦前・戦中の科学・技術者は視野が狭くて批判力に乏しく，与えられた目的を鵜呑みにして国の戦争政策に協力した」という反省のもとに，「理科専攻の学生も，広い視野と総合的な判断力を身につける必要がある」という理念から

導入されたものです (451)。「規制緩和」は戦後の大学教育の根幹を支えていた一般教育（リベラルアーツ）の解体と教養部の廃止を意味し，それに伴って学部・学科の再編と専門領域の細分化が，学問の発展からの必然性ではなく，大学政策的に全国の国立大学で画一的に導入されました。しかしながら，大学教育に本質的な変化をもたらす「大綱化」にもかかわらず，専門課程の教養課程に対する優位性という大学人の意向が反映されてか，全国的に大きな議論が広がりませんでした。教養部の授業内容は単なる高等学校の延長に過ぎないという批判とその有効性に限界があったにせよ，この変遷によって大局的な視点から学問を学ぶ意義や現実社会との関わりを問う姿勢は軽視され，実務的・即効的・技術的な知識教育が求められるようになったことが指摘されています (452)。これは，大学での人材育成の目的が，「幅広い豊かな教養と専門性を有する知性」＝「批判精神の主体」の若者を社会に送り出すことではなく，「企業戦士型で容易に交換可能な部品」を再生産することが国家戦略として選択されたことを意味するものです。新自由主義のもとでの大学では，「学術研究を深めるのではなく，社会のニーズを見据えた実践的な職業教育」の役割が強調されており，それが大学評価の重要な要素にもなっています。このような人材を生み出す戦略は，大学・学問にとっては勿論のこと，国家・社会にとっても長い目で見ると良い方向に向かわないことは明白であり，京都大学に文科・理科を融合した学部・大学院が近年になり開設されたことも人材劣化の危惧を反映するものとしてあるのかもしれません。

国鉄の民営化 (1987年) に端を発した行政改革においては90年代末の小渕内閣による「国家公務員を10年間で20%削減する」という表明により，国立大学職員の非国家公務員化がクローズアップされました。2004年の国立大学の独立法人化と前後して大学の財務システムの変更が導入され，国立大学法人の基盤的予算は運営交付金として一括配分され，かつ毎年1%ずつの減額が課せられることになりました。欧米の研究者からも高く評価され，自由な研究目的に使用されていた研究校費は圧縮され，逆に競争的資金が増強されることになりました（図Ⅲ-2）(453)。同時に，大学の管理運営体制も学長の権限強化と教授会の権限低下，および学外者評価による競争原理の導入で

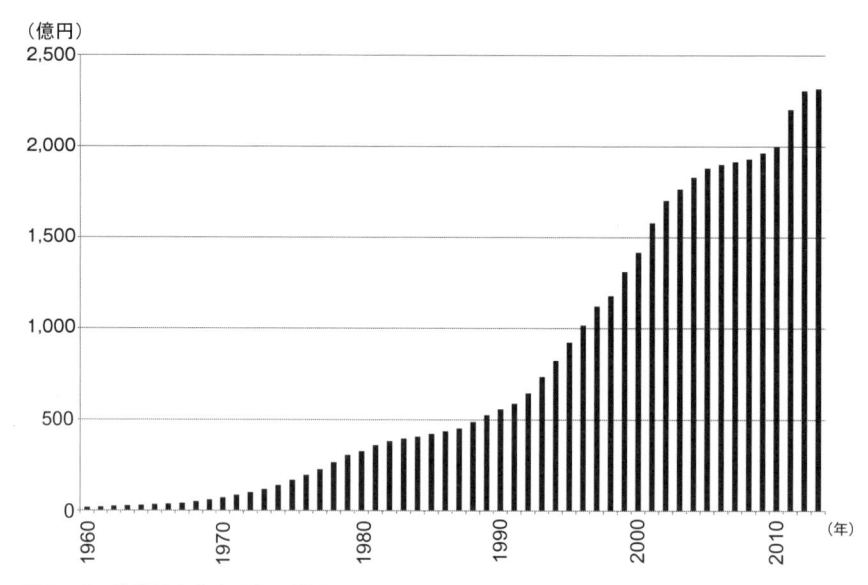

図Ⅲ-2 科学研究費助成額の推移 ［文献（453）より引用，作成］

強まり，さらに文部官僚（出身者）が全国の大学の理事などに天下ることによって大学の自主独立が問われることになったとも言われています。

大学院重点化政策

「規制緩和」による大学の増加と第二次ベビーブームによる学生数の増加によって，大学での教育水準の低下が進行していることが指摘される中で，産業の高度化と国際化に対応できる人材育成のために「大学院の飛躍的充実」を旗印とした大学院重点化政策（1998年）がとられることになりました。大学院在学者数でみると70年は約4万人であったものが80年には約5万人，90年には約9万人，2000年には20万人，2005年には25万人を超えたことが示されています（図Ⅲ-3）(454)。定員増に伴う大学予算の自動的な増加というメリットを受けるために，大学院設置や学生定員増を安易に推進したことにより，大学院における教育・研究水準も総体的に低下したことは当然の帰結でした。また，良質の学生が旧帝大を中心とした大学院に集中するとい

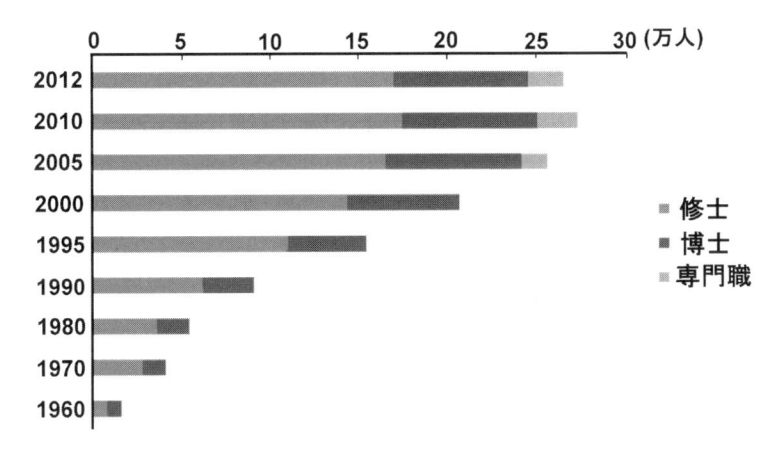

図Ⅲ - 3 大学院在学者数の推移 ［文献（454）より引用，作成］

大学院重点政策により 1990 年代から 2000 年にかけて大学院在学者が 10 万人以上増えて 2.3 倍になったことが示されている。

う大学院間格差が助長されることになりました．しかしながら，これほどまでに過剰創出した大学院生をアカデミックポジションで吸収することは不可能であり，しかも「博士は使いづらく採用しない」とする以前からの日本企業の風土があったことから，その就職問題については当初から非常に危惧されていました．社会での受け皿を考慮しないまま導入された大学院重点化政策は，結果として多くの人材に不安定な生活を余儀なくさせることになりました．このような状況を反映して，博士課程への進学率は 2006 年前後をピークに低下に転じたことが報道されています（455）．

21 世紀の国際競争に打ち勝つためには「科学・技術」の優位性は必要なことですが，それには新しい仕組みを持った大学院の改革が不可欠です．しかしながら現実は，戦前からの旧帝大を中心とする中央集権化による大学院の強化が基本的政策とされました．人事においては任期付き雇用制度が多くの大学で導入されましたが，教授，准教授には実質的にパーマネントな地位が保障されています．他方では，大学院重点政策で過剰創出された多くの大学院生は研究室の活性化を推進する無給の駒として据え置かれ，幸運にも大学

での助教の職を得た大学院生は5年程度の任期付き職員として従前より不安定な立場に置かれることになりました。さらに，大学に雇用されない多くの若手研究者は，「ゲノム」プロジェクトに代表される大規模競争プロジェクトでの短期的雇用（雇用の調節弁）に吸収されることになりました。若手研究者は ①生活基盤が不安定なこと，②研究のグランドデザインを描けないこと，③短期雇用で研究の継続性がなく業績があげにくいこと，④研究者としてのモチベーションの低下に悩みつつも任期内での業績をあげるための研究に没頭せざるを得ない状況に追い込まれています。このような改革を導入した人々は十分な時間的余裕のある環境で研究を享受した世代であり，活性化という名目での任期付短期雇用がいかに若手研究者にとり酷であるかは自らを振り返れば容易に想像することができるはずです。しかしながら，大学院生を過剰創出したにもかかわらず，若手研究者が不足していることが文部科学省の調査で明らかにされており (456)，「矛盾した事態」の説明と解決が求められます。また，高額な授業料と利子付き奨学金（就学ローン）の貸与は「受益者負担」で当然とし，負債を抱えながら短期雇用でたらいまわしされ，「科学」の底辺を支える若手研究者については「自己責任論」で正当化している今日の大学院生・若手研究者を取り巻く「教育・研究」環境は極めて「異常」であり，大学は「ブラック化」しているといわれています。他方では，さまざまな文化基盤をもつ世界の大学を一律に評価すること自体異論があるところですが，日本の大学評価ランキングが低迷していることが報道されています。良質な学生は日本の大学を見限って欧米の大学（院）への入（留）学を考慮しているとも伝えられており，国内でも国際化を促進するための「秋季入学」や「スーパーグローバル大学」で対応しようとしていますが，それが本質的解決につながるかについての疑問や懸念も指摘されています (457)。

「研究のプロジェクト化」と国家によるコントロール

　大学の法人化に伴う運営交付金（研究費）の削減により，研究費を外部の競争的資金から獲得することが研究者の重要な仕事の1つになってきまし

た。競争的資金が研究費に占める割合の中で大きくなるにつれ，研究者は自己の研究費獲得に忙殺されると同時に，研究内容も予算のつく方向性になびくようになったといわれています。国の科学戦略を担う官僚と数名の「科学者・専門家」で決定された巨額の予算が付く「研究課題」は時限付きで，時代にマッチする方向性が採られることが多いようです。「課題」に沿う具体的テーマは公募され，「期間内に達成され，かつ実用に役立つこと」が最近では要求されています。研究者は共同研究者の選定，研究実施計画の策定，審査を受けるためのさまざまな準備，採択後には中間評価，最終評価という煩雑な事務作業に追われることになります。予算額により資金獲得のための困難さに差があるのは勿論のことですが，基本的にはこのような作業が繰り返されることにより研究は継続されることになります。このような状況下では自己の研究がどのような「社会的役割」をはたしているかについて考察し正確な判断を下す時間的・精神的余裕が失われ，「集金マシーン」になりやすいことが指摘されています。さらに，研究が以前にくらべてより「細分化（部品化）」「専門化」「スピード化」され，自らの限られた分野以外は理解することができないということも加わって，「科学者・専門家」の政治的・社会的出来事への関心と参加，社会への発言も減少することになりました。結果的に，一連の「科学・技術」政策によって大学の理科系・医学系学部への「国家・行政」の支配が強まり，「御用機関化」したことが指摘されています（458）。このことは，国立大学職員の非公務員化による人事管理と業績評価の強化のもとで加速されることになったようです。

「科学行政」の「情報公開」を

　過去の多くの「薬害」事件や「社会的病気」をめぐっては，「厚生省」などが設置した「専門家会議」や「審議会」でその対応についての議論がなされてきました。多くの「被害者」は「専門家」が中立的な立場で「科学的判断」を下すと期待していましたが，実際は「官僚」と「専門家」，「加害企業」の隠れ蓑となり，「加害企業側」に有利に結論づけるための「形式的な会議の場」として機能してきたことが指摘されています。この背景として，「専門

家」には「国」や「加害企業側」から「研究助成金」などが支給されていた例が多く見られ，「産・官・学」の必要以上の「一体化の構造」が被害を拡大させる原因の1つであったことが報道されています。現在でもこのような「審議会行政」は継続されており，「被害者・市民」の「参加する権利」と「委員選定の妥当性」や「審議会」の決定に対する「結果責任」を問えるシステムが必要です。その前提として「産・官・学」の癒着を監視するための無条件な「情報公開」が必要です。その意味で，「秘密保護法」の施行による政府・行政の情報隠匿の強化は防がなければなりません。このような懸念を抱かせる例として，「原発」事故に関する「吉田調書」の開示問題があります。「調書」には「原発」事故の検証と教訓に重要な情報が含まれているとされていましたが，政府は「非開示」の方針を堅持し，「調書」を「読んでおらず，知らない」という規制委員会委員長のもとで「原発再稼働」にむけた準備が進められました。このような状況下で「吉田調書」は「朝日新聞」によりスクープされ，その分析・評価が公正さを欠いた「誤報道」として「一部の表現」が後に取り消され，政府も「調書」を「黒塗り付き」で公開しました(459)。これらの経緯から以下の3点を指摘したいと思います。①「政府・行政」は本質的に国民に対して「情報隠蔽」の体質を持っており，「朝日新聞」の特報自体は評価されてしかるべきものです。それがなければ「調書」が闇に葬られる可能性が強かったからです。②マスメディアは事例を徹底的に検証し，「正確・公正」な報道原則に徹して欲しいということです。「誤報道」は国内・外の世論に多大な混乱をもたらすと同時に，「政治権力」からの介入と自主規制を招くことになり，結果的に「国民の知る権利」が損なわれる可能性をもたらします。③「国会事故調」では「原発」事故に関して「不作為の人災」と認定していますが (7)，「想定外の大きさの地震と津波による天災」として世論を誘導する作為が見られることが指摘されています (460)。「国策的」に推進した「原発」によって「国民の生存権」を奪った責任の所在を明白にするために，徹底した「原発」事故の原因の検証・究明を行うことが重要です。マスメディアにはこの点についての継続的な報道が求められ，事故検証においては「原発」政策で異なった立場の「専門家」や人文・社会科学を含めた「異分野」の「専門家」，そして被害を受けた「市民」を含めた

構成でなされることが必要です。

「安全性の哲学」

　ダイオキシンなどの化学物質や放射能による被曝とヒトへの健康影響を考えるときには，その根底として「安全性の哲学」が必要であることは過去の「公害」事件から導かれた重要な結論です。「社会」としても「個人」としても「安全性の哲学」を理解することが，①健康を守る，②社会生活を防衛する，③社会的コストを防ぐ意味でも極めて重要なことです。その本質は物理学者であった武谷三男が彼の著書である『安全性の考え方』で明快に論じています (13)。「裁判は"疑わしきは罰せず"だが，安全の問題は"疑わしきは罰しなくてはならない"。公共・公衆の安全を守るためには"安全が証明されなければやってはならない"のであって，危険が証明された時には，すでにアウトになっているのである」。「公共の福祉のために制限されるべきことは"特権"であって"人権"ではなく，基本的人権を守るためにこそ公共の福祉があり」，それこそが「安全性の哲学」の根本であるとしています。「福島」原発事故から4年が過ぎ去りましたが，政治家・行政・経済界・「放射線医療専門家」の主張の中で「安全性の哲学」に沿った見解がほとんどなかったことは極めて残念なことです。「安全性の哲学」は「人々が一定の社会関係の中で，健康で文化的な生活を営む権利＝生存権（憲法25条）」を満たすために必須であり，これを無視して「日本経済の再生」を展望しても「市民」の安心感のある生きる喜びは得られないでしょう。この点に関して，地域住民による「関西電力大飯原発3，4号機の再稼働の運転差し止めを求めた訴訟」において，福井地裁が「人の生存そのものにかかわる権利と，電気代などのコストを同列に論じること自体，法的には許されない」として原発事故後初めて再稼働を認めない判決を下したことは極めて画期的なことであり，脱原発への第一歩として重要な判例となりました (461)。また，ドイツでは「福島」の事故後に原子力専門家による検討とは別に，社会学者・哲学者・宗教家などの「原子力の非専門家」による倫理委員会を発足させ，そこでの議論をもとに脱原発を決断したことが報告されています (462)。さらに，環境史

家 J. ラートカウは脱原発に至るまでのプロセスにおいては「市民の抗議活動と国内的・国際的ネットワーク」が非常に重要であったことを指摘しています (463)。従って、「科学者・専門家」が「市民」から失った信頼性を回復するためには、現代社会で増加しつつある「トランス・サイエンス」の諸課題に対してさまざまな角度から問題点を分析し、人々の生存のために必要な「安全性の哲学」の視点から「市民」と広範なネットワークを構築する努力が求められると思われます。

「因果関係」と「蓋然性」

「安全性の考え方」に次いで化学物質や放射能被曝で問題になるのは、暴露された物質と発生した疾患の「因果関係」を明らかにすることです。被害を加えた側は「被害を受けた方が"因果関係"を科学的に証明しない限り、我々は黒と呼ばれる筋合いはない」という論理を全面的に展開します。特に、「低濃度長期間の影響」を被害者が科学的に証明することは不可能に近いと思われます。例えば放射線は自然界にも存在しており、自然界による被曝と「事故」による被曝のいずれが疾患の直接的原因かを証明することは困難ですし、ダイオキシン被曝によって次世代に先天性奇形や生殖異常の発生が見られますが、それが特定の原因の被曝によることを認定する際に、被害者は非常に厳しい状況におかれていることは第1部においても記載しました。そのような現実から出てきた考え方として、「最大の蓋然性＝可能性」を追求することによる「因果関係」の証明があります。戦争や事故などの非常時においては、平常時での対照値などをとることはありえません。「最も疑わしいもの＝蓋然性が高いもの」に「因果関係」を私たちは見るべきだと思います。そのような原則的な視点に立ち、多角的な方面からのデータ解析の結果が限りなく高い可能性を持って1つの結論に近づく時には「因果関係」があると認めることが科学的な考え方です (2, 13)。同時に、「加害者側がその原因と疑われる物質がその疾患に関して無害であることを科学的に証明しない限り黒である」という「加害者立証責任」が社会的ルールとして確立することが求められます。それが被害者の救済をはやめ、「生存権」を守ることにつなが

るからです。

これからの科学

　ここでは，「科学」は戦後の経済成長を支える重要な担い手として「国家・政府」にコントロールされ，「体制内化」して成長してきたことを示しました。「課題達成型」の研究現場では科学者の専門性を極端に「細分化」（部品化）し，高度に「専門化」することによりスピードと効率性を最優先したシステムが導入されてきました。その代償として組織を運営する一握りの研究者と，全体像を見渡せない研究者のグループへの分業が促進され，後者からは研究することの喜びの剥奪と，研究からの疎外が加速化する状況を生み出してきました。以前にはあった「研究テーマ」と「研究者の顔」が一致するような構造は破壊され，同時に研究者としての社会的責任感やモラルの低下が促進されたことが指摘されています。これらのことは，科学の重要な担い手である若手研究者の任期付き採用に典型的にあらわれています。また，3.11 後に成立した第二次安倍内閣では，国家の強化（国家主義）に向けた「科学・技術」の総動員体制が意図されており，その一環として応用研究を重視した「日本版 NIH 法」の成立と，国家政策を反映させやすく，その規模が近年の間に大膨張している理化学研究所などの「特定国立研究開発法人化構想」が報道されています。

　一方では，私たちの社会は高齢化と人口減少といういまだかつて経験したことのない時代を迎えています。高成長型の消費社会からどのような哲学のもとに，どのようにして持続型の成熟した福祉社会に転換するのかが具体的に問われています。そこでは，国家・行政，産業界，学界の一体化のもとに行われる中央集権化した科学の在り方の変更が求められ，新たな視点から科学を構築することが必要だと思われます。このような時代の大きな転換点に「福島」原発事故が発生し，「原子力ムラの研究者」や「放射線医療専門家」への批判が集中しました。私たちは経済成長を達成するための高度に「細分化・専門化」した「研究体制」が現代の日本社会においては弊害となってい

ることを認識しなければなりません。極端な「分業社会」は社会から「総合的な判断能力を有する知性」=「批判精神の主体」の存在を消失させ，一連の大学，科学・技術政策と相まって「科学者・専門家」は「都合の良い部品」となり，国家システムの「補完物」として組み込まれました。その結果，「科学者・専門家」と「市民」との隔絶が助長されることになりました。

　科学が「体制内化」されてすでに半世紀の時が過ぎ去りました。その異議申し立てとしてあった60~70年代の大学闘争で問題提起されたことが現実化しつつある現在，私たちは「体制内化された科学」の在り方を再構築することによっていくばくかの光明を見出せるかもしれません。そのためには，①「細分化」から「総合化」の教育体系を追求し，「市民社会」のなかに科学，医学が存在することの認識を深化させることが必要です。逆に，「市民」の経済的，社会的，文化的活動は「ヒトを含めた生態系」と有限な「自然環境」のもとに成立することの認識を高めなければなりません。このためには，大学では専門教育を実施する前に充実した「リベラルアーツ」の教育が必須であり，「都合の良い部品」を再生産し続けた大学から「総合的な価値判断のできる個人」を育成することが要請されます。②科学研究においては，国家主導型の「課題研究」を制限し，それぞれの大学，研究所，研究者の自主性と独自性，自由度を保障する研究システムを導入することです。具体的な「プロジェクト研究」で成果があがる研究分野と，短期間での「プロジェクト研究」によって「科学」そのものの「変質と歪み」をもたらす多くの研究分野があることを認識しなければなりません。真の「イノベーション」は「国家」の主導により成し遂げられるものではなく，多くの基礎・応用研究に従事する研究者・大学院生の自由な発想と十分な時間，適度な研究費に裏付けられた研究から生まれたことはこれまでの歴史が物語ることです。「研究費」の格差拡大による弊害は是正される必要があります。③「科学・技術立国」を志向するのであれば長期的視野のもとで社会として人材育成にあたるべきです。若手研究者の短期任期付研究員制度を廃止し，大学院授業料の無償化と給付型奨学金（給与）を支給することが求められます。④科学研究費の採択の一部は「市民」，「NPO」などが採択・決定に参加するシステムを導入する

ことが必要であり (464)，同時に，「NPO」などの非営利組織を研究実施主体としても位置づけ，大学等の公的研究機関の利用を認めるようにすることなどが求められます。④を保障することにより時代の要請する「生活者＝市民」感覚に見合った「市民の科学」を取り込むことが可能となり，「科学者・専門家」と「市民社会」の在り方を変える作業を通して緊張関係に基づく信頼性が高まることが期待されます。日本における脱原発運動の先駆者の一人であった高木仁三郎は「科学者が科学者たりうるのは，本来社会がその時代時代で科学という営みに託した期待に応えようとする努力によってであり，社会と科学者の間には本来このような暗黙の契約関係が成り立っているとみるべきである」とし，「社会（市民）の支持を失った科学は活力を失う」ことを予見しています (465)。「科学」は従来，文学，芸術，映像，音楽，スポーツなどと共に「市民」の「期待と支援」によって「文化」の一部を構成してきましたが，「国家・産業界」との一体化が促進されたことによって「市民」と「文化」から遊離しつつあり，現代における「科学」の社会的役割が問われています。

参考資料・文献

はじめに
1. SIPRI（ストックホルム国際平和研究所）（編），岸　由二，伊藤嘉昭（訳）：『ベトナム戦争と生態系破壊』，岩波書店（1979）
2. 轡田隆史：『ベトナム枯れ葉作戦の傷跡』，すずさわ書店（1982）
3. Carson R. *Silent Spring*, Houghton Mifflin, USA（1962）
レイチェル・カーソン（著），青樹簗一（訳）：『沈黙の春』，新潮社（1974）
4. Omura T, Sato R. "A new cytochrome in liver microsomes". *J. Biol. Chem.* **237**, 1375-1376（1962）
5. 宮田秀明：『ダイオキシン』，岩波新書（1999）
6. Okey AB. "An aryl hydrocarbon receptor odyssey to the shores of toxicology : the Deichmann Lecture, International Congress of Toxicology-XI". *Toxicol. Sci.* **98**, 5-38（2007）
7. 東京電力福島原子力発電所事故調査委員会：『国会事故調報告書』，p.12，徳間書店（2012）
8. 廣重　徹：『科学の社会史―近代日本の科学体制』，p.13，pp.283-297，中央公論社（1973）
9. 高草木光一：「澤瀉久敬『医学概論』と3・11後の思想的課題」，高草木光一（編）『思想としての「医学概論」―いま「いのち」とどう向き合うか』，p.25，岩波書店（2013）
10. 野家啓一：「大学と科学者の社会的役割」，現代思想，pp.81-87，青土社（2011）

第1部
11. Schulz KH. "Clinical & experimental studies on the etiology of chloracne". *Arch. Klin. Exp. Dermatol.* **206**, 589-596（1957）
12. シーア・コルボーン，ダイアン・ダマノスキ，ジョン・ピーターソン・マイヤーズ（著），長尾　力（訳）：『奪われし未来』，翔泳社（1997），（増補改訂版）翔泳社（2001）
13. 武谷三男編：『安全性の考え方』，岩波新書（1967）

第 1 章

14. レ・カオ・ダイ（著），尾崎　望（監訳）：『ベトナム戦争におけるエージェントオレンジ』，文理閣（2004）
15. 神谷勇治：「植物の生長分化制御に関与する P450」，大村恒雄，石村　巽，藤井義明（編）『P450 の分子生物学』（第 2 版），pp.224-236，講談社（2009）
16. 綿貫礼子：「除草剤開発の歴史に見る戦争と平和」，『生命系の危機』，pp.154-182，アンヴィエル（1979）
17. 中村梧郎：グラフィック・レポート『戦場の枯葉剤』，岩波書店（1995）
18. Stellman JM, Stellman SD, et al. "The extent and patterns of usage of Agent Orange and other herbicides in Vietnam". *Nature*, **422**, 681-687（2003）
19. 中村梧郎：『母は枯葉剤をあびた』，岩波現代文庫（2005）
20. Dharmasiri N, Dharmasiri S, et al. "The F-box protein TIR1 is an auxin receptor". *Nature*, **435**, 441-445（2005）
21. Tan X, Calderon-Villalobos LI, et al. "Mechanism of auxin perception by the TIR1 ubiquitin ligase". *Nature*, **446**, 640-645（2007）
22. Guilfoyle T. "Sticking with auxin". *Nature*, **446**, 621-622（2007）
23. Ito Y. "Japanese view of defoliation". *Science*, **162**, 513-514（1968）
24. Rose S.（編），須之部淑男，赤木昭夫（訳）：『生物化学兵器』，みすず書房（1970）
25. Courtney KD, Gaylor DW, et al. "Teratogenic evaluation of 2,4,5-T". *Science*, **168**, 864-866（1970）
26. 綿貫礼子，吉田由布子：『未来世代への「戦争」が始まっている―ミナマタ・ベトナム・チェルノブイリ―』，pp.171-198，岩波書店（2005）
27. 石川文洋：『ベトナム 戦争と平和』，岩波新書（2005）
28. Stone R. "Agent Orange's bitter harvest". *Science*, **315**, 176-179（2007）
29. Schecter A, Dai LC, et al. "Recent dioxin contamination from Agent Orange in residents of a southern Vietnam city". *J. Occup. Environ. Med.* **43**, 435-443（2001）
30. Kahn PC, Gochfeld M, et al. "Dioxins and dibenzofurans in blood and adipose tissue of Agent Orange-exposed Vietnam veterans and matched controls". *JAMA.* **259**, 1661-1667（1988）
31. *Veterans and Agent Orange: Update 2012*, The National Academies Press（2014）

第 2 章

32. 川名英之：『検証・カネミ油症事件』，緑風出版（2005）
33. Nagayama J, Masuda Y, et al. "Determination of polychlorinated dibenzofurans in tissues of patients with 'yusho'". *Food Cosmet. Toxicol.* **15**, 195-198（1977）
34. 原田正純，浦崎貞子，他：「カネミ油症事件の現況と人権」，熊本学園大学『社会関係研究』，第 11 巻，第 1・2 号，pp.1-47（2006）
35. Schecter A, Birnbaum L, et al. "Dioxins: an overview". *Environ. Res.* **101**, 419-428

(2006)
36. Mizuno R, Sato R, et al. "The second generation of the Yusho. -39 Years after the PCBs/PCDF exposures-. In *Persistent organic pollutants (POPs) research in Asia*. (ed.) Morita M. pp.411-415（2008）
37. Nagayama J, Todaka T, et al. "Polychlorinated dibenzofurans as a causal agent of fetal Yusho". *Chemosphere*, **80**, 513-518（2010）

第3章

38. フラー JG.（著），野間　宏（監訳）:『死の夏』，アンヴィエル（1978）
39. 綿貫礼子：「セベソ住民の十八日間」，『生命系の危機』，pp.62-85，アンヴィエル（1979）
40. 綿貫礼子：「対立する汚染データの評価」，『生命系の危機』，pp.86-109，アンヴィエル（1979）
41. Hay A. "Toxic cloud over Seveso". *Nature*, **262**, 636-638（1976）
42. Caramaschi F, del Corno G, et al. "Chloracne following environmental contamination by TCDD in Seveso, Italy". *Int. J. Epidemiol*. **10**, 135-143（1981）
43. Consonni D, Pesatori AC, et al. "Mortality in a population exposed to dioxin after the Seveso, Italy, Accident in 1976: 25 years of follow-up". *Am. J. Epidemiol*. **167**, 847-858（2008）
44. Hay A. "Seveso: the aftermath". *Nature*, **263**, 538-540（1976）
45. 外務省ホームページ（平成24年12月）
46. Pesatori AC, Consonni D, et al. "Short- and long-term morbidity and mortality in the population exposed to dioxin after the "Seveso accident" ". *Industrial Health*. **41**, 127-138（2003）
47. 白鳥潤一郎・農薬毒性研究グループ：「二年後のセベソ，潜伏拡大型汚染の実態」，フラー JG.（著），野間宏（監訳）『死の夏』，pp.187-233，アンヴィエル（1978）
48. Bisanti L, Bonetti F, et al. "Experiences from the accident of Seveso". *Acta. Morphol. Acad. Sci. Hung*. **28**, 139-157（1980）
49. Mocarelli P, Gerthoux PM, et al. "Paternal concentrations of dioxin and sex ratio of offspring". *LANCET*, **355**, 1858-1863（2000）
50. 欧州委員会環境総局：The Seveso III Directive 2012/18/EU.
51. 暉峻淑子：「第三章 がんと向き合うささえ合い」，金子安比古，樋野興夫，暉峻淑子『がん予備軍のあなたへ』，pp.51-74，かもがわ出版（2010）
52. 広河隆一：『チェルノブイリ報告』，岩波新書（1991）
53. 広河隆一：『福島 原発と人びと』，岩波新書（2011）
54. 日野行介：『福島原発事故　県民健康管理調査の闇』，岩波新書（2013）

第4章

55. 多田　満：『レイチェル・カーソンに学ぶ環境問題』，東京大学出版会（2011）
56. 石牟礼道子：『苦海浄土』，講談社文庫（1972）
57. 原田正純：『水俣病』，岩波新書（1972）
58. 宇井　純：『公害原論』，亜紀書房（2006）
59. 有吉佐和子：『複合汚染』，新潮文庫（1975）
60. 奥野健男：有吉佐和子『複合汚染』の解説，pp.507-512，新潮文庫（1979）
61. 付録：ウィングスプレッド宣言：『奪われし未来』付録1-9，翔泳社（1997）
62.「内分泌攪乱化学物質問題への環境庁の対応方針について―環境ホルモン戦略計画SPEED'98 ―」，環境庁（2000）
63.「化学物質の内分泌かく乱作用に関する環境省の今後の対応方針について―ExTEND2005 ―」，環境省（2005）
64. Inouye K, Shinkyo R, et al. "Metabolism of polychlorinated dibenzo-p-dioxins (PCDDs) by human cytochrome P450-dependent monooxygenase systems". *J. Agric. Food Chem.* **50**, 5496-502（2002）
65. 原田和明：『真相 日本の枯葉剤』，pp.106-121，五月書房（2013）
66. 『ダイオキシン類』―関係省庁共通パンフレット―，環境省（2012）

インターミッション

67. 『高等学校 生物 I, II』，第一学習社
68. 伊藤明夫：『自分を知るいのちの科学』，pp.3-13，培風館（2005）
69. 清川昌一，伊藤　孝，池原　実，尾上哲治：『地球全史スーパー年表』，岩波書店（2014）
70. 伊藤明夫：『はじめて出会う細胞の分子生物学』，p.138，岩波書店（2006）
71. 金子安比古：「第一章 がんの原因解明と治療はどこまで進んだか」，金子安比古，樋野興夫，暉峻淑子『がん予備軍のあなたへ』，pp.9-34，かもがわ出版（2010）

第2部

72. Nelson DR. http://drnelson.uthcc.edu/CytochromeP450.html.
73. 後藤　修：「P450遺伝子の構造」，大村恒雄，石村　巽，藤井義明（編）『P450の分子生物学』（第2版），pp.84-96，講談社（2009）
74. Omura T. "Contribution of cytochrome P450 to the diversification of eukaryotic organisms". *Biotech. & Applied Biochem.* **60**, 4-8（2013）
75. 青山由利，吉田雄三：「コレステロール生合成」，大村恒雄，石村　巽，藤井義明（編）『P450の分子生物学』（第2版），pp.118-125，講談社（2009）
76. Omura T. "Structural diversity of cytochrome P450 enzyme system". *J. Biochem.* **147**, 297-306（2010）
77. Gotoh S, Ohno M, et al. "Nuclear receptor-mediated regulation of cytochrome P450

genes", In 4th edition of *Cytochrome P450*, Oritz de Montellano, P.R. et al. (eds.), pp.787-812, Springer International Publishing Switzerland (2015)

第5章

78. Richardson HL, Stier AR, et al. "Liver tumor inhibition and adrenal histologic responses in rats to which 3′-methyl-4-dimethylaminoazobenzene and 20-methylcholanthrene were simultaneously administered". *Cancer Res.* **12**, 356-361 (1952)
79. Axelrod J. "Studies on sympathomimetic amines. II. The biotransformation and physiological disposition of d-amphetamine, d-p-hydroxyamphetamine and d-methamphetamine". *J. Pharmacol. Exp. Ther.* **110**, 315-326 (1954)
80. Conney AH, Miller EC, et al. "The metabolism of methylated aminoazo dyes. V. Evidence for induction of enzyme synthesis in the rat by 3-methylcholanthrene". *Cancer Res.* **16**, 450-459 (1956)
81. Conney AH, Miller EC, et al. "Substrate-induced synthesis and other properties of benzpyrene hydroxylase in rat liver". *J. Biol. Chem.* **228**, 753-766 (1957)
82. Ryan KJ, Engel LL. "Hydroxylation of steroids at carbon 21". *J. Biol. Chem.* **225**, 103-114 (1957)
83. Klingenberg MA. "Pigments of rat liver microsomes". *Arch. Biochem. Biophys.* **75**, 376-386 (1958)
84. Omura T, Sato R. "The carbon monoxide-binding pigment of liver microsomes. I. Evidence for its hemoprotein nature". *J. Biol. Chem.* **239**, 2370-2378 (1964)
85. Omura T, Sato R. "The carbon monoxide-binding pigment of liver microsomes. II. Solubilization, purification, and properties". *J. Biol. Chem.* **239**, 2379-2385 (1964)
86. Omura T. "Recollection of the early years of the research on cytochrome P450". *Proc. Jpn. Acad.*, Ser. B **87**, 617-640 (2011)
87. Cooper DY, Levin S, et al. "Photochemical action spectrum of the terminal oxidase of mixed function oxidase systems". *Science*, **147**, 400-402 (1965)
88. Omura T, Takesue S. "A new method for simultaneous purification of cytochrome b_5 and NADPH-cytochrome c reductase from rat liver microsomes". *J. Biochem.* **67**, 249-257 (1970)
89. Cohen BS, Estabrook RW. "Microsomal electron transport reactions. II. The use of reduced triphosphopyridine nucleotide and/or reduced diphosphopyridine nucleotide for the oxidative N-demethylation of aminopyrine and other drug substrates". *Arch. Biochem. Biophys.* **143**, 46-53 (1971)
90. Mannering GJ, Kuwahara S, et al. "Immunochemical evidence for the participation of cytochrome b_5 in the NADH synergism of the NADPH-dependent monooxidase system of hepatic microsomes". *Biochem. Biophys. Res. Commun.* **57**, 476-481 (1974)
91. Imai Y. "Reconstituted O-dealkylase system containing various forms of liver

microsomal cytochrome P450". *J. Biochem.* **86**, 1697-1707 (1979)
92. Imai Y. "The roles of cytochrome b_5 in reconstituted monooxygenase system containing various forms of hepatic microsomal cytochrome P450". *J. Biochem.* **89**, 351-362 (1981)
93. Conney AH, Miller EC, et al. "The metabolism of methylated aminoazo dyes. V. Evidence for induction of enzyme synthesis in the rat by 3-methylcholanthrene". *Cancer Res.* **16**, 450-459 (1956)
94. Nebert DW, Bausserman LL. "Genetic differences in the extent of aryl hydrocarbon hydroxylase induction in mouse fetal cell cultures". *J. Biol. Chem.* **245**, 6373-6382 (1970)
95. Remmer H. "Die Beschleunigung des Evipanabbaues unter der Wirkung von Barbituraten". *Naturwissenshaften,* **45**, 189-190 (1958)
96. Erenster L, Orrenius S. "Substrate-induced synthesis of the hydroxylating enzyme system of liver microsomes". *Fed. Proc.* **24**, 1190-1199 (1965)
97. Alvares AP, Schilling G, et al. "Studies on the induction of CO-binding pigments in liver microsomes by phenobarbital and 3-methylcholanthre". *Biochem. Biophys. Res. Commun.* **29**, 521-526 (1967)

第6章

98. Nebert DW, Gelboin HV. "Substrate-inducible microsomal aryl hydroxylase in mammalian cell culture. I. Assay and properties of induced enzyme". *J. Biol. Chem.* **243**, 6242-6249 (1968)
99. Gielen JE, Goujon FM, et al. "Genetic regulation of aryl hydrocarbon hydroxylase induction. II. Simple Mendelian expression in mouse tissues *in vivo*". *J. Biol. Chem.* **217**, 1125-1137 (1972)
100. Nebert DW, Robinson JR, et al. "Genetic expression of aryl hydrocarbon hydroxylase activity in the mouse". *J. Cell. Physiol.* **85**, 393-414 (1975)
101. Poland A, Glover E. "2,3,7,8-Tetrachlorodibenzo-*p*-dioxin: a potent inducer of δ-aminolevulinic acid synthetase". *Science,* **179**, 476-477 (1973)
102. Poland A, Glover E. "Chlorinated dibenzo-p-dioxins: potent inducers of δ-aminolevulinic acid synthetase and aryl hydrocarbon hydroxylase. II. A study of the structure-activity relationship". *Mol. Pharmacol.* **9**, 736-747 (1973)
103. Poland A, Glover E. "Comparison of 2,3,7,8-tetrachlorodibenzo-*p*-dioxin, a potent inducer of aryl hydrocarbon hydroxylase, with 3-methylcholanthrene". *Mol. Pharmacol.* **10**, 349-359 (1974)
104. Poland AP, Glover E, et al. "Genetic expression of aryl hydrocarbon hydroxylase activity. Induction of monooxygenase activities and cytochrome P_1-450 formation by 2,3,7,8-tetrachlorodibenzo-*p*-dioxin in mice genetically "nonresponsive" to other aromatic hydrocarbons". *J. Biol. Chem.* **249**, 5599-5606 (1974)
105. Poland A, Glover E. "Genetic expression of aryl hydrocarbon hydroxylase by

2,3,7,8-tetrachlorodibenzo-*p*-dioxin: Evidence for a receptor mutation in genetically non-recponsive mice". *Mol. Pharmacol.* **11**, 389-398（1975）

106. Okey AB, Vella LM, et al. "Detection and characterization of a low affinity form of cytosolic Ah receptor in livers of mice nonresponsive to induction of cytochrome P$_1$-450 by 3-methylcholanthrene". *Mol. Pharmacol.* **35**, 823-830（1989）

107. Poland A, Glover E, et al. "Stereospecific, high affinity binding of 2,3,7,8-tetrachlorodibenzo-*p*-dioxin by hepatic cytosol. Evidence that the binding species is receptor for induction of aryl hydrocarbon hydroxylase". *J. Biol. Chem.* **251**, 4936-4946（1976）

108. Poland A, Glover E. "Chlorinated biphenyl induction of aryl hydrocarbon hydroxylase activity: a study of the structure-activity relationship". *Mol. Pharmacol.* **13**, 924-938（1977）

109. Okey AB, Bondy GP, et al. "Regulatory gene product of the Ah locus. Characterization of the cytosolic inducer-receptor complex and evidence for its nuclear translocation". *J. Biol. Chem.* **254**, 11636-11648（1979）

110. Greenlee WF, Poland A. "Nuclear uptake of 2,3,7,8-tetrachlorodibenzo-*p*-dioxin in C57BL/6J and DBA/2J mice. Role of the hepatic cytosol receptor protein". *J. Biol. Chem.* **254**, 9814-9821（1979）

111. Kende A, Poland A. "The genetic expression of aryl hydrocarbon hydroxylase activity: evidence for a receptor mutation in nonresponsive mice". In *Origins of Human Cancer.* 847-867（1978）

112. Ichikawa Y, Yamano T. "Reconversion of detergent- and sulfhydryl reagent-produced P420 to P450 by polyols and glutathione". *Biochim. Biophys. Acta.* **131**, 490-497（1967）

113. Imai Y, Sato R. "A gel-electrophoretically homogeneous preparation of cytochrome P450 from liver microsomes of phenobarbital-pretreated rabbits". *Biochem. Biophys. Res. Commun.* **60**, 8-14（1974）

114. van der Hoeven TA, Haugen DA, et al. "Cytochrome P450 purified to apparent homogeneity from phenobarbital-induced rabbit liver microsomes: Catalytic activity and other properties". *Biochem. Biophys. Res. Commun.* **60**, 569-575（1974）

115. Hashimoto C, Imai Y. "Purification of a substrate complex of cytochrome P450 from liver microsomes of 3-methylcholanthre-treated rabbits". *Biochem. Biophys. Res. Commun.* **68**, 821-827（1976）

116. Haugen DA, Coon MJ. "Properties of electrophoretically homogenous phenobarbital-inducible and β-naphtoflavone-inducible forms of liver microsomal cytochrome P450". *J. Biol. Chem.* **251**, 7929-7939（1976）

117. Johnson EF, Muller-Eberhard U. "Purification of the major cytochrome P-450 of liver microsomes from rabbits treated with 2,3,7,8-tetrachlorodibenzo-*p*-dioxin (TCDD)". *Biochem. Biophys. Res. Commun.* **76**, 652-659（1977）

118. Kamataki T, Sugiura M, et al. "Purification and properties of cytochrome P450 and NADPH-cytochrome c (P450) reductase from human liver microsomes". *Biochem. Pharmacol.* **28**, 1993-2000 (1976)
119. Wang P, Mason PS, et al. "Purification of human liver cytochrome P450 and comparison to the enzyme isolated from rat liver". *Arch. Biochem. Biophys.* **199**, 206-219 (1980)
120. Ryan DE, Thomas PE, et al. "Separation and characterization of highly purified forms of liver microsomal cytochrome P450 from rats treated with polychlorinated biphenyls, phenobarbital, and 3-methylcholanthrene". *J. Biol. Chem.* **254**, 1365-1374 (1979)
121. Harada N, Omura T. "Selective induction of two different molecular species of cytochrome P450 by phenobarbital and 3-methylcholanthre". *J. Biochem.* **89**, 237-248 (1981)
122. Huang MT, West SB, et al. "Separation, purification, and properties of multiple forms of cytochrome P-450 from the liver microsomes of phenobarbital-treated mice". *J. Biol. Chem.* **251**, 4659-4665 (1976)
123. Negishi M, Nebert DW. "Structural gene products of the Ah locus. Genetic and immunochemical evidence for two forms of mouse liver cytochrome P450 induced by 3-methylcholanthrene". *J. Biol. Chem.* **254**, 11015-11023 (1979)
124. Kamataki T, Sugiura M, et al. "Purification and properties of cytochrome P450 and NADPH-cytochrome c (P450) reductase from human liver microsomes". *Biochem. Pharmacol.* **28**, 1993-2000 (1979)
125. Wang P, Mason PS, et al. "Purification of human liver cytochrome P450 and comparison to the enzyme isolated from rat liver". *Arch. Biochem. Biophys.* **199**, 206-219 (1980)
126. Omura T. "Structural diversity of cytochrome P450 enzyme system". *J. Biochem.* **147**, 297-306 (2010)
127. Pott P. "Chirurgical observations relative to the cancer of the scrotum". Reprinted in *JNCI Monograph*, **10**, 7-13 (1963)
128. Doll R, Peto R. *The causes of cancer*. Oxford University Press, Oxford, New York (1981)
129. Yamagiwa K, Ichikawa K. "Experimentelle Studie uber die Pathogenese der Epithelialgeschwulste". *Mitt. Med. Fak.Tokio*, **15**, 295-344 (1915)
130. Kennaway EL, Hieger I. "Carcinogenic substances and their fluorescence spectra". *Brit. Med. J.* **1**, 1044-1046 (1930)
131. Cook JW, Hewett CL, et al. "The isolation of a cancer-producing hydrocarbons from coal tar". *J. Chem. Soc.* 395-405 (1933)
132. Yoshida T. "Uber die serienweise Verfolgung der Veranderungen der Leber der experimentellen Hepatomerzeugung durch o-Aminoazotoluol". *Trans. Japan Pathol. Soc.* **23**, 636-638 (1933)
133. Kinoshita R. "Researches on the carcingenesis of the various chemical substances".

Gann, **30**, 423-426（1936）

134. Miller JA. "Carcinogenesis by chemicals: an overview-G. H. A. Clowes memorial lecture". *Cancer Res.* **30**, 559-576（1970）
135. Sugimura T, Fujimura S. "Tumour reduction in glandular stomach of rat by N-methyl-N′-nitro-N-nitrosoguanidine". *Nature,* **216**, 943-944（1967）
136. Heidelberger C. "Chemical carcinogenesis". *Annu.Rev. Biochem.* **44**, 79-121（1975）
137. Rendric S, Guengerich FP. "Contributions of human enzymes in carcinogen metabolism". *Chem. Res. Toxicol.* **25**, 1316-1383（2012）
138. Ames BN, Durston WE, et al. "Carcinogens are mutagens: A simple test system combining liver homogenates for activation and bacteria for detection". *Proc. Natl. Acad. Sci. USA.* **70**, 2281-2285（1973）
139. McCann J, Choi E, et al. "Detection of carcinogens as mutagens in the Salmonella/microsome test: assay of 300 chemicals". *Proc. Natl. Acad. Sci. USA.* **72**, 5135-5139（1975）
140. McCann J, Ames BN. "Detection of carcinogens as mutagens in the Salmonella/microsome test: assay of 300 chemicals: discussion". *Proc. Natl. Acad. Sci. USA.* **73**, 950-954（1976）
141. 黒木登志夫：『新版 がん細胞の誕生』，p.90，朝日選書（1989）
142. Coon MJ. "Reconstitution of the cytochrome P450-containing mixed-function oxidase system of liver microsomes". *Methods in Enzymolgy,* Vol. LII, 200-206（1978）
143. Robles AI, Linke SP, et al. "The p53 network in lung carcinogenesis". *Oncogene,* **21**, 6898-6907（2002）
144. Fujii-Kuriyama Y, Mizukami Y, et al. "Primary structure of a cytochrome P-450: coding nucleotide sequence of phenobarbital-inducible cytochrome P-450 cDNA from rat liver". *Proc. Natl. Acad. Sci. USA.* **79**, 2793-2797（1982）
145. Yabusaki Y, Shimizu M, et al. "Nucleotide sequence of a full-length cDNA coding for 3-methylcholanthrene-induced rat liver cytochrome P-450$_{MC}$". *Nucleic Acids Res.* **12**, 2929-2938（1984）
146. Kawajiri K, Gotoh O, et al. "Coding nucleotide sequence of 3-methylcholanthrene-inducible cytochrome P-450d cDNA from rat liver". *Proc. Natl. Acad. Sci. USA.* **81**, 1649-1653（1984）
147. Sogawa K, Gotoh O, et al. "Distinct organization of methylcholanthrene- and phenobarbital-inducible cytochrome P-450 genes in the rat". *Proc, Natl. Acad. Sci. USA* **81**, 5066-5070（1984）
148. Kimura S, Gonzalez FJ, et al. "The murine Ah locus: Comparison of the complete cytochrome P_1-450 and P_3-450 cDNA nucleotide and amino acid sequences". *J. Biol. Chem.* **259**, 10705-10713（1984）
149. Jaiswal AK, Gonzalez FJ, et al. "Human P_1-450 gene sequence and correlation of mRNA

with genetic differences in benzo[a]pyrene metabolism". *Nucleic Acids Res.* **13**, 4503-4520 (1985)

150. Kawajiri K, Watanabe J, et al. "Structure and drug inducibility of the human cytochrome P-450c gene". *Eur. J. Biochem.* **159**, 219-225 (1986)

151. Sogawa K, Gotoh O, et al. "Complete nucleotide sequence of a methylcholanthrene-inducible cytochrome P450 (P-450d) gene in the rat". *J. Biol. Chem.* **260**, 5026-5032 (1985)

152. Jones PB, Durrin LK, et al. "Control of gene expression by 2,3,7,8-tetrachlorodibenzo-*p*-dioxin. Multiple dioxin-responsive domains 5'-ward of the cytochrome P_1-450 gene". *J. Biol. Chem.* **261**, 6647-6650 (1986)

153. Fujisawa-Sehara A, Sogawa K, et al. "Regulatory DNA elements localized remotely upstream from the drug-metabolizing cytochrome P-450c gene". *Nucleic Acids Res.* **14**, 1465-1477 (1986)

154. Hannah RR, Lund J, et al. "Characterization of the DNA-binding properties of the receptor for 2,3,7,8-tetrachlorodibenzo-*p*-dioxin". *Eur. J. Biochem.* **156**, 237-242 (1986)

155. Gasiewicz TA, Bauman PA. "Heterogeneity of the rat hepatic Ah receptor and evidence for transformation *in vitro* and *in vivo*". *J. Biod. Chem.* **262**, 2116-2120 (1987)

156. Fujisawa-Sehara A, Sogawa K, et al. "Characterization of xenobiotic responsive elements from the drug-metabolizing cytochrome P-450c gene: a similarity to glucocorticoid regulatory elements". *Nucleic Acids Res.* **15**, 4179-4191 (1987)

157. Denison MS, Fisher JM, et al. "The DNA recognition site for the dioxin-Ah receptor complex. Nucleotide sequence and functional analysis". *J. Biol. Chem.* **263**, 17221-17224 (1988)

158. Hankinson O. "Single-step selection of clones of a mouse hepatoma line deficient in aryl hydrocarbon hydroxylase". *Proc. Natl. Acad. Sci. USA.* **76**, 373-376 (1979)

159. Legraverend C, Hannah RR, et al. "Regulatory gene product of the Ah locus. Characterization of receptor mutants among mouse hepatoma clones". *J. Biol. Chem.* **257**, 6402-6407 (1982)

160. Hankinson O. "The aryl hydrocarbon receptor complex". *Annu. Rev. Pharmacol. Toxicol.* **35**, 307-340 (1995)

161. Whitlock JP. "Genetic and molecular aspects of 2,3,7,8-tetrachlorodibenzo-*p*-dioxin action". *Annu. Rev. Pharmacol. Toxicol.* **30**, 251-257 (1990)

162. Hoffman EC, Reyes H, et al. "Cloning of a factor required for activity of the Ah (dioxin) receptor". *Science,* **252**, 954-958 (1991)

163. Reyes H, Reisz-Porszasz S, et al. "Identification of the Ah receptor nuclear translocator protein (Arnt) as a component of the DNA binding form of the Ah receptor". *Science,* **256**, 1193-1195 (1992)

164. Pollenz RS, Sattler CA, et al. "The aryl hydrocarbon receptor and aryl hydrocarbon

receptor nuclear translocator protein show distinct subcellular localizations in Hepa 1c1c7 cells by immunofluorescence microscopy". *Mol. Pharmacol.* **45**, 428-438 (1994)

165. Eguchi H, Ikuta T, et al. "A nuclear localization signal of human aryl hydrocarbon receptor nuclear translocator/hypoxia-inducible factor 1β is a novel bipartite type recognized by the two components of nuclear pore-targeting complex". *J. Biol. Chem.* **272**, 17640-17647 (1997)

166. Huang ZJ, Edery I, et al. "PAS is a dimerization domain common to Drosophila period and several transcription factors". *Nature,* **364**, 259-262 (1993)

167. Fryer BH, Simon MC. "Hypoxia, HIF and the placenta". *Cell Cycle,* **5**, 495-498 (2006)

168. Rankin EB, Higgins DF, et al. "Inactivation of the aryl hydrocarbon receptor nuclear translocator (Arnt) suppresses von Hippel-Lindau disease associated vascular tumors in mice". *Mol. Cell. Biol.* **25**, 3163-3172 (2005)

169. Gunton JE, Kulkarni RN, et al. "Loss of ARNT/HIF 1beta mediates altered gene expression and pancreatic-islet dysfunction in human type 2 diabetes". *Cell,* **122**, 337-349 (2005)

170. Poland A, Glover E, et al. "Photoaffinity labeling of the Ah receptor". *J. Biol. Chem.* **261**, 6352-6365 (1986)

171. Perdew GH, Poland A. "Purification of the Ah receptor from C57BL/6J mouse liver". *J. Biol. Chem.* **263**, 9848-9852 (1988)

172. Bradfield CA, Glover E, et al. "Purification and N-terminal amino acid sequence of the Ah receptor from the C57BL/6J mouse". *Mol. Pharmacol.* **39**, 13-19 (1991)

173. Burbach KM, Poland A, et al. "Cloning of the Ah-receptor cDNA reveals a distinctive ligand-activated transcription factor". *Proc. Natl. Acad. Sci. USA.* **89**, 8185-8189 (1992)

174. Ema M, Sogawa K, et al. "cDNA cloning and structure of mouse putative Ah receptor". *Biochem. Biophys. Res. Commun.* **184**, 246-253 (1992)

175. Dolwick KM, Schmidt JV, et al. "Cloning and expression of a human Ah receptor cDNA". *Mol. Pharmacol.* **44**, 911-917 (1993)

176. Schmidt JV, Carver LA, et al. "Molecular characterization of the murine Ahr gene. Organization, promoter analysis, and chromosomal assignment". *J. Biol. Chem.* **268**, 22203-22209 (1993)

177. McIntosh BE, Hogenesch JB, et al. "Mammalian Per-Arnt-Sim proteins in environmental adaptation". *Annu. Rev. Physiol.* **72**, 625-645 (2010)

178. Kellermann G, Luyten-Kellermann M, et al. "Genetic variation of aryl hydrocarbon hydroxylase in human lymphocytes". *Am. J. Hum. Genet.* **25**, 327-331 (1973)

179. Kouri, KE, Nebert, DW. "Genetic Regulation of susceptibility to polycyclic-hydrocarbon-induced tumors in the mouse". In *Origins of Human Cancer* (*Book B*), 811-835 (1978)

180. Kawajiri K, Nakachi K, et al. "Identification of genetically high risk individuals to lung

cancer by DNA polymorphisms of the cytochrome P450IA1 gene". *FEBS Letters* **263**, 131-133 (1990)
181. Hayashi S, Watanabe J, et al. "Genetic linkage of lung cancer-associated *Msp*I polymorphisms with amino acid replacement in the heme binding region of the human cytochrome P450IA1 gene". *J. Biochem.* **110**, 407-411 (1991)
182. Hayashi S, Watanabe J, et al. "High susceptibility to lung cancer analyzed in terms of combined genotypes of P450IA1 and Mu-class glutathione S-transferase genes". *Jpn. J. Cancer Res.* **83**, 866-870 (1992)
183. Nakachi K, Imai K, et al. "Polymorphisms of the CYP1A1 and glutathione S-transferase genes associated with susceptibility to lung cancer in relation to cigarette dose in a Japanese population". *Cancer Res.* **53**, 2994-2999 (1993)
184. Persson I, Johansson I, Ingelman-Sundberg M. "*In vitro* kinetics of two human CYP1A1 variant enzymes suggested to be associated with interindividual differences in cancer susceptibility". *Biochem. Biophys. Res. Commun.* **231**, 227-230 (1997)

第 7 章
185. Reisz-Porszasz S, Probst MR, et al. "Identification of functional domains of the aryl hydrocarbon receptor nuclear translocator protein (ARNT)". *Mol. Cell. Biol.* **14**, 6075-6086 (1994)
186. Whitelaw ML, Gustafsson JA, et al. "Identification of transactivation and repression functions of the dioxin receptor and its basic helix-loop-helix/PAS partner factor Arnt: inducible versus constitutive modes of regulation". *Mol. Cell. Biol.* **14**, 8343-8355 (1994)
187. Fukunaga BN, Probst MR, et al. "Identification of functional domains of the aryl hydrocarbon receptor". *J. Biol. Chem.* **270**, 29270-29278 (1995)
188. Sogawa K, Nakano R, et al. "Possible function of Ah receptor nuclear translocator (Arnt) homodimer in transcriptional regulation". *Proc. Natl. Acad. Sci. USA.* **92**, 1936-1940 (1995)
189. Swanson HI, Chan WK, et al. "DNA binding specificities and pairing rules of the Ah receptor, ARNT, and SIM proteins". *J. Biol. Chem.* **270**, 26292-26302 (1995)
190. Ikuta T, Eguchi H, et al. "Nuclear localization and export signals of the human aryl hydrocarbon receptor". *J. Biol. Chem.* **273**, 2895-2904 (1998)
191. Coumailleau P, Poellinger L, et al. "Definition of a minimal domain of the dioxin receptor that is associated with Hsp90 and maintains wild type ligand binding affinity and specificity". *J. Biol. Chem.* **270**, 25291-25300 (1995)
192. Jain S, Dolwick KM, et al. "Potent transactivation domains of the Ah receptor and the Ah receptor nuclear translocator map to their carboxyl termini". *J. Biol. Chem.* **269**, 31518-31524 (1994)
193. DeGroot D, He G, et al. "AhR ligands: Promiscuity in binding and diversity in

response". In *The AH Receptor in Biology and Toxicology* (ed. Pohjanvirta, R), pp.63-79, John Willey & Sons (2012)
194. Nguyen LP, Bradfield CA. "The search for endogenous activators of the aryl hydrocarbon receptor". *Chem. Res. Toxicol.* **21**, 102-116 (2008)
195. Mckinney JD, Singh P. "Structure-activity relationships in halogenated biphenyls: Unifying hypothesis for structural specificity". *Chem-Biol. Interact.* **33**, 271-283 (1981)
196. Waller CL, McKinney JD. "Three-dimentional quantitative structure-activity relationships of dioxins and dioxin-like compunds: Model validation and Ah receptor characterization". *Chem. Res. Toxicol.* **8**, 847-858 (1995)
197. Long G, McKinney J, et al. "Polychlorinated dibenzofuran (PCDF) binding to the Ah receptor(s) and associated enzyme induction. Theoretical model based on molecular parameters". *Quant.Struct.-Act.Relat.* **6**, 1-7 (1987)
198. Ashek A, Lee C, et al. "3D QSAR studies of dioxins and dioxin-like compounds using CoMFA and CoMSIA". *Chemosphere,* **65**, 521-529 (2006)
199. Van den Berg M, Birnbaum LS, et al. "The 2005 World Health Organization reevaluation of human and Mammalian toxic equivalency factors for dioxins and dioxin-like compounds". *Toxicol. Sci.* **93**, 223-241 (2006)
200. Riddick DS, Huang Y, et al. "2,3,7,8-Tetrachlorodibenzo-*p*-dioxin versus 3-methylcholanthrene: comparative studies of Ah receptor binding, transformation, and induction of CYP1A1". *J. Biol. Chem.* **269**, 12118-12128 (1994)
201. Adachi J, Mori Y, et al. "Indirubin and indigo are potent aryl hydrocarbon receptor ligands present in human urine". *J. Biol. Chem.* **276**, 31475-31478 (2001)
202. Guengerich FP, Martin MV, et al. "Aryl hydrocarbon receptor response to indigoids *in vitro* and *in vivo*". *Arch. Biochem. Biophys.* **423**, 309-316 (2004)
203. Gillam EM, Aguinaldo AM, et al. "Formation of indigo by recombinant mammalian cytochrome P450". *Biochem. Biophys. Res. Commun.* **265**, 469-472 (1999)
204. Song J, Clagett-Dame M, et al. "A ligand for the aryl hydrocarbon receptor isolated from lung". *Proc. Natl. Acad. Sci. USA.* **99**, 14694-14699 (2002)
205. Henry EC, Bemis JC, et al. "A potential endogenous ligand for the aryl hydrocarbon receptor has potent agonist activity *in vitro* and *in vivo*". *Arch. Biochem. Biophys.* **450**, 67-77 (2006)
206. Jinno A, Maruyama Y, et al. "Induction of cytochrome P450-1A by the equine estrogen equilenin, a new endogenous aryl hydrocarbon receptor ligand". *J. Steroid Biochem. Mol. Biol.* **98**, 48-55 (2006)
207. Schaldach CM, Riby J, et al. "Lipoxin A4: A new class of ligand for the Ah receptor". *Biochemistry* **38**, 7594-7600 (1999)
208. Machado FS, Johndrow JE, et al. "Anti-inflammatory actions of lipoxin A4 and aspirin-triggered lipoxin are SOCS-2 dependent". *Nat. Med.* **12**, 330-334 (2006)

209. Seidel SD, Winters GM, et al. "Activation of the Ah receptor signaling pathway by prostaglandins". *J. Biochem. Mol. Toxicol.* **15**, 187-196 (2001)
210. Kapitulnik J, Gonzalez FJ. "Marked endogenous activation of the CYP1A1 and CYP1A2 genes in the congenitally jaundiced Gunn rat". *Mol.Pharmacol.* **43**, 722-725 (1993)
211. Sinal CJ, Bend JR. "Aryl hydrocarbon receptor-dependent induction of cyp1a1 by bilirubin in mouse hepatoma hepa 1c1c7 cells". *Mol. Pharmacol.* **52**, 590-599 (1997)
212. Heath-Pagliuso S, Rogers WJ, et al. "Activation of the Ah receptor by tryptophan and tryptophan metabolites". *Biochemistry,* **37**, 11508-11515 (1998)
213. Miller CA III. "Expression of the human aryl hydrocarbon receptor complex in yeast. Activation of transcription by indole compounds". *J. Biol. Chem.* **272**, 32824-32829 (1997)
214. Mezrich JD, Fechner JH, et al. "An interaction between kynurenine and the aryl hydrocarbon receptor can generate regulatory T cells". *J. Immunol.* **185**, 3190-3198 (2010)
215. Rannug A, Rannug U, et al. "Certain photooxidized derivatives of tryptophan bind with very high affinity to the Ah receptor and are likely to be endogenous signal substances". *J. Biol. Chem.* **262**, 15422-15427 (1987)
216. Fritsche E, Schafer C, et al. "Lightening up the UV response by identification of the arylhydrocarbon receptor as a cytoplasmatic target for ultraviolet B radiation". *Proc. Natl. Acad. Sci. USA.* **104**, 8851-8856 (2007)
217. Zhang S, Qin C, et al. "Flavonoids as aryl hydrocarbon receptor agonists/antagonists: effects of structure and cell context". *Environ. Health Perspect.* **111**, 1877-1882 (2003)
218. Amakura Y, Tsutsumi T, et al. "Activation of the aryl hydrocarbon receptor by some vegetable constituents determined using in vitro reporter gene assay". *Biol. Pharm. Bull.* **26**, 532-539 (2003)
219. Ciolino HP, Daschner PJ, et al. "Dietary flavonols quercetin and kaempferol are ligands of the aryl hydrocarbon receptor that affect CYP1A1 transcription differentially". *Biochem. J.* **340**, 715-722 (1999)
220. Bjeldanes LF, Kim JY, et al. "Aromatic hydrocarbon responsiveness-receptor agonists generated from indole-3-carbinol *in vitro* and *in vivo*: comparisons with 2,3,7,8-tetrachlorodibenzo-p-dioxin". *Proc. Natl. Acad. Sci. USA.* **88**, 9543-9547 (1991)
221. Santostefano M, Merchant M, et al. "α-Naphthoflavone-induced CYP1A1 gene expression and cytosolic aryl hydrocarbon receptor transformation". *Mol. Pharmacol.* **43**, 200-206 (1993)
222. Chen I, Safe S, et al. "Indole-3-carbinol and diindolylmethane as aryl hydrocarbon (Ah) receptor agonists and antagonists in T47D human breast cancer cells". *Biochem. Pharmacol.* **51**,1069-1076 (1996)

223. Casper RF, Quesne M, et al. "Resveratrol has antagonist activity on the aryl hydrocarbon receptor: implications for prevention of dioxin toxicity". *Mol. Pharmacol.* **56**, 784-790 (1999)
224. Beedanagari SR, Bebenek I, et al. "Resveratrol inhibits dioxin-induced expression of human CYP1A1 and CYP1B1 by inhibiting recruitment of the aryl hydrocarbon receptor complex and RNA polymerase II to the regulatory regions of the corresponding genes". *Toxicol. Sci.* **110**, 61-67 (2009)
225. Henry EC, Kende AS, et al. "Flavone antagonists bind competitively with 2,3,7,8-tetrachlorodibenzo-*p*-dioxin (TCDD) to the aryl hydrocarbon receptor but inhibit nuclear uptake and transformation". *Mol. Pharmacol.* **55**, 716-725 (1999)
226. Kim SH, Henry EC, et al. "Novel compound 2-methyl-2H-pyrazole-3-carboxylic acid (2-methyl-4-o-tolylazo-phenyl)-amide (CH-223191) prevents 2,3,7,8-TCDD-induced toxicity by antagonizing the aryl hydrocarbon receptor". *Mol. Pharmacol.* **69**, 1871-1878 (2006)
227. Zhao B, Degroot DE, et al. "CH223191 is a ligand-selective antagonist of the Ah (Dioxin) receptor". *Toxicol. Sci.* **117**, 393-403 (2010)
228. Procopio M, Tramontano A, et al. "A model for recognition of polychlorinated dibenzo-p-dioxins by the aryl hydrocarbon receptor". *Eur. J. Biochem.* **269**, 13-18 (2002)
229. Pandini A, Denison MS, et al. "Structural and functional characterization of the aryl hydrocarbon receptor ligand binding domain by homology modeling and mutational analysis". *Biochemistry*, **46**, 696-708 (2007)
230. Pandini A, Soshilov AA, et al. "Detection of the TCDD binding-fingerprint within the Ah receptor ligand binding domain by structurally driven mutagenesis and functional analysis". *Biochemistry*, **48**, 5972-5983 (2009)
231. Goryo K, Suzuki A, et al. "Identification of amino acid residues in the Ah receptor involved in ligand binding". *Biochem. Biophys. Res. Commun.* **354**, 396-402 (2007)
232. Bisson WH, Koch DC, et al. "Modeling of the aryl hydrocarbon receptor (AhR) ligand binding domain and its utility in virtual ligand screening to predict new AhR ligands". *J. Med. Chem.* **52**, 5635-5641 (2009)
233. Perdew GH. "Association of the Ah receptor with the 90-kDa heat shock protein". *J. Biol. Chem.* **263**, 13802-13805 (1988)
234. Denis M, Cuthill S, et al. "Association of the dioxin receptor with the Mr 90,000 heat shock protein: a structural kinship with the glucocorticoid receptor". *Biochem. Biophys. Res. Commun.* **155**, 801-807 (1988)
235. Perdew GH. "Chemical cross-linking of the cytosolic and nuclear forms of the Ah receptor in hepatoma cell line 1c1c7". *Biochem. Biophys. Res. Commun.* **182**, 55-62 (1992)
236. Chen HS, Perdew GH. "Subunit composition of the heteromeric cytosolic aryl

hydrocarbon receptor complex". *J. Biol. Chem.* **269**, 27554-27558 (1994)
237. Perdew GH, Bradfield CA. "Mapping the 90 kDa heat shock protein binding region of the Ah receptor". *Bio. Mol. Biol. Int.* **39**, 589-593 (1996)
238. Carver LA, Jackiw V, et al. "The 90-kDa heat shock protein is essential for Ah receptor signaling in a yeast expression system". *J. Biol. Chem.* **269**, 30109-30112 (1994)
239. Whitelaw ML, McGuire J, et al. "Heat shock protein hsp90 regulates dioxin receptor function *in vivo*." *Proc. Natl. Acad. Sci. USA.* **92**, 4437-4441 (1995)
240. Kazlauskas A, Sundstrom S, et al. "The hsp90 chaperone complex regulates intracellular localization of the dioxin receptor". *Mol. Cell. Biol.* **21**, 2594-2607 (2001)
241. Chen HS, Singh SS, et al. "The Ah receptor is a sensitive target of geldanamycin-induced protein turnover". *Arch. Biochem. Biophys.* **348**, 190-198 (1997)
242. Antonsson C, Whitelaw ML, et al. "Distinct roles of the molecular chaperone hsp90 in modulating dioxin receptor function via the basic helix-loop-helix and PAS domains". *Mol. Cell. Biol.* **15**, 756-765 (1995)
243. Heid SE, Pollenz RS, et al. "Role of heat shock protein 90 dissociation in mediating agonist-induced activation of the aryl hydrocarbon receptor". *Mol. Pharmacol.* **57**, 82-92 (2000)
244. McGuire J, Whitelaw ML, et al. "A cellular factor stimulates ligand-dependent release of hsp90 from the basic helix-loop-helix dioxin receptor". *Mol. Cell. Biol.* **14**, 2438-2446 (1994)
245. Kazlauskas A, Poellinger L, et al. "Evidence that the co-chaperone p23 regulates ligand responsiveness of the dioxin (Aryl hydrocarbon) receptor". *J. Biol. Chem.* **274**, 13519-13524 (1999)
246. Ma Q, Whitlock JP Jr. "A novel cytoplasmic protein that interacts with the Ah receptor, contains tetratricopeptide repeat motifs, and augments the transcriptional response to 2,3,7,8-tetrachlorodibenzo-*p*-dioxin". *J. Biol. Chem.* **272**, 8878-8884 (1997)
247. Carver LA, LaPres JJ, et al. "Characterization of the Ah receptor-associated protein, ARA9". *J. Biol. Chem.* **273**, 33580-33587 (1998)
248. Meyer BK, Pray-Grant MG, et al. "Hepatitis B virus X-associated protein 2 is a subunit of the unliganded aryl hydrocarbon receptor core complex and exhibits transcriptional enhancer activity". *Mol. Cell. Biol.* **18**, 978-988 (1998)
249. Meyer BK, Perdew GH. "Characterization of the AhR-hsp90-XAP2 core complex and the role of the immunophilin-related protein XAP2 in AhR stabilization". *Biochemistry,* **38**, 8907-8917 (1999)
250. Lees MJ, Peet DJ, et al. "Defining the role for XAP2 in stabilization of the dioxin receptor". *J. Biol. Chem.* **278**, 35878-35888 (2003)
251. Kazlauskas A, Poellinger L, et al. "The immunophilin-like protein XAP2 regulates ubiquitination and subcellular localization of the dioxin receptor". *J. Biol. Chem.* **275**,

41317-41324 (2000)
252. Petrulis JR, Hord NG, et al. "Subcellular localization of the aryl hydrocarbon receptor is modulated by the immunophilin homolog hepatitis B virus X-associated protein 2". *J. Biol. Chem.* **275**, 37448-37453 (2000)
253. LaPres JJ, Glover E, et al. "ARA9 modifies agonist signaling through an increase in cytosolic aryl hydrocarbon receptor". *J. Biol. Chem.* **275**, 6153-6159 (2000)
254. Sekimoto T, Yoneda Y. "Intrinsic and extrinsic negative regulators of nuclear protein transport processes". *Genes to Cells*, **17**, 525-535 (2012)
255. Bunger MK, Moran SM, et al. "Resistance to 2,3,7,8-tetrachlorodibenzo-*p*-dioxin toxicity and abnormal liver development in mice carrying a mutation in the nuclear localization sequence of the aryl hydrocarbon receptor". *J. Biol. Chem.* **278**, 17767-17774 (2003)
256. Guttler T, Gorlich D. "Ran-dependent nuclear export mediators: a structural perspective". *EMBO J.* **30**, 3457-3474 (2011)
257. Ikuta T, Tachibana T, et al. "Nucleocytoplasmic shuttling of the aryl hydrocarbon receptor". *J. Biochem.* **127**, 503-509 (2000)
258. Ikuta T, Kobayashi Y, et al. "Cell density regulates intracellular localization of aryl hydrocarbon receptor". *J. Biol. Chem.* **279**, 19209-19216 (2004)
259. Petrulis JR, Kusnadi A, et al. "The hsp90 Co-chaperone XAP2 alters importin beta recognition of the bipartite nuclear localization signal of the Ah receptor and represses transcriptional activity". *J. Biol. Chem.* **278**, 2677-2685 (2003)
260. Henry EC, Gasiewicz TA. "Agonist but not antagonist ligands induce conformational change in the mouse aryl hydrocarbon receptor as detected by partial proteolysis". *Mol. Pharmacol.* **63**, 392-400 (2003)
261. Sadek CM, Allen-Hoffmann BL. "Cytochrome P450IA1 is rapidly induced in normal human keratinocytes in the absence of xenobiotics". *J. Biol. Chem.* **269**, 16067-16074 (1994)
262. Morgan JE, Whitlock JP Jr. "Transcription-dependent and transcription-independent nucleosome disruption induced by dioxin". *Proc. Natl. Acad. Sci. USA.* **89**, 11622-11626 (1992)
263. Okino ST, Whitlock JP Jr. "Dioxin induces localized, graded changes in chromatin structure: implications for Cyp1A1 gene transcription". *Mol. Cell. Biol.* **15**, 3714-3721 (1995)
264. Elferink CJ, Whitlock JP Jr. "2,3,7,8-Tetrachlorodibenzo-p-dioxin-inducible, Ah receptor-mediated bending of enhancer DNA". *J. Biol. Chem.* **265**, 5718-5721 (1990)
265. Beischlag TV, Luis Morales J, et al. "The aryl hydrocarbon receptor complex and the control of gene expression". *Crit. Rev. Eukaryot. Gene Expr.* **18**, 207-250 (2008)
266. Hankinson O. "The AHR/ARNT dimer and transcriptional coactivators". In *The AH*

Receptor in Biology and Toxicology（ed. Pohjanvirta, R.）, pp.93-100, John Willey & Sons（2012）

267. Kawajiri K, Gotoh O, et al. "Titration of mRNAs for cytochrome P-450c and P-450d under drug-inductive conditions in rat livers by their specific probes of cloned DNAs". *J. Biol. Chem.* **259**, 10145-10149（1984）

268. Ueda R, Iketaki H, et al. "A common regulatory region functions bidirectionally in transcriptional activation of the human *CYP1A1* and *CYP1A2* genes". *Mol. Pharmacol.* **69**, 1924-1930（2006）

269. Nukaya M, Moran S, et al. "The role of the dioxin-responsive element cluster between the *Cyp1a1* and *Cyp1a2* loci in aryl hydrocarbon receptor biology". *Proc. Natl. Acad. Sci. USA.* **106**, 4923-4928（2009）

270. Sogawa K, Numayama-Tsuruta K, et al. "A novel induction mechanism of the rat *CYP1A2* gene mediated by Ah receptor-Arnt heterodimer". *Biochem. Biophys. Res. Commun.* **318**, 746-755（2004）

271. Boutros PC, Moffat ID, et al. "Dioxin-responsive AHRE-II gene battery: identification by phylogenetic footprinting". *Biochem. Biophys. Res. Commun.* **321**, 707-715（2004）

272. Zhang L, Savas U, et al. "Characterization of the mouse *Cyp1B1* gene. Identification of an enhancer region that directs aryl hydrocarbon receptor-mediated constitutive and induced expression". *J. Biol. Chem.* **273**, 5174-5183（1998）

273. Beedanagari SR, Taylor RT, et al. "Role of epigenetic mechanisms in differential regulation of the dioxin-inducible human *CYP1A1* and *CYP1B1* genes". *Mol. Pharmacol.* **78**, 608-616（2010）

274. Mimura J, Ema M, et al. "Identification of a novel mechanism of regulation of Ah (dioxin) receptor function". *Genes Dev.* **13**, 20-25（1999）

275. Oshima M, Mimura J, et al. "Molecular mechanism of transcriptional repression of AhR repressor involving ANKRA2, HDAC4, and HDAC5". *Biochem. Biophys. Res. Commun.* **364**, 276-282（2007）

276. Oshima M, Mimura J, et al. "SUMO modification regulates the transcriptional repressor function of aryl hydrocarbon receptor repressor". *J. Biol. Chem.* **284**, 11017-11026（2009）

277. Baba T, Mimura J, et al. "Structure and expression of the Ah receptor repressor gene". *J. Biol. Chem.* **276**, 33101-33110（2001）

278. Ma Q, Baldwin KT. "2,3,7,8-tetrachlorodibenzo-p-dioxin-induced degradation of aryl hydrocarbon receptor（AhR）by the ubiquitin-proteasome pathway. Role of the transcription activaton and DNA binding of AhR". *J. Biol. Chem.* **275**, 8432-8438（2000）

279. Davarinos NA, Pollenz RS. "Aryl hydrocarbon receptor imported into the nucleus following ligand binding is rapidly degraded via the cytoplasmic proteasome following nuclear export". *J. Biol. Chem.* **274**, 28708-28715（1999）

280. Ema M, Ohe N, et al. "Dioxin binding activities of polymorphic forms of mouse and

human arylhydrocarbon receptors". *J. Biol. Chem.* **269**, 27337-27343（1994）
281. Poland A, Palen D, et al. "Analysis of the four alleles of the murine aryl hydrocarbon receptor". *Mol. Pharmacol.* **46**, 915-921（1994）
282. Korkalainen M, Tuomisto J, et al. "The AH receptor of the most dioxin-sensitive species, guinea pig, is highly homologous to the human AH receptor". *Biochem. Biophys. Res. Commun.* **285**, 1121-1129（2001）
283. Korkalainen M, Tuomisto J, et al. "Restructured transactivation domain in hamster AH receptor". *Biochem. Biophys. Res. Commun.* **273**, 272-281（2000）
284. Capecchi MR. "Altering the genome by homologous recombination". *Science*, **244**, 1288-1292（1989）
285. Fernandez-Salguero P, Pineau T, et al. "Immune system impairment and hepatic fibrosis in mice lacking the dioxin-binding Ah receptor". *Science*, **268**, 722-726（1995）
286. Schmidt JV, Su GH, et al. "Characterization of a murine Ahr null allele: involvement of the Ah receptor in hepatic growth and development". *Proc. Natl. Acad. Sci. USA.* **93**, 6731-6736（1996）
287. Mimura J, Yamashita K, et al. "Loss of teratogenic response to 2,3,7,8-tetrachlorodibenzo-*p*-dioxin（TCDD）in mice lacking the Ah（dioxin）receptor". *Genes Cells*, **2**, 645-654（1997）
288. Shimizu Y, Nakatsuru Y, et al. "Benzo[a]pyrene carcinogenicity is lost in mice lacking the aryl hydrocarbon receptor". *Proc. Natl. Acad. Sci. USA.* **97**, 779-782（2000）
289. Moriguchi T, Motohashi H, et al. "Distinct response to dioxin in an arylhydrocarbon receptor（AHR）-humanized mouse". *Proc. Natl. Acad. Sci. USA.* **100**, 5652-5657（2003）
290. Yoshida Y, Noshiro M, et al. "Structural and evolutionary studies on sterol 14-demethylase P450（CYP51）, the most conserved P450 monooxygenase: II. Evolutionary analysis of protein and gene structures". *J. Biochem.* **122**, 1122-1128（1997）
291. Ariyoshi N, Miyamoto M, et al. "Genetic polymorphism of CYP2A6 gene and tobacco-induced lung cancer risk in male smokers". *Cancer Epidemiol. Biomarkers Prev.* **11**, 890-894（2002）
292. Sebé-Pedrós A, de Mendoza A, et al. "Unexpected repertoire of metazoan transcription factors in the unicellular holozoan *Capsaspora owczarzaki*". *Mol. Biol. Evol.* **28**, 1241-1254（2011）
293. Hahn HE. "Aryl hydrocarbon receptors: diversity and evolution". *Chemico-Biological Interactions*, **141**, 131-160（2002）
294. Fitch WM. "Distinguishing homologous from analogous proteins". *Syst. Zool.* **19**, 99-113（1970）
295.『岩波生物学辞典（第5版）』付録 生物分類表，岩波書店（2013）
296. Srivastava M, Chapman BE, et al. "The Trichoplax genome and the nature of placozoans". *Nature*, **454**, 955-960（2008）

297. Putnum NH, Srivastava M, et al. "Sea anemone genome reveals ancestral eumetazoan gene repertoire and genomic organization". *Science*, **317**, 86-94 (2007)
298. Powell-Coffman JA, Bradfield CA, et al. "*Caenorhabditis elegans* orthologs of the aryl hydrocarbon receptor and its heterodimerization partner the aryl hydrocarbon receptor nuclear translocator". *Proc. Natl. Acad. Sci. USA.* **95**, 2844-2849 (1998)
299. Duncan DM, Burgess EA, et al. "Control of distal antennal identity and tarsal development in *Drosophila* by *spineless-aristapedia*, a homolog of the mammalian dioxin receptor". *Genes Dev.* **12**, 1290-1303 (1998)
300. Butler RA, Kelley ML, et al. "An aryl hydrocarbon receptor (AHR) homologue from the soft-shell clam, *Mya arenaria*: evidence that invertebrate AHR homologues lack 2,3,7,8-tetrachlorodibenzo-*p*-dioxin and beta-naphthoflavone binding". *Gene*, **278**, 223-234 (2001)
301. Sea Urchin Genome Sequencing Consortium, Sondergren E, et al. "The genome of the sea urchin *Strongylocentrotus purpuratus*". *Science*, **314**, 941-952 (2006)
302. Hahn HE, Karchner SI. "Structural and functional diversification of AHRs during metazoan evolution". In *The AH Receptor in Biology and Toxicology* (ed. Pohjanvirta, R.), pp.389-403, John Willey & Sons (2012)
303. Hahn ME, Karchner SI, et al. "Molecular evolution of two vertebrate aryl hydrocarbon (dioxin) receptors (AHR1 and AHR2) and the PAS family". *Proc. Natl. Acad. Sci. USA.* **94**, 13743-13748 (1997)
304. Karchner SI, Powell WH, et al. "Identification and functional characterization of two highly divergent aryl hydrocarbon receptors (AHR1 and AHR2) in the teleost *Fundulus heteroclitus*. Evidence for a novel subfamily of ligand-binding basic helix loop helix-Per-ARNT-Sim (bHLH-PAS) factors". *J. Biol. Chem.* **274**, 33814-33824 (1999)
305. Lavine JA, Rowatt AJ, et al. "Aryl hydrocarbon receptors in the frog *Xenopus laevis*: two AhR1 paralogs exhibit low affinity for 2,3,7,8-tetrachlorodibenzo-*p*-dioxin (TCDD)". *Toxicol. Sci.* **88**, 60-72 (2005)
306. Barley AJ, Spinks PQ, et al. "Fourteen nuclear genes provide phylogenetic resolution for difficult nodes in the turtle tree of life". *Mol. Phylogenet. Evol.* **55**, 1189-1194 (2010)
307. Yasui T, Kim EY, et al. "Functional characterization and evolutionary history of two aryl hydrocarbon receptor isoforms (AhR1 and AhR2) from avian species". *Toxicol. Sci.* **99**, 101-117 (2007)
308. Karchner SI, Franks DG, et al. "The molecular basis for differential dioxin sensitivity in birds: role of the aryl hydrocarbon receptor". *Proc. Natl. Acad. Sci. USA.* **103**, 6252-6257 (2006)
309. Warren WC, Hillier LW, et al. "Genome analysis of the platypus reveals unique signatures of evolution". *Nature*, **453**, 175-183 (2008)
310. Mikkelsen TS, Wakefield MJ, et al. "Genome of the marsupial *Monodelphis domestica*

reveals innovation in non-coding sequences". *Nature*, **447**, 167-177 (2007)
311. Nuclear Receptors Nomenclature Committee. "A unified nomenclature system for the nuclear receptor superfamily". *Cell*, **97**, 161-163 (1999)
312. Germain P, Staels B, et al. "Overview of nomenclature of nuclear receptors". *Pharmacol. Rev.* **58**, 685-704 (2006)
313. Waxman DJ. "P450 gene induction by structurally diverse xenochemicals: central role of nuclear receptors CAR, PXR, and PPAR". *Arch. Biochem. Biophys.* **369**, 11-23 (1999)
314. 根岸正彦：「核内オーファンレセプターによる P450 遺伝子の発現調節」，大村恒雄，石村　巽，藤井義明（編）『P450 の分子生物学（第 2 版）』，pp.104-117，講談社（2009）

第 8 章

315. Huang X, Powell-Coffman JA, et al. "The AHR-1 aryl hydrocarbon receptor and its co-factor the AHA-1 aryl hydrocarbon receptor nuclear translocator specify GABAergic neuron cell fate in *C. elegans*". *Development*, **131**, 819-828 (2004)
316. Emmons RB, Duncan D, et al. "The spineless-aristapedia and tango bHLH-PAS proteins interact to control antennal and tarsal development in *Drosophila*". *Development*, **126**, 3937-3945 (1999)
317. Kim MD, Jan LY, et al. "The bHLH-PAS protein Spineless is necessary for the diversification of dendrite morphology of *Drosophila* dendritic arborization neurons". *Genes Dev.* **20**, 2806-2819 (2006)
318. Wernet MF, Mazzoni EO, et al. "Stochastic *spineless* expression creates the retinal mosaic for colour vision". *Nature*, **440**, 174-180 (2006)
319. Abbott BD, Birnbaum LS, et al. "Developmental expression of two members of a new class of transcription factors: I. Expression of aryl hydrocarbon receptor in the C57BL/6N mouse embryo". *Dev. Dyn.* **204**, 133-143 (1995)
320. Abbott BD, Probst MR. "Developmental expression of two members of a new class of transcription factors: II. Expression of aryl hydrocarbon receptor nuclear translocator in the C57BL/6N mouse embryo". *Dev. Dyn.* **204**, 144-155 (1995)
321. Poland A, Knutson JC. "2,3,7,8-tetrachlorodibenzo-p-dioxin and related halogenated aromatic hydrocarbons: examination of the mechanism of toxicity". *Annu. Rev. Pharmacol. Toxicol.* **22**, 517-554 (1982)
322. Lahvis GP, Lindell SL, et al. "Portosystemic shunting and persistent fetal vascular structures in aryl hydrocarbon receptor-deficient mice". *Proc. Natl. Acad. Sci. USA*. **97**, 10442-10447 (2000)
323. Lahvis GP, Pyzalski RW, et al. "The aryl hydrocarbon receptor is required for developmental closure of the ductus venosus in the neonatal mouse". *Mol. Pharmacol.* **67**, 714-720 (2005)

324. Bunger MK, Glover E, et al. "Abnormal liver development and resistance to 2,3,7,8-tetrachlorodibenzo-*p*-dioxin toxicity in mice carrying a mutation in the DNA-binding domain of the aryl hydrocarbon receptor". *Toxicol. Sci.* **106**, 83-92（2008）
325. Walisser JA, Bunger MK, et al. "Patent ductus venosus and dioxin resistance in mice harboring a hypomorphic *Arnt* allele". *J. Biol. Chem.* **279**, 16326-16331（2004）
326. Walisser JA, Glover E, et al. "Aryl hydrocarbon receptor-dependent liver development and hepatotoxicity are mediated by different cell types". *Proc. Natl. Acad. Sci. USA.* **102**, 17858-17863（2005）
327. Lin BC, Sullivan R, et al. "Deletion of the aryl hydrocarbon receptor-associated protein 9 leads to cardiac malformation and embryonic lethality". *J. Biol. Chem.* **282**, 35924-35932（2007）
328. Nukaya M, Lin BC, et al. "The aryl hydrocarbon receptor-interacting protein（AIP）is required for dioxin-induced hepatotoxicity but not for the induction of the Cyp1a1 and Cyp1a2 genes". *J. Biol. Chem.* **285**, 35599-35605（2010）
329. Hayashi S, Watanabe J, et al. "Interindividual difference in expression of human Ah receptor and related P450 genes". *Carcinogenesis*, **15**, 801-806（1994）
330. Hayashi S, Okabe-Kado J, et al. "Expression of Ah receptor（TCDD receptor）during human monocytic differentiation". *Carcinogenesis*, **16**, 1403-1409（1995）
331. Sekine H, Mimura J, et al. "Hypersensitivity of aryl hydrocarbon receptor-deficient mice to lipopolysaccharide-induced septic shock". *Mol. Cell. Biol.* **29**, 6391-6400（2009）
332. Kimura A, Naka T, et al. "Aryl hydrocarbon receptor in combination with Stat1 regulates LPS-induced inflammatory responses". *J. Exp. Med.* **206**, 2027-2035（2009）
333. Kimura A, Abe H, et al. "Aryl hydrocarbon receptor protects against bacterial infection by promoting macropharge survival and reactive oxygen species production". *Int. Immunol.* **26**, 209-220（2014）
334. Ikuta T, Kobayashi Y, et al. "ASC-associated inflammation promotes cecal tumorigenesis in aryl hydrocarbon receptor-deficient mice". *Carcinogenesis*, **34**, 1620-1627（2013）
335. Veldhoen M, Hirota K, et al. "The aryl hydrocarbon receptor links TH17-cell-mediated autoimmunity to environmental toxins". *Nature*, **453**, 106-109（2008）
336. Kimura A, Naka T, et al. "Aryl hydrocarbon receptor regulates stat1 activation and participates in the development of the Th17 cells". *Proc. Natl. Acad. Sci. USA.* **105**, 9721-9726（2008）
337. Alam MS, Maekawa Y, et al. "Notch signaling drives IL-22 secretion in CD4+ T cells by stimulating the aryl hydrocarbon receptor". *Proc. Natl. Acad. Sci. USA.* **107**, 5943-5948（2010）
338. Apetoh L, Quintana FJ, et al. "The aryl hydrocarbon receptor interacts with c-Maf to promote the differentiation of type 1 regulatory T cells induced by IL-27". *Nat. Immunol.*

11, 854-861 (2010)
339. Quintana FJ, Murugaiyan G, et al. "An endogenous aryl hydrocarbon receptor ligand acts on dendritic cells and T cells to suppress experimental autoimmune encephalomyelitis". *Proc. Natl. Acad. Sci. USA.* **107**, 20768-20773 (2010)
340. Quintana FJ, Basso AS, et al. "Control of T (reg) and T (H) 17 cell differentiation by the aryl hydrocarbon receptor". *Nature,* **453**, 65-71 (2008)
341. Negishi T, Kato Y, et al. "Effects of aryl hydrocarbon receptor signaling on the modulation of TH1/TH2 balance". *J. Immunol.* **175**, 7348-7356 (2005)
342. Lawrence BP, Denison MS, et al. "Activation of the aryl hydrocarbon receptor is essential for mediating the anti-inflammatory effects of a novel low-molecular-weight compound". *Blood,* **112**, 1158-1165 (2008)
343. Nakahama T, Kimura A, et al. "Aryl hydrocarbon receptor deficiency in T cells suppresses the development of collagen-induced arthritis". *Proc. Natl. Acad. Sci. USA.* **108**, 14222-14227 (2011)
344. Marshall NB, Kerkvliet NI. "Dioxin and immune regulation: emerging role of aryl hydrocarbon receptor in the generation of regulatory T cells". *Ann. N. Y. Acad. Sci.* **1183**, 25-37 (2009)
345. Korn T. "How T cells take developmental decisions by using the aryl hydrocarbon receptor to sense the environment". *Proc. Natl. Acad. Sci. USA.* **107**, 20597-20598 (2010)
346. Puccetti P, Grohmann U. "IDO and regulatory T cells: a role of reverse signaling and non-canonical NF-kappaB activation". *Nat. Rev. Immunol.* **7**, 817-823 (2007)
347. Boitano AE, Wang J, et al. "Aryl hydrocarbon receptor antagonists promote the expansion of human hematopoietic stem cells". *Science,* **329**, 1345-1348 (2010)
348. Singh KP, Garrett RW, et al. "Aryl hydrocarbon receptor-null allele mice have hematopoietic stem/progenitor cells with abnormal characteristics and functions". *Stem Cells Dev.* **20**, 769-784 (2011)
349. Frericks M, Meissner M, et al. "Microarray analysis of the AHR system: tissue-specific flexibility in signal and target genes". *Toxicol. Appl. Pharmacol.* **220**, 320-332 (2007)
350. Singh KP, Casado FL, et al. "The aryl hydrocarbon receptor has a normal function in the regulation of hematopoietic and other stem/progenitor cell populations". *Biochem. Pharmacol.* **77**, 577-587 (2009)
351. Kiss EA, Vonarbourg C, et al. "Natural aryl hydrocarbon receptor ligands control organogenesis of intestinal lymphoid follicles". *Science,* **334**, 1561-1565 (2011)
352. Kiss EA, Diefenbach A. "Role of the aryl hydrocarbon receptor in controlling maintenance and functional programs of RORγt(+) innate lymphoid cells and intraepithelial lymphocytes". *Front Immunol.* **3**, doi: 10. 3389/fimmu. 2012. 00124
353. Lee JS, Cella M, et al. "AHR drives the development of gut ILC22 cells and postnatal lymphoid tissues via pathways dependent on and independent of Notch". *Nat. Immunol.*

13, 144-151 (2012)

354. Baba T, Mimura J, et al. "Intrinsic function of the aryl hydrocarbon (dioxin) receptor as a key factor in female reproduction". *Mol. Cell. Biol.* **25**, 10040-10051 (2005)

355. Baba T, Shima Y, et al. "Disruption of aryl hydrocarbon receptor (AhR) induces regression of the seminal vesicle in aged male mice". *Sex Dev.* **2**, 1-11 (2008)

356. Cardozo T, Pagano M. "The SCF ubiquitin ligase: insights into a molecular machine". *Nat. Rev. Mol. Cell Biol.* **5**, 739-751 (2004)

357. Ohtake F, Baba A, et al. "Dioxin receptor is a ligand-dependent E3 ubiquitin ligase". *Nature*, **446**, 562-566 (2007)

358. Ohtake F, Kato S. "The E3 ubiquitin ligase activity of transcription factor AhR permits nongenomic regulation of biological pathways". In *The AH Receptor in Biology and Toxicology* (ed. Pohjanvirta, R.), pp.143-156, John Willey & Sons (2012)

359. Kawajiri K, Kobayashi Y, et al. "Aryl hydrocarbon receptor suppresses intestinal carcinogenesis in $Apc^{Min/+}$ mice with natural ligands". *Proc. Natl. Acad. Sci. USA*. **106**, 13481-13486 (2009)

360. Reya T, Clevers H. "Wnt signalling in stem cells and cancer". *Nature*, **434**, 843-850 (2005)

361. Moser AR, Pitot HC, et al. "A dominant mutation that predisposes to multiple intestinal neoplasia in the mouse". *Science*, **247**, 322-324 (1990)

362. Rakoff-Nahoum S, Medzhitov R. "Regulation of spontaneous intestinal tumorigenesis through the adaptor protein MyD88". *Science*, **317**, 124-127 (2007)

363. Ivanov II, Atarashi K, et al. "Induction of intestinal Th17 cells by segmented filamentous bacteria". *Cell*, **139**, 485-498 (2009)

364. Atarashi K, Tanoue T, et al. "Induction of colonic regulatory T cells by indigenous *Clostridium* species". *Science*, **331**, 337-341 (2010)

365. Hirabayashi Y, Yoon BI, et al. "Aryl hydrocarbon receptor suppresses spontaneous neoplasms, thereby extends life span". In *Persistent organic pollutants (POPs) research in Asia.* (ed. Morita M.), pp.326-331 (2008)

366. Fan Y, Boivin GP, et al. "The aryl hydrocarbon receptor functions as a tumor suppressor of liver carcinogenesis". *Cancer Res.* **70**, 212-220 (2010)

367. Duan R, Porter W, et al. "Transcriptional of c-fos protooncogene by 17beta-estradiol: mechanism of aryl hydrocarbon receptor-mediated inhibition". *Mol. Endocrinol.* **13**, 1511-1521 (1999)

368. Krishnan V, Porter W, et al. "Molecular mechanism of inhibition of estrogen-induced cathepsin D gene expression by 2,3,7,8-tetrachlorodibenzo-*p*-dioxin (TCDD) in MCF-7 cells". *Mol. Cell. Biol.* **15**, 6710-6719 (1995)

369. Takemoto K, Nakajima M, et al. "Role of the aryl hydrocarbon receptor and Cyp1b1 in the antiestrogenic activity of 2,3,7,8-tetrachlorodibenzo-*p*-dioxin". *Arch. Toxicol.* **78**,

309-315 (2004)
370. Ohtake F, Takeyama K, et al. "Modulation of oestrogen receptor signalling by association with the activated dioxin receptor". *Nature*, **423**, 545-550 (2003)
371. Brunnberg S, Swedenborg E, et al. "Functional interactions of AhR with other receptors". In *The AH Receptor in Biology and Toxicology* (ed. Pohjanvirta, R.), pp.127-142, John Willey & Sons (2012)
372. Sadek CM, Allen-Hoffmann BL. "Suspension-mediated induction of Hepa 1c1c7 Cyp1a1 expression is dependent on the Ah receptor signal transduction pathway". *J. Biol. Chem.* **269**, 31505-31509 (1994)
373. Cho YC, Zheng W, et al. "Disruption of cell-cell contact maximally but transiently activates AhR-mediated transcription in 10T1/2 fibroblasts". *Toxicol. Appl. Pharmacol.* **199**, 220-238 (2004)
374. Kawajiri K, Ikuta T. "Regulation of nucleo-cytoplasmic transport of the aryl hydrocarbon receptor". *J. Health Sci.* **50**, 215-219 (2004)
375. Owens DW, McLean GW, et al. "The catalytic activity of the Src family kinases is required to disrupt cadherin-dependent cell-cell contacts". *Mol. Biol. Cell.* **11**, 51-64 (2000)
376. Enan E, Matsumura F. "Identification of c-Src as the integral component of the cytosolic Ah receptor complex, transducing the signal of 2,3,7,8-tetrachloro-dibenzo-*p*-dioxin (TCDD) through the protein phosphorylation pathway". *Biochem. Pharmacol.* **52**, 1599-1612 (1996)
377. Thiery JP. "Epithelial-mesenchymal transitions in tumour progression". *Nat. Rev. Cancer.* **2**, 442-454 (2002)
378. Takeichi M. "Cadherin cell adhesion receptors as a morphogenetic regulator". *Science*, **251**, 1451-1455 (1991)
379. Perl AK, Wilgenbus P, et al. "A causal role for E-cadherin in the transition from adenoma to carcinoma". *Nature*, **392**, 190-193 (1998)
380. Nieto MA. "The snail superfamily of zinc-finger transcription factors". *Nat. Rev. Mol. Cell. Biol.* **3**, 155-166 (2002)
381. Conacci-Sorrell M, Simcha I, et al. "Autoregulation of E-cadherin expression by cadherin-cadherin interactions: the roles of beta-catenin signaling, Slug, and MAPK". *J. Cell. Biol.* **163**, 847-857 (2003)
382. Zavadil J, Bitzer M, et al. "Genetic programs of epithelial cell plasticity directed by transforming growth factor-beta". *Proc. Natl. Acad. Sci. USA.* **98**, 6686-6691 (2001)
383. Ikuta T, Kawajiri K. "Zinc finger transcription factor Slug is a novel target gene of aryl hydrocarbon receptor". *Exp. Cell Res.* **312**, 3585-3594 (2006)
384. Rico-Leo EM, Alvarez-Barrientos A, et al. "Dioxin receptor expression inhibits basal and transforming growth factor β-induced epithelial-to-mesenchymal transition". *J. Biol.*

Chem. **288**, 7841-7856（2013）
385. Roman AC, Benitez DA, et al. "Genome-wide B1 retrotransposon binds the transcription factors dioxin receptor and Slug and regulates gene expression in vivo". *Proc. Natl. Acad. Sci. USA.* **105**, 1632-1637（2008）
386. Tomkiewicz C, Hery L, et al. "The aryl hydrocarbon receptor regulates focal adhesion sites through a non-genomic FAK/Src pathway". *Oncogene*, **32**, 1811-1820（2013）
387. Carvajal-Gonzalez JM, Mulero-Navarro S, et al. "The dioxin receptor regulates the constitutive expression of the vav3 proto-oncogene and modulates cell shape and adhesion". *Mol. Biol. Cell.* **20**, 1715-1727（2009）
388. Murray JC. "Gene/environment causes of cleft lip and/or palate". *Clin. Genet.* **61**, 248-256（2002）
389. Peters JM, Narotsky MG, et al. "Amelioration of TCDD-induced teratogenesis in aryl hydrocarbon receptor (AhR)-null mice". *Toxicol. Sci.* **47**, 86-92（1999）
390. Proetzel G, Pawlowski SA, et al. "Transforming growth factor-beta 3 is required for secondary palate fusion". *Nat. Genet.* **11**, 409-414（1995）
391. Kaartinen V, Voncken JW, et al. "Abnormal lung development and cleft palate in mice lacking TGF-beta 3 indicates defects of epithelial-mesenchymal interaction". *Nat. Genet.* **11**, 415-421（1995）
392. Martínez-Alvarez C, Blanco MJ, et al. "Snail family members and cell survival in physiological and pathological cleft palates". *Dev. Biol.* **265**, 207-218（2004）
393. Thomae TL, Stevens EA, et al. "Transforming growth factor-beta3 restores fusion in palatal shelves exposed to 2,3,7,8-tetrachlorodibenzo-*p*-dioxin". *J. Biol. Chem.* **280**, 12742-12746（2005）
394. Mulero-Navarro S, Pozo-Guisado E, et al. "Immortalized mouse mammary fibroblasts lacking dioxin receptor have impaired tumorigenicity in a subcutaneous mouse xenograft model". *J. Biol. Chem.* **280**, 28731-28741（2005）
395. Roman AC, Carvajal-Gonzalez JM, et al. "Dioxin receptor deficiency impairs angiogenesis by a mechanism involving VEGF-A depletion in the endothelium and transforming growth factor-beta overexpression in the stroma". *J. Biol. Chem.* **284**, 25135-25148（2009）
396. Opitz CA, Litzenburger UM, Sahm F, Ott M, Tritschler I, Trump S, Schumacher T, Jestaedt L, Schrenk D, Weller M, Jugold M, Guillemin GJ, Miller CL, Lutz C, Radlwimmer B, Lehmann I, von Deimling A, Wick W, Platten M. "An endogenous tumour-promoting ligand of the human aryl hydrocarbon receptor". *Nature*, **478**, 197-203（2011）
397. Choi SS, Miller MA, et al. "In utero exposure to 2,3,7,8-tetrachlorodibenzo-*p*-dioxin induces amphiregulin gene expression in the developing mouse ureter". *Toxicol. Sci.* **94**, 163-174（2006）

398. Patel RD, Kim DJ, et al. "The aryl hydrocarbon receptor directly regulates expression of the potent mitogen epiregulin". *Toxicol. Sci.* **89**, 75-82 (2006)
399. 中山敬一編：『細胞周期がわかる』，羊土社（2001年）
400. Kolluri SK, Weiss C, et al. "p27^{Kip1} induction and inhibition of proliferation by the intracellular Ah receptor in developing thymus and hepatoma cells". *Genes Dev.* **13**, 1742-1753 (1999)
401. Pang PH, Lin YH, et al. "Molecular mechanisms of p21 and p27 induction by 3-methylcholanthrene, an aryl-hydrocarbon receptor agonist, involved in antiproliferation of human umbilical vascular endothelial cells". *J. Cell. Physiol.* **215**, 161-171 (2008)
402. Elferink CJ, Ge NL, et al. "Maximal aryl hydrocarbon receptor activity depends on an interaction with the retinoblastoma protein". *Mol. Pharmacol.* **59**, 664-673 (2001)
403. Ge NL, Elferink CJ. "A direct interaction between the aryl hydrocarbon receptor and retinoblastoma protein. Linking dioxin signaling to the cell cycle". *J. Biol. Chem.* **273**, 22708-22713 (1998)
404. Puga A, Barnes SJ, et al. "Aromatic hydrocarbon receptor interaction with the retinoblastoma protein potentiates repression of E2F-dependent transcription and cell cycle arrest". *J. Biol. Chem.* **275**, 2943-2950 (2000)
405. Marlowe JL, Knudsen ES, et al. "The aryl hydrocarbon receptor displaces p300 from E2F-dependent promoters and represses S phase-specific gene expression". *J. Biol. Chem.* **279**, 29013-29022 (2004)
406. Huang G, Elferink CJ. "Multiple mechanisms are involved in Ah receptor-mediated cell cycle arrest". *Mol. Pharmacol.* **67**, 88-96 (2005)
407. Ma Q, Whitlock JP Jr. "The aromatic hydrocarbon receptor modulates the Hepa 1c1c7 cell cycle and differentiated state independently of dioxin". *Mol. Cell. Biol.* **16**, 2144-2150 (1996)
408. Chang X, Fan Y, et al. "Ligand-independent regulation of transforming growth factor β1 expression and cell cycle progression by the aryl hydrocarbon receptor". *Mol. Cell. Biol.* **27**, 6127-6139 (2007)
409. Zaher H, Fernandez-Salguero PM, et al. "The involvement of aryl hydrocarbon receptor in the activation of transforming growth factor-β and apoptosis". *Mol. Pharmacol.* **54**, 313-321 (1998)
410. Elizondo G, Fernandez-Salguero P, et al. "Altered cell cycle control at the G(2)/M phases in aryl hydrocarbon receptor-null embryo fibroblast". *Mol. Pharmacol.* **57**, 1056-1063 (2000)
411. Levine AJ. "p53, the cellular gatekeeper for growth and division". *Cell*, **88**, 323-331 (1997)
412. Kwon YW, Ueda S, et al. "Mechanism of p53-dependent apoptosis induced by 3-methylcholanthrene: involvement of p53 phosphorylation and p38 MAPK". *J. Biol.*

Chem. **277**, 1837-1844（2002）

413. Ng D, Kokot N, et al. "Macrophage activation by polycyclic aromatic hydrocarbons: evidence for the involvement of stress-activated protein kinases, activator protein-1, and antioxidant response elements". *J. Immunol.* **161**, 942-951（1998）
414. Salas VM, Burchiel SW. "Apoptosis in Daudi human B cells in response to benzo[a]pyrene and benzo[a]pyrene-7,8-dihydrodiol". *Toxicol. Appl. Pharmacol.* **151**, 367-376（1998）
415. Mattison DR, Singh H, et al. "Ovarian toxicity of benzo(a)pyrene and metabolites in mice". *Reprod. Toxicol.* **3**, 115-125（1989）
416. Jick H, Porter J. "Relation between smoking and age of natural menopause. Report from the Boston Collaborative Drug Surveillance Program, Boston University Medical Center". *Lancet*, **1**, 1354-1355（1977）
417. Matikainen T, Perez GI, et al. "Aromatic hydrocarbon receptor-driven *Bax* gene expression is required for premature ovarian failure caused by biohazardous environmental chemicals". *Nat. Genet.* **28**, 355-360（2001）
418. Dunlap JC. "Molecular bases for circadian clocks". *Cell*, **96**, 271-290（1999）
419. Silva CM, Sato S, et al. "No time to lose: workshop on circadian rhythms and metabolic disease". *Genes Dev.* **24**, 1456-1464（2010）
420. Reddy P, Zehring WA, et al. "Molecular analysis of the period locus in *Drosophila melanogaster* and identification of a transcript involved in biological rhythms". *Cell*, **38**, 701-710（1984）
421. Panda S, Antoch MP, et al. "Coordinated transcription of key pathways in the mouse by the circadian clock". *Cell*, **109**, 307-320（2002）
422. Akashi M, Takumi T. "The orphan nuclear receptor RORα regulates circadian transcription of the mammalian core-clock *Bmal1*". *Nat. Struct. Mol. Biol.* **12**, 441-448（2005）
423. Preitner N, Damiola F, et al. "The orphan nuclear receptor REV-ERBα controls circadian transcription within the positive limb of the mammalian circadian oscillator". *Cell*, **110**, 251-260（2002）
424. Shimba S, Watabe Y. "Crosstalk between the AHR signaling pathway and circadian rhythm". *Biochem. Pharmacol.* **77**, 560-565（2009）
425. Garrett RW, Gasiewicz TA. "The aryl hydrocarbon receptor agonist 2,3,7,8-tetrachlorodibenzo-*p*-dioxin alters the circadian rhythms, quiescence, and expression of clock genes in murine hematopoietic stem and progenitor cells". *Mol. Pharmacol.* **69**, 2076-2083（2006）
426. Xu CX, Krager SL, et al. "Disruption of CLOCK-BMAL1 transcriptional activity is responsible for aryl hydrocarbon receptor-mediated regulation of Period1 gene". *Toxicol. Sci.* **115**, 98-108（2010）

427. Pendergast JS, Yamazaki S. "The mammalian circadian system is resistant to dioxin". *J. Biol. Rhythms.* **27**, 156-163 （2012）
428. Mukai M, Lin TM, et al. "Behavioral rhythmicity of mice lacking AhR and attenuation of light-induced phase shift by 2,3,7,8-tetrachlorodibenzo-*p*-dioxin". *J. Biol. Rhythms.* **23**, 200-210 （2008）
429. Qu X, Metz RP, et al. "Disruption of clock gene expression alters responses of the aryl hydrocarbon receptor signaling pathway in the mouse mammary gland". *Mol. Pharmacol.* **72**, 1349-1358 （2007）
430. Qu X, Metz RP, et al. "Disruption of period gene expression alters the inductive effects of dioxin on the AhR signaling pathway in the mouse liver". *Toxicol. Appl. Pharmacol.* **234**, 370-377 （2009）
431. Kuratsune M, Yoshimura T, et al. "Yusho, a poisoning caused by rice oil contaminated with polychlorinated biphenyls". *HSMHA Health Rep.* **86**, 1083-1091 （1971）
432. Imamura T, Kanagawa Y, et al. "Relationship between clinical features and blood levels of pentachloro-dibenzofuran in patients with Yusho". *Environ. Toxicol.* **22**, 124-131 （2007）
433. Honeycutt KA, Roop DR. "c-Myc and epidermal stem cell fate determination". *J. Dermatol.* **31**, 368-375 （2004）
434. Panteleyev AA, Bickers DR. "Dioxin-induced chloracne–reconstructing the cellular and molecular mechanisms of a classic environmental disease". *Exp. Dermatol.* **15**, 705-730 （2006）
435. Horsley V, O'Carroll D, et al. "Blimp1 defines a progenitor population that governs cellular input to the sebaceous gland". *Cell,* **126**, 597-609 （2006）
436. Ikuta T, Ohba M, et al. "B lymphocyte-induced maturation protein 1 is a novel target gene of aryl hydrocarbon receptor". *J. Dermatol. Sci.* **58**, 211-216 （2010）

考察
437. 広島市・長崎市 原爆災害誌編集委員会：『原爆災害―ヒロシマ・ナガサキ―』，pp.60-90，岩波現代文庫（2005）
438. R. P. ゲイル，T. ハウザー，吉本晋一郎（訳）：『チェルノブイリ―アメリカ人医師の体験―』，岩波現代文庫（2011）
439. NHK「東海村臨界事故」取材班：『朽ちていった命―被曝治療83日間の記録―』，新潮文庫（2006）
440. ピエルパオロ・ミッティカ（著），児島 修（訳）：『原発事故20年―チェルノブイリの現在』，p.116, p.137，柏書房（2011）
441. *The Chernobyl Legacy: Health, Environment and Socio-Economic Impact and Recommendation to the Governments of Belarus, the Russian Federation and Ukraine,* 2nd Rev. Ed., IAEA, Vienna, 2006, 50pp.

442. A. V. ヤブロコフ，V. B. ネステレンコ，他（著），星川　淳（監訳）:『調査報告チェルノブイリ被害の全貌』，pp.141-152，pp.281-283，岩波書店（2013）
443. 朝日新聞特別報道部（著）:『プロメテウスの罠』，pp.260-265，学研（2012）
444. 宮本憲一:『戦後日本公害史論』，戦後日本公害史略年表，pp.750-770，岩波書店（2014）
445. 小出裕章:「この国は原発事故から何を学んだのか？」，今中哲二，海老澤徹，他（著）『熊取六人衆の脱原発』，pp.166-169，七つ森書館（2014）
446. 山本義隆:『福島の原発事故をめぐって―いくつか学び考えたこと―』，pp.5-12，pp.87-88，みすず書房（2011）
447. 文部科学省資料:『平成 26 年度科研費の配分状況について（概要）』，p.6，(2014)［http://www.mext.go.jp/a_menu/shikou/hojyo/_icsFiles/afieldfile/2014/］
448. 島　泰三:『安田講堂― 1968-1969 ―』，pp.289-327，中公新書（2005）
449. 草原克豪:『日本の大学制度―歴史と展望―』，弘文堂（2008）
450. 吉見俊哉:『大学とは何か』，pp.212-218，岩波新書（2011）
451. 折原　浩:「第一章　授業拒否とその前後―東大闘争へのかかわり」，折原浩，熊本一規，他（著）『東大闘争と原発事故―廃墟からの問い―』，p.23，緑風出版（2013）
452. 伊藤定良:「「3.11」と大学教育」研究会「戦後派第一世代の歴史研究者は 21 世紀に何をなすべきか」（編）『21 世紀歴史学の創造　別巻Ⅱ「3.11」と歴史学』，p.44，有志舎（2013）
453. 日本学術振興会，『予算額の推移』，［http://www.jsps.go.jp/j-grantsinaid/27_kdata/data/1-1/1-1_h26.pdf］
454. 総務省統計局，政府統計の総合窓口:『大学院を設置する学校数，在籍者数，教職員数（昭和 23 年～）』［http:www.e-stat.go.jp/SGI/estat/List.do?bid=000001015843］
455. 朝日新聞:2014 年 7 月 10 日付
456. 朝日新聞:2014 年 5 月 8 日付
457. 朝日新聞:2014 年 9 月 27 日付
458. 佐々木力:『東京大学学問論―学道の劣化―』，p.319，作品社（2014）
459. 朝日新聞:2014 年 9 月 12 日付
460. 島村英紀:『人はなぜ御用学者になるのか―地震と原発―』，pp.24-33，花伝社（2013）
461. 大飯原発三，四号機運転差止請求事件・判決要旨:小出裕章，他（著）『動かすな，原発。―大飯原発地裁判決からの出発』，pp.45-63，岩波ブックレット No.912（2014）
462. 安全なエネルギー供給に関する倫理委員会（著），吉田文和，M. シュラーズ（編訳）:『ドイツ脱原発倫理委員会報告』，大月書店（2013）
463. ヨアヒム・ラートカウ（著），海老根剛・森田直子（共訳）:『ドイツ反原発運動小史―原子力産業・核エネルギー・公共性―』，pp.8-9，みすず書房（2014）

464. 広井良典：『人口減少社会という希望』p.202, 朝日選書（2013）
465. 高木仁三郎：「市民の不安を共有する」, 佐高　信, 中里英章（編）『高木仁三郎セレクション』, pp.260-262, 岩波現代文庫（2012）
466. 第27回ユネスコ総会（1997）：「ヒトゲノムと人権に関する世界宣言」［http://www.unesco.org/human_rights/hrbc.htm］より

あとがき

467. ジョン・ミッチェル（著）, 阿部小涼（訳）：『追跡・沖縄の枯れ葉剤―埋もれた戦争犯罪を掘り起こす』, 高文研（2014）
468. 河村雅美：「沖縄市サッカー場で発見されたドラム缶問題―日・米・沖のポリティクスの中で―」,『環境と正義』, 171, pp.6-8（2014）

『ダイオキシンと「内・外」環境―その被曝史と科学史―』について

大村恒雄（九州大学 名誉教授）

　『ダイオキシンと「内・外」環境―その被曝史と科学史―』は著者の川尻要氏が埼玉県立がんセンターでの長年にわたる研究生活の経験と研究成果に基づいて環境汚染物質であるダイオキシンの人体への影響をダイオキシン受容体（AhR）についての最新の知見に基づいて解説し，ダイオキシンによる過去の被害例を社会的背景なども含めて詳述した著作です。生物は光，温度など「外」環境の変化に対応し適応して生きているのですが，医薬品や農薬など人工の様々な化学物質が環境因子に加わってからはそれらに対する対応も生物の生存にとって重要な問題になりました。ダイオキシンが人体に極めて有害な化学物質であり化学工場での農薬生産などの副生物として生成することは1950年代に既に明らかにされていましたが，日本国内では1968年に九州で福岡県を中心に多数の患者が発生した「カネミ油症」事件の主要な原因物質であることが明らかになってから社会的にも大きな話題になりました。現在ではダイオキシンを生成する可能性のある国内の化学工場や焼却炉などについてはダイオキシンを外部に放出しないよう厳しい規制がありますが，他にも様々ダイオキシンの発生源がありますし自然界で分解され難いので，環境汚染物質として現在でも大きな問題となっています。

　生物は自己の「内」環境を調節することによって「外」環境の変化に対応するのですが，人工の化学物質の体内への侵入に対してはそれを検知し解毒する酵素活性を誘導することによって対応します。本書ではダイオキシンなどの化学物質による環境汚染への生体の対応を「外」環境の変化への生物の応答としてとらえ，生物が「内」環境を調節することにより環境汚染物質に対応するメカニズムを分子レベルで説明しています。

本書はダイオキシンにより多くの住民が被害を受けたいくつかの実例を記載した第1部，著者自身が研究してきたダイオキシン受容体（AhR）について詳しく記載し，AhRを介してダイオキシンが人体に及ぼす影響を解説した第2部，ダイオキシンのような環境汚染物質の問題についての観点から，研究者であった著者から見た科学者と市民との関わりを論じた「考察」から構成されています．

　第1部には企業の事故あるいは過失によるダイオキシン汚染によって多数の市民が重症の中毒症を発症したいくつかの実例と，ベトナム戦争でアメリカ軍が森林を枯らすために散布した除草剤による住民や兵士の被害が記載されています．「カネミ油症」では食用油の加熱剤として使われ加熱装置の故障で食用油に混入したPCBが中毒症の原因物質と当初は考えられていましたが，やがてPCBが加熱されると生成するダイオキシンが主要な原因物質であることが確かめられました．ベトナム戦争で使用された除草剤の場合にも除草剤が合成された時の副産物であるダイオキシンが主要な毒性物質でした．人の体内に取り込まれたダイオキシンはほとんど分解されず排泄もされないので長期間体内に残留し，それと結合するAhRを介して様々な障害を長期間にわたって引き起こしますし，妊娠中の母親の場合には胎児にも悪影響を及ぼします．著者は「カネミ油症」やイタリアのミラノ市郊外にあった農薬工場の事故によって大量のダイオキシンが工場周辺の住宅地に飛散した事件などについて被害の実態と原因解明の経過，企業や行政当局による対応などを記録に基づいて詳述し，対応の誤りや遅れの原因を考察し批判しています．

　第2部は本書の中核をなすもので，生化学，分子生物学の知識が必要な専門的記述が多いために読者にとっていささか難解な部分もあるかと思いますが，ダイオキシンなどの化学物質の人体への毒性や化学物質による発癌の機構を正しく理解するためにはAhRについての知識は必須です．著者はAhRの分子構造，生理機能，化学物質による発癌との関係などについて長年にわたり研究し，国際的にも高く評価された業績をあげています．著者の研究も含めAhRについての新しい知見を取り入れて詳細に記述されている第2部はダイオキシンに関係のある分野の研究者にとってもAhRについての最新の総説として参考になるでしょう．

最後の「考察」には大学や研究所の研究者が社会とどのように関わるべきかについて，研究者であった著者が考察した結果と提言が記載されています。かつては大学の理学部などで行われる基礎研究は実用化や企業との関係などはほとんど無く，研究者も社会との関わりにあまり関心を持っていませんでした。しかし最近になって，著者の専門領域である生命科学の分野では大学などでの基礎研究の成果が直ちに医療や医薬品の開発に応用されるようになり，基礎研究にも多額の国費や企業からの研究助成金が投入されるようになりました。このような事情は生命科学以外の分野でも同様と思われますし，大学などの基礎研究分野の研究者も社会，市民との関わりを強く意識し，責任を考えなければならない時代になったと私も感じています。この問題についての著者の意見と提言は傾聴に値します。

　川尻氏は私が九州大学理学部の教授をしていた時に私の研究室で修士課程，博士課程の研究をした大学院学生でした。川尻氏は昭和45年に東北大学理学部生物学科を卒業したのですが，当時は社会や大学の現状に不満を持つ学生達による抗議活動が盛んで大学での教育，研究は混乱し不安定でした。そのような時期に大学を卒業した著者も自分の将来の方向について悩んだのだと思いますが，研究者になる道を志す決心をして昭和46年に九州大学大学院理学研究科生物学専攻に入学して来ました。昭和52年に大学院博士課程を修了し理学博士の学位を得て埼玉県立がんセンター研究所に就職してからはダイオキシンなどの化学物質による発癌の機構についての研究を続け，AhRの発癌への関与などについて立派な研究業績をあげました。研究者としての著者の仕事の集大成とも言える本書が刊行されることに私は大きな喜びを感じますし，大学院学生時代の川尻氏に見られた社会正義感が本書の記述にも貫かれていることに感慨を覚えます。本書がダイオキシン関係の専門分野の人達だけでなく広い範囲の方々にも読まれることを期待する次第です。

あとがき

　ベトナム戦争は団塊世代の多くの人々の人生に何らかの影響を与えたと言われています。生物学を志した筆者にとって「枯葉作戦」は長い研究生活の原点になっていたように思います。学生時代に持った問題意識を培いながら生物と化学物質との関係について日々の研究生活を送ってきましたが，ダイオキシン被曝の社会史（第1部）とダイオキシン受容体（AhR）研究の科学史（第2部）を併せて社会に還元することが「専門家」であった筆者の責任の一端とも思われ，個人的にも「結」になるものと考えています。また，本書の執筆過程で発生した東日本大震災とその後の福島第一原発事故を契機に，「市民」の「科学者・専門家」への不信感が増大しましたが，その歴史的な視点からの検証と筆者の立場を「考察」として述べました。しかしながら，全く異なった内容の記述をあえて一冊の著書にしたことによって，特に第2部の科学史における専門用語の使用によるものですが，多くの読者に苦痛と忍耐を与えたことはひとえに筆者の浅学によるものでありお許しを乞う次第です。

　「枯葉作戦」は太平洋戦争中に「原爆」と共にアメリカによって計画された歴史を持ち，ダイオキシン被曝と放射能による環境汚染や健康被害及びその後に人々が強いられた境遇は非常に類似していることが示されています。対植物兵器であった「枯葉剤」がヒトにおいても，がんや先天性異常，生殖毒性を引き起こしたことは私たちに本質的な問題提起を投げかけました。昨今のゲノム計画によりヒトやマウスなどのさまざまな生物の遺伝子構造が決定されましたが，個々のタンパク質の機能についての基礎研究はまだ不十分であり，ある種の化学物質（薬物）が想定外の作用をヒトに及ぼす可能性があるからです。38億年前の生命の誕生からその後の自然淘汰と生物進化の歴史は非常に重いものであり，私たち人類による生命研究は端緒についたばかり

です。難治がんや難病，生殖医療や再生医療，さまざまな遺伝疾患の克服やその治療薬の開発は多くの人々の願うところですが，これらの取り組みは生命の基盤である遺伝子への働きかけが不可欠であり，それに伴う安全性の評価には十分な時間と多方面からの検討，社会的合意形成を図ることが必要です。これは「市民社会」に対して「公害」や「社会的病気」の「加害者」として存在してきた「科学者・専門家」の歴史からの反省であり，自然の前では人間の考えることには限界があるという謙虚な姿勢で生命研究に向かい合わなければなりません。

同時に，ヒトは（現存する生物のうちで）唯一経済的効率を考える生物種であることからの危惧もあります。「現在」を生きる「科学者・専門家」にとって一番の責任は，「現代世代の人々が享受している科学・技術社会が，未来世代の人々の生存と環境に取り返しのつかない負の遺産にならないように考えをめぐらすこと」であると思います。最も重要なことはかけがえのない生命の歴史を絶やさないことであり，1997年のユネスコ総会では「ヒトゲノムは，人類すべての構成員が基本的に一体のものであること，並びにこれら構成員の固有の尊厳および多様性を認識することの基礎である。象徴的な意味において，ヒトゲノムは人類が伝えていくべき遺産である」という「ヒトゲノムと人権に関する世界宣言」が謳われています（466）。

本書の刊行にあたり，激励と適切なる御指摘，および巻末での解説をいただいた恩師である大村恒雄 九州大学名誉教授に心から感謝いたします。また，諸橋憲一郎 九州大学大学院医学研究院教授，橋本せつ子（株）セルシード代表取締役社長，及び根岸正彦博士（アメリカ NIEHS, NIH）とは「内・外環境と生物応答」という名称の博多シンポジウムを過去に数回開催し，彼らとの討論の延長線上に本書の刊行が実現できたことを感謝いたします。第2部を精読され貴重なご意見を下さった藤井義明 東北大学名誉教授，筆者が大学院生のときに九州大学に在職されていた郷 通子 元お茶の水女子大学長には著作過程で討論していただきましたことを感謝いたします。同時に，埼玉県立がんセンターで自由な研究をさせて下さった故田頭勇作 元副総長，及び（臨床腫瘍）研究所をはじめとする多くの共同研究者の皆さんに感謝いたし

ます。また，筆者の研究補助を長期にわたってしてくださった篠田なほみさん，宮浦陽子さん，篠永文子さん，事務を担当してくださった徳永千重子さん，三橋和代さんに「ありがとう」という言葉を贈りたいと思います。

終わりに，本書を出版する機会を与えてくださった九州大学出版会，とくに，編集部の奥野有希氏に心から感謝申し上げます。

（追記）

米軍がベトナム戦争で使用した軍用枯葉剤が沖縄でも貯蔵・使用・廃棄され，作業に従事した退役米兵とその家族に健康被害がでていることを明らかにしたイギリス人ジャーナリストJ.ミッチェルの労作が出版されました(467)。嘉手納基地返還跡地（沖縄市サッカー場）の土中から発掘されたドラム缶からは枯葉剤成分と高濃度TCDDが検出され(468)，さらに普天間飛行場の地中にも廃棄されたことが指摘されています。「枯葉作戦」はベトナムだけの「過去」の問題ではなく，「私たち」の「現在」の問題であることが改めて喚起されます。

索　引

A
Ad4BP（SF1）　152, 153
AF-1　132, 133
AF-2　132, 133
AHH → 芳香族炭化水素水酸化活性
AHH 誘導能　69-72, 88
AhR → 芳香族炭化水素受容体
AhRR　115, 120, 130, 131, 136, 142
AhR E3 ユビキチンリガーゼ複合体　155, 160
AhR 遺伝子欠損マウス　62, 93, 100, 112, 123, 125, 135, 140, 145-147, 149-151, 154, 156-158, 165
AhR 結合タンパク質　110
Ah locus（Ah 遺伝子座）　69, 70, 72-74, 87
AIP　110
ALA-S → アミノレブリン酸合成酵素
APC　156, 157
AR　156, 160
ARA9　110
ARNT　62, 69, 88, 95, 96, 120, 137, 138, 141, 155, 157, 171-173
ASC　144, 145, 157

B
B[a]P → ベンゾピレン
Bax　136, 170
bHLH　89, 94, 95, 114, 120, 128, 138, 172
Blimp1　136, 175, 176
Bmal1（ARNT3）　171-173
BTE　116

C
C. elegans → 線虫
C57BL/6　70, 93, 98, 121, 122, 124, 125
CAT　86, 87
CD4$^-$　149-151
CD4$^+$　145, 149
CeAHR　130, 131
CH223191　106, 107, 149
Clock　89, 95, 171-173
c-Maf　145-147
c-Myc　136, 174-176
CNP → クロロニトロフェン
Co-PCB → コプラナーポリ塩化ビフェニール
CO 差スペクトル　60
c-Src　162, 165, 167, 175
CT → サーカディアンタイム
CYP19 → アロマターゼ
CYP1A1　62, 74, 83, 86-88, 91, 116-118, 120, 123, 127, 136, 164
CYP1A2　62, 84-86, 116, 118, 119, 121, 125, 136
CYP1B1　62, 116, 118, 119, 136
CYP2A6　127
CYP2E1　127
CYP3A4　127
CYP51　126, 127
Cyt.b$_5$　65, 66

D
2,4-D → 2,4-ジクロロフェノキシ酢酸
D. melanogaster → ショウジョウバエ
DBA/2　70, 121, 122
DBD　132, 133
DDT　39, 40
DIM　101, 106
DNA　49-55
DRE → ダイオキシン応答配列

E
E box　171
EAE　147

EC 27, 36
EC_{50} 102
ED_{50} 98
EGFR → 表皮増殖因子受容体
EMT → 上皮間葉転換
ER 155, 156, 159-161
ExTEND2005 43

F
FAK 165
FICZ 101, 105
Foxp3 145, 148

G
GATA-3 145
GD 138, 139
GFP → 緑色蛍光タンパク質

H
HAHs → 塩化芳香族炭化水素
HPCs → 造血前駆細胞
HPO 軸 152
HPT 軸 153
HSCs → 造血幹細胞
HSP90 94, 95, 109, 113

I
I3C → インドール-3-カルビノール
IAA → インドール酢酸
IAEA → 国際原子力機関
ICZ 106
IDO → インドールアミン 2,3-ジオキシゲナーゼ
IFNγ 145, 146
IL-10 145-147
IL-12 103, 145
IL-17 145, 146
IL-18 144
IL-1β 144
IL-22 145, 146, 150, 151
IL-27 145, 146
IL-4 145
IL-6 144-146, 148
ILC → 自然免疫リンパ球様細胞

ITE 102

K
Kit 136, 150, 151

L
LBD → リガンド結合部位
LPS → リポ多糖

M
MAPK 162, 167, 170
MC → 3-メチルコラントレン
Min マウス 156, 158
mRNA → メッセンジャー RNA

N
NADH 65, 66
NADH-Cyt.b_5 還元酵素 65, 66
NADPH 64-66
NADPH-P450 還元酵素 66, 82
NES → 核外輸送シグナル
NF-κB 144, 145
NLS → 核移行シグナル
NPO 196
NRs → 核内受容体

P
P_1-450 62, 67, 71, 73, 74, 83, 87
P_3-450 62
p23 110, 113
$p27^{Kip1}$ 136, 168
P448 67, 69, 83
P450 iv, 59-62, 64, 65, 75, 78, 83, 86, 125, 126, 131
P450 超遺伝子族 86, 125, 127
p53 84, 170
PAHs → 多環芳香族炭化水素
Pai-2 136, 144, 145
PAS 88-90, 94, 96, 128, 171
PB → フェノバルビタール
PCB → ポリ塩化ビフェニール
PCDD → ポリ塩化ジベンゾ-パラ-ダイオキシン
PCDF → ポリ塩化ジベンゾフラン

索 引

PCP → ペンタクロロフェノール
PCQ → ポリ塩化クワッターフェニル
Per　　88, 94, 171-173
PhIP　　84, 85, 118

R
RB　　167-169
Rev-erbα　　172, 173
Rorα　　172, 173
RORγt　　145, 149-151

S
S9　　80-82
SCN → 視交叉上核
Sim　　88, 94, 95
Slug　　163, 164,
Snail　　163, 164
SNP → 一塩基多型
SPEED'98　　43
SPEEDI → 放射能影響予測システム
Spineless　　138
SR1　　106, 148, 149
Sumo　　94, 120

T
TA 細胞 → 過渡的増殖性細胞
2,4,5-T → 2,4,5-トリクロロフェノキシ酢酸
TATA　　86, 116
T-Bet　　145
TCDD → 2,3,7,8-テトラクロロジベンゾ-パラ-ダイオキシン
TCP → 2,4,5-トリクロロフェノール
TDO → トリプトファン-2,3-ジオキシゲナーゼ
TEF → 毒性等価係数
TEQ → 毒性等量
TGFβ　　142, 145, 146, 148, 164, 165, 169, 175, 176
TGFβ3　　165
Th1　　145-147
Th17　　145-148, 158
Th2　　145-147
TIR1　　8, 9

TNFα　　145, 146
Tr-1　　145, 146
Treg　　104, 145-148, 158
t-RNA → トランスファー RNA

U
UVB　　105, 165, 166

V
Vav3　　136, 165

W
Wnt　　174-176

X
XAP2　　110, 113
XRE → 異物応答配列

あ行
青いバラ　　59
アゴニスト　　96, 97, 108
アフラトキシン B_1　　81, 127
アポトーシス　　169, 170
アミノ酸　　51-53
アミノ酸配列　　52, 53
アミノ酸熱分解物　　127
アミノレブリン酸合成酵素（ALA-S）　　71
アラキドン酸代謝物　　103
アロマターゼ（CYP19）　　136, 152, 153, 160
安全性の哲学　　193
アンタゴニスト　　97
アンチコドン　　51, 52
アンドロゲン　　160
アンフィレグリン　　167
イクメサ工場　　27, 28, 30
異性体　　97
イタイイタイ病　　41
一塩基多型（SNP）　　91
一次リンパ組織　　149
一酸化炭素（CO）　　59, 64
遺伝子コドン　　51
遺伝子多型　　90

242　　索　引

遺伝子発現　　43, 54, 75, 86, 107, 115-117, 119, 141, 145, 150, 170
遺伝情報　51
遺伝的要因　56
異物応答配列（XRE）　87, 88, 94, 96, 103, 104, 107, 115-118
異物代謝（薬物代謝）　61, 63
異物代謝型 P450　61, 62, 78, 81, 82, 127, 131, 132
因果関係　194
インディゴ類　102
インドール-3-カルビノール（I3C）　101, 106, 150, 156, 157
インドールアミン 2,3-ジオキシゲナーゼ（IDO）　104, 147
インドール酢酸（IAA）　5, 6, 8, 9, 101, 104, 156, 157
インフラマソーム複合体　144
インポーチン　112, 113
ウィングスプレッド宣言　39, 41
『奪われし未来』　39, 42, 44
エームス試験法　79-82
エクイレニン　102
エクスポーチン　112, 113
エコサイド　ii, 8, 9
エストロゲン　159-161
エディアカラ生物群　47
エピジェネティック　116
エピレグリン　167
塩化芳香族炭化水素（HAHs）　97, 98, 130
炎症　iii, 59, 62, 103, 136, 140, 144-146, 149, 158, 174
エンハンサー　87, 115, 117-119
オーキシン　5, 6, 8, 9
オーソログ　128
オレンジ剤　7-9, 12, 13

か行

「外」環境　i, ii, 59, 61, 116
開始コドン　52
概日リズム　171-173
外来性リガンド　97
化学進化　47

『科学の社会史』　182
科学の体制内化　182, 183
化学発がん物質　63, 66, 76-79, 85, 100
化学物質の時代　40
核移行シグナル（NLS）　94-96, 110, 112-115, 120, 125, 141
核外輸送シグナル（NES）　94, 112, 113, 120, 121, 162, 163
核内オーファン受容体　131
核内受容体（NRs）　54, 131, 159
核膜孔　111, 113
カスパーゼ 1　144, 145
β-カテニン　156-158
過渡的増殖性細胞（TA 細胞）　174, 176
E-カドヘリン　163, 164
「カネミ油症」　ii, iv, 3, 17, 19-24
「枯葉剤訴訟」　iv, 13-15
「枯葉作戦」　i, ii, iv, 5-7, 10, 11, 13, 15
環境因子モニタリングシステム　63
環境の要因　55
環境変異原物質　ii, 55, 59, 160
環境ホルモン　39, 43
がん原遺伝子　55
肝実質細胞　141, 142
カンブリア爆発　47, 130, 131
間葉細胞　163, 164
がん抑制遺伝子　55, 84
奇形　10, 11, 13, 33, 34, 55, 124, 165
キヌレニン　101, 104, 146-148, 166
究極発がん性物質　78, 83, 84
旧口動物　128, 131
胸腺　142, 143, 145
胸腺縮退　148
競争的資金　190
共扁平　97
教養部　187
近接発がん性物質　78, 83, 84
グルコシノレート　105
黒い赤ちゃん　17, 19, 20, 25
クローニング　67, 69, 75, 82, 86, 88-90, 131, 171, 183
クロマチン　116, 117, 169
クロルアクネ（塩素ニキビ）　3, 15,

索　引

19, 24, 33, 173-176
クロロニトロフェン（CNP）　40, 44
系統差　69, 70
系統樹　60, 61, 127, 130
血球分化　143
解毒　64, 78, 91, 131
ケラチノサイト　161-163
原核生物　126
原子力ムラ　177
原発ファシズム　185
コアクチベーター → 転写共役活性化因子
口蓋裂　13, 123, 124, 165, 166
甲状腺がん　180
紅色細菌　47, 60
合成オーキシン　6, 8, 9
後生動物　128
酵素　53, 61-63
国際原子力機関（IAEA）　178
「国会事故調」　iii, 192
コプラナーポリ塩化ビフェニール（Co-PCB）　17, 18, 26, 46, 97-99
ゴミ焼却　44
米ぬか油　17-19, 21
コリプレッサー → 転写共役抑制因子
ゴルジ体　48, 49
コンディショナル遺伝子欠損マウス　141

さ行

サーカディアンタイム（CT）　172
サイトカイン　103, 136, 142, 144-146, 148
細胞・基質接着　164
細胞間接着　161, 163
細胞質　49
細胞周期　167, 168
細胞説　48
細胞接着関連遺伝子　55
細胞増殖　23, 55, 166, 167, 175
細胞内共生説　47
細胞膜　41
細胞密度　162
左右相称動物　128, 131

サルモネラ菌　79, 80
2,4-ジクロロフェノキシ酢酸（2,4-D）　6-9
視交叉上核（SCN）　171
自己責任論　190
自己免疫疾患　145-147
自然免疫リンパ球様細胞（ILC）　149-151
『死の夏』　27
社会的病気　37, 38
シャトルタンパク質　113
シャペロンタンパク質　109
シャペロン補助タンパク質　110
終止コドン　52
受益者負担　190
樹状細胞　143, 145, 147, 148
ショウジョウバエ（*D. melanogaster*）　128, 129, 131, 137, 138
上皮間葉転換（EMT）　136, 163-165, 167
上皮細胞　163-165
情報公開　191
小胞体　48, 49, 63-67, 78, 82
真核生物　47, 52, 115, 126, 127, 154
人権救済　22, 23
新口動物　128, 131
真正後生動物　128, 131
水腎症　123, 124
ステロイドホルモン　43, 54, 59, 65, 73, 89, 131, 152
スプライシング　51, 52
生殖異常　3, 9, 11, 13, 24, 29, 33, 194
生殖細胞　55, 154
生存権（憲法25条）　193
生物化学兵器　6
生命の進化　47
脊椎動物　48, 128, 130, 131
脊椎二分症　15, 16
「セベソ」事故　35, 36, 181
セベソ指令　36
先カンブリア時代　47
全国統一民事訴訟　22
線虫（*C. elegans*）　128-131, 136, 137
先天性異常　i, ii, 3, 7, 10, 12, 13, 15, 27,

33, 34, 42, 178
前発がん性物質　78
造血幹細胞（HSCs）　148
造血系細胞　142, 143
造血前駆細胞（HPCs）　148
相補的結合　49
損傷治癒モデル　162, 164

た行

ダーク油　18
ダイオキシン　i-v, 3, 7, 13, 17, 18, 20, 21, 23, 24, 27, 29, 37, 43-46, 55, 62, 71, 97-99, 156, 159, 160, 173-176
ダイオキシン応答配列（DRE）→ 異物応答配列（XRE）
ダイオキシン受容体 → 芳香族炭化水素受容体（AhR）
ダイオキシン対策推進基本方針　44
ダイオキシン被曝　v, 29, 44, 179, 194, 235
ダイオキシン法　44, 45
対日枯葉作戦計画　6
多重被害　180
脱原発　193
タンパク質　48-54
多環芳香族炭化水素（PAHs）　100
胎児性油症　24
代謝的活性化　78, 81-83, 88, 124
大学院重点化政策　188
大学教育の改善について　186
大学評価ランキング　190
大酸化事変　47
大腸がん抑制　156
短絡血管　140, 141
「チェルノブイリ」原発事故　178
チトクローム P450　i, 64
中心小体　48, 49
中枢時計　171
腸内細菌　9, 144, 158
『沈黙の春』　i, iv, 3, 27, 39, 40
DNA 修復遺伝子　55
DNA の複製　9
DNA 付加体　78, 83-85, 101
2,3,7,8-テトラクロロジベンゾ-パラ-ダイオキシン（TCDD）　iv, 3, 7-9, 18, 31, 71, 72, 99, 124, 131, 165, 173, 176
転移　55, 161, 162, 164-166
転写　8, 50-52, 54, 93
転写因子　54, 62, 96, 128, 135
転写共役活性化因子　115
転写共役抑制因子　115
転写誘導複合体　114, 133, 169
同族体　97
毒性等価係数（TEF）　26, 98-100
毒性等量（TEQ）　26, 45, 46
独立法人化　187
時計遺伝子　171-173
土壌除染　32
突然変異　42, 55, 71, 78-80, 101, 170
ドメイン構造　93
トランス・サイエンス　iv, 194
トランスファー RNA（tRNA）　51, 52
2,4,5-トリクロロフェノール（TCP）　3, 27-29, 31
2,4,5-トリクロロフェノキシ酢酸（2,4,5-T）　iv, 6-10, 28, 31, 44, 69, 71
トリプトファン　9, 104, 105, 148, 166
トリプトファン-2,3-ジオキシゲナーゼ（TDO）　166
トリプトファン代謝物　104
トリプトファンの紫外線照射産物　105

な行

ナイーブ T 細胞　104, 145-148, 158
「内」環境　i, ii, 59, 61, 62
内在性リガンド　101
内分泌攪乱作用　3, 42, 43
ナチュラルリガンド　96, 105
α-ナフトフラボン　106
新潟水俣病　41
二重らせん構造　49
二次リンパ組織　149-151
任期付短期雇用　190
ヌクレオソーム　117
ヌクレオチド　49, 51
ネガティブフィードバック機構　120
ネクローシス　170

粘膜固有層　150, 158
ノトバイオートマウス　158

は行

バージェス頁岩　47
バーゼル条約　32
発がん感受性　90, 91, 158
発がん性　3, 39, 44, 64, 77-82, 85
発がんプロモーター　80
パラログ　128, 129
バルジ　174, 175
半保存的複製　50
東日本大震災　178
光回復　65
皮脂腺構成体　174
ヒスチジン要求性　79
ヒトゲノムと人権に関する世界宣言　236
皮膚幹細胞　136, 174
秘密保護法　192
表皮増殖因子受容体（EGFR）　136, 166, 167
フェノバルビタール（PB）　66, 67, 70, 72, 75, 82, 86, 127, 132
『複合汚染』　iv, 40, 41
「福島」原発事故　177
フラボノイド類　105
プロジェクト研究　196
プロテアソーム　121, 154, 155
プロモーター　86, 107, 115-117, 119, 146, 151, 164, 168, 170, 172
分子進化　60, 78, 101, 128, 130
分子多様性　60, 67, 75
分子内修飾　120
分裂酵母　126, 127
ヘテロ環アミン　84
ヘテロ2量体　95
ベトナム・シンドローム　14
ベトナム戦争　i, 5, 6, 10, 184, 235
ペプチド結合　52, 53
ヘム代謝物　104
ヘルパーT細胞　145
変異原性　78, 80-82
ベンゾピレン（B[a]P）　ii, 66, 84, 125

ペンタクロロフェノール（PCP）　44
芳香族炭化水素水酸化活性（AHH）　62, 63, 66, 69-72, 74, 87, 88, 90
芳香族炭化水素受容体（AhR）　ii, iv, 10, 23, 54, 59, 62, 74, 235
放射能影響予測システム（SPEEDI）　179
母乳汚染　ii, 44, 46
ホモログ　128
ポリ塩化クワッターフェニル（PCQ）　20
ポリ塩化ジベンゾ-パラ-ダイオキシン（PCDD）　18, 26, 97, 99
ポリ塩化ジベンゾフラン（PCDF）　17, 18, 20-22, 26, 97-99, 174
ポリ塩化ビフェニール（PCB）　17, 20, 24, 72, 97, 100, 174
ポルフィリン症　15, 71
翻訳　51-53

ま行

マクロファージ　142-145
マスター転写因子　146
末梢時計　171
ミクロゾーム　→ 小胞体
ミクロゾーム電子伝達系　65, 66
ミトコンドリア　47-49, 59, 60, 63, 64
水俣病　41
無脊椎動物　136, 137
3-メチルコラントレン（MC）　63, 64, 66, 67, 69-75, 82, 86, 87, 98, 117, 164
メッセンジャーRNA（mRNA）　51, 52, 54
メルトダウン　178
免疫促進　147
免疫抑制　110, 145, 147, 148
文部科学省科学研究費　183

や行

薬物代謝酵素　20, 43, 63, 65, 66, 71, 74, 75, 78, 79, 82, 118, 123, 125
油症患者診断基準　19, 22, 23
ユビキチン　154, 155
四日市ぜんそく　41

四六答申　186

ら行
ライフサイエンス　183
ラッセル法廷　10
藍色細菌（シアノバクテリア）　47, 60
ランチハンド作戦　→「枯葉作戦」
リー報告書　31, 32
リガンド　96
リガンド結合部位（LBD）　95, 103, 106-108, 123, 129, 132, 133
立体構造　53
リベラルアーツ　187
リポキシン4A　101, 103
リボソーム　49, 51, 52
リポ多糖（LPS）　144, 145
リューマチ　17, 35, 147
緑色蛍光タンパク質（GFP）　162
リンパ濾胞　150
レスベラトロール　106, 107

著者紹介

川尻　要（かわじり・かなめ）

昭和 41 年 3 月　千葉県立佐原高等学校卒
昭和 45 年 3 月　東北大学理学部生物学科卒
昭和 48 年 3 月　九州大学大学院理学研究科修士課程修了
昭和 52 年 7 月　九州大学大学院理学研究科博士課程修了（理学博士）
昭和 52 年 8 月～平成 5 年 3 月　埼玉県立がんセンター　研究所　生化学部
　（昭和 60 年 10 月～昭和 61 年 9 月　アメリカ NIEHS, NIH 留学）
平成 5 年 4 月～平成 10 年 3 月　埼玉県立がんセンター　研究所　生化学部長
平成 10 年 4 月～平成 20 年 3 月　埼玉県立がんセンター　臨床腫瘍研究所　主席主幹，退職
平成 20 年 4 月～平成 24 年 3 月　埼玉県立がんセンター　臨床腫瘍研究所　専門員
現在　同研究所　客員研究員

ダイオキシンと「内・外」環境
――その被曝史と科学史――

2015 年 9 月 10 日　初版発行

著　者　川　尻　要

発行者　五十川　直行

発行所　一般財団法人　九州大学出版会
〒814-0001 福岡市早良区百道浜 3-8-34
九州大学産学官連携
イノベーションプラザ 305
電話　092-833-9150
URL　http://kup.or.jp／
印刷／城島印刷㈱

Ⓒ Kaname Kawajiri, 2015　　　ISBN978-4-7985-0164-2